云计算技术与实现

主　编：董　良　何为凯　赵儒林
副主编：张　峰　郭建利　徐希炜
　　　　宁方明　张佳伦　陈洋洋

U0212926

中国石油大学出版社
CHINA UNIVERSITY OF PETROLEUM PRESS
山东·青岛

图书在版编目（CIP）数据

云计算技术与实现 / 董良,何为凯,赵儒林主编
. --青岛 ：中国石油大学出版社,2021.8
ISBN 978-7-5636-7162-5

Ⅰ．①云… Ⅱ．①董… ②何… ③赵… Ⅲ．①云计算
Ⅳ．①TP393.027

中国版本图书馆 CIP 数据核字(2021)第 108727 号

书　　　名：云计算技术与实现
主　　　编：董　良　何为凯　赵儒林
责任编辑：安　静(电话　0532—86981535)
封面设计：蓝海设计工作室
出　版　者：中国石油大学出版社
　　　　　　(地址：山东省青岛市黄岛区长江西路 66 号　邮编：266580)
网　　　址：http://cbs.upc.edu.cn
电子邮箱：anjing8408@163.com
排　版　者：青岛天舒常青文化传媒有限公司
印　刷　者：沂南县汇丰印刷有限公司
发　行　者：中国石油大学出版社(电话　0532—86983437)
开　　　本：787 mm×1 092 mm　1/16
印　　　张：16.5
字　　　数：446 千字
版 印 次：2021 年 8 月第 1 版　2021 年 8 月第 1 次印刷
书　　　号：ISBN 978-7-5636-7162-5
印　　　数：1—2 000 册
定　　　价：39.80 元

云计算现已成为全球的热议话题,供应商个个热情高涨,但是用户却在犹豫不决,并没有决定是否要坐上云计算这条大船。

从狭义上讲,云计算就是一种提供资源的网络,使用者可以通过网络随时获取"云"上的资源,按需求量使用,"云"就像电厂一样,我们可以随时用电,并且不限量,按照自己家的用电量付费就可以。从广义上讲,云计算是与信息技术、软件、互联网相关的一种服务,这种计算资源共享池叫作"云",云计算把许多计算资源集合起来,通过软件实现自动化管理,只需要很少的人参与,就能让资源被快速提供。

本书编者及技术支持团队遵循由浅入深的原则,由框架向细节进发的方式,向读者阐述整个云计算的内容,经过多次修改完善,将本书以更容易理解的方式展现出来,让大家明确地认识云计算以及其所带来的发展和机遇。

本书共分13章,第1章主要介绍云计算的背景、概念、特点及云计算模式;第2章主要介绍云计算关键技术及应用;第3章主要介绍云计算的开源软件 OpenStack、容器开源软件 Docker 以及大数据开源软件 Hadoop 和 Spark;第4章主要介绍虚拟化技术及发展,包括虚拟化的起源、概念、定义、本质等,虚拟化的类型,以及 Xen、KVM 等虚拟化技术;第5章主要介绍容器技术,包括容器操作系统、Docker 容器资源管理调度和应用编排、Docker 容器与软件定义计算的集成等内容;第6章主要介绍分布式软件定义存储技术,包括云计算环境下存储面临的问题、分布式块存储、分布式文件存储、分布式对象存储以及相关应用场景等内容;第7章主要介绍数据中心网络技术,包括网络虚拟化技术、数据中心分类、大二层网络、SDN 等内容;第8章主要介绍桌面云接入技术,包括桌面云的优势、桌面云关键技术、桌面云应用、桌面云的逻辑架构等内容;第9章主要介绍 OpenStack 架构体系,包括 OpenStack 的起源、基本架构、核心项目组件功能介绍等内容;第10章主要介绍华为云计算架构体系、FusionSphere 解决方案、FusionCube 融合一体机、FusionAccess 桌面云等方案;第11章主要介绍大数据技术、大数据技术的应用与机遇、大数据和云计算的关系,以及大数据的新趋势;第12章主要介绍云服务技术,包括计算云服务、存储云服务、网络云服务的组成与使用;第13章主要介绍企业核心业务与云原生,包括微服务、DevOps、Serverless 和中间件。

本书第1~5章由济南博赛网络技术有限公司宁方明、张佳伦、陈洋洋编写,第6章由临沂职业学院赵儒林编写,第7章由山东劳动职业技术学院张峰编写,第8章由潍坊科技学院郭建利编写,第 9 章由山东交通学院何为凯编写,第 10~13 章由潍坊职业学院徐希炜编写,全书由济南博赛网络技术有限公司董良、山东交通学院何为凯和临沂职业学院赵儒林统稿。

本书既适合各高等院校计算机或其他相关专业学生使用,又适合云计算初学者、社会培训班学员及对云计算感兴趣的人员使用。通过本书的学习,读者能够掌握云计算的相关技能,充实对云计算的认知以及更深层次地玩转云计算技术,从而在众多人中脱颖而出,成为"技术大牛"。

在编写过程中,我们参阅了大量的资料,除编者之外,还有很多提供技术支持的成员对本书的编写提出了建议和提供了支持,在此对他们表示衷心的感谢。

限于编者水平,本书错误和疏漏之处在所难免,恳请广大读者批评指正,以使本书在修订时得到完善和提高。

编　者

2021 年 5 月

Contents 目 录

1

第1章 云计算概述

1.1 云计算产生的背景

云计算是继 20 世纪 80 年代大型计算机到客户端/服务器的大转变之后的又一种巨变,是网格计算、分布式计算、并行计算、效用计算、网络存储、虚拟化、负载均衡等传统计算机和网络技术发展融合的产物。云计算的产生是需求推动、技术进步、商业模式转变共同促进的结果。

1.需求推动

(1) 政企客户低成本且高性能的信息化需求。

(2) 个人用户对互联网、移动互联网应用的需求强烈,追求更好的用户体验。

2.技术进步

(1) 虚拟化技术、分布与并行计算、互联网技术的发展与成熟,使得基于互联网提供 IT 基础设施、开发平台、软件应用等成为可能。

(2) 宽带技术及用户发展,使得基于互联网的服务使用模式逐渐成为主流。

3.商业模式转变

(1) 少数云计算先行者的云计算服务已开始运营,例如 Amazon 的 IaaS(Infrastructure as a Service,基础设施即服务)、PaaS(Platform as a Service,平台即服务)。

(2) 市场对云计算商业模式已认可,越来越多的用户接受并使用云计算服务。

(3) 生态系统正在形成,产业链开始发展和整合。

近年来,云计算已从新兴技术发展成为热点技术。从 Google 公开发布的核心论文到 Amazon EC2(亚马逊弹性计算云)的商业化应用,再到美国电信巨头 AT&T(美国电话电报公司)推出的 Synaptic Hosting(动态托管)服务,云计算从节约成本的工具到盈利的推动器,从 ISP(网络服务提供商)到电信企业,已然成功地从内置的 IT 系统演变成公共的服务。

云计算主要经历了四个阶段才发展到现在这样比较成熟的水平,这四个阶段依次是:电厂模式阶段、效用计算阶段、网格计算阶段和云计算阶段。

1.电厂模式阶段

电厂模式就好比是利用电厂的规模效应,来降低电力成本,并让用户使用起来更方便,且无须购买和维护任何发电设备。

2.效用计算阶段

1960 年左右,当时计算设备的价格是非常高昂的,远非普通企业、学校和机构所能承受,所以很多人产生了共享计算资源的想法。1961 年,人工智能之父麦肯锡在一次会议上提出了"效用计算"这个概念,其核心借鉴了电厂模式,具体目标是整合分散在各地的服务器、存储系统以及应用程序来共享给多个用户,让用户能够像把灯泡插入灯座一样来使用计算机资源,并且根据其所使用的量来付费。但由于当时整个 IT 产业还处于发展初期,很多强大的技术还未诞生,比如互联网等,因此虽然这个想法一直为人称道,但是总体而言"叫好不叫座"。

3.网格计算阶段

网格计算研究如何把一个需要非常巨大的计算能力才能解决的问题分成许多小的问题,然后把这些小问题分配给许多低性能的计算机来处理,最后把这些计算结果综合起来攻克大问题。可惜的是,由于网格计算在商业模式、技术和安全性方面的不足,使得其并没有在工程界和商业界取得预期的成功。

4.云计算阶段

云计算的核心与效用计算和网格计算非常类似,也是希望 IT 技术能像使用电力那样方便,并且成本低廉。但与效用计算和网格计算不同的是,2014 年云计算在需求方面已经有了一定的规模,同时在技术方面也已经基本成熟了。

1.2　云计算的概念

关于云计算是什么,可谓众说纷纭。比如,在维基百科上的定义是"云计算是一种基于互联网的计算新方式,通过互联网上异构、自助的服务为个人和企业用户提供按需即取的计算"。著名咨询机构 Gartner 将云计算定义为"云计算是利用互联网技术来将庞大且可伸缩的 IT 能力集合起来作为服务提供给多个客户的技术"。而 IBM 则认为"云计算是一种新兴的 IT 服务交付方式,应用、数据和计算资源能够通过网络作为标准服务在灵活的价格下快速地提供给最终用户"。

云计算是新一代 IT 模式,它能在后端庞大的云计算中心的支撑下为用户提供更方便的体验和更低廉的成本。具体而言,由于在后端有规模庞大、自动化和高可靠性的云计算中心的存在,人们只要接入互联网,就能非常方便地访问各种基于云的应用和信息,并免去了安装和维护等烦琐操作。与此同时,企业和个人也能以低廉的价格来使用这些由云计算中心提供的服务或者在云中直接搭建其所需的信息服务。在收费模式上,云计算和水、电、燃气等公用事业收费类似,用户只需为其所使用的部分付费。对云计算的使用者(主要是个人用户和企业)来讲,云计算将会在用户体验和成本这两方面给他们带来更多的好处。

云计算是一种按使用量付费的模式,这种模式提供可用的、便捷的、按需的网络访问,进入可配置的计算资源共享池(资源包括网络、服务器、存储、应用软件、服务),这些资源能够被快速提供,只需投入很少的管理工作,或与服务供应商进行很少的交互。

云计算是一种基于互联网的计算方式,通过这种方式,共享的软硬件资源和信息可以按需求提供给计算机和其他设备。云计算依赖资源的共享以达成规模经济,类似基础设施。

云计算是基于互联网的相关服务的增加、使用和交付模式,通常通过互联网来提供动态易扩展且经常是虚拟化的资源。云是网络、互联网的一种比喻说法。过去在图中往往用云来表示电信网,后来也用来表示互联网和底层基础设施的抽象。

狭义的云计算是指 IT 基础设施的交付和使用模式,通过网络以按需、易扩展的方式获得所需资源;广义的云计算是指服务的交付和使用模式,通过网络以按需、易扩展的方式获得所需服务。它意味着计算能力也可作为一种商品通过互联网进行流通。

云计算的资源是动态易扩展而且虚拟化的,通过互联网提供。终端用户不需要了解"云"中基础设施的细节,不必具有相应的专业知识,也无须直接进行控制,只关注自己真正需要什么样的资源以及如何通过网络来得到相应的服务即可。

1.3 云计算的关键特征及视角

1.3.1 云计算的关键特征

1.按需自助服务

消费者可以按需部署处理能力,如服务器和网络存储,而无须与每个服务供应商进行人工交互。

2.无处不在的网络接入

云计算通过互联网获取各种能力,并可以通过标准方式访问,或通过各种客户端接入使用(如移动电话、笔记本电脑、平板电脑等)。

3.与位置无关的资源池

供应商的计算资源被集中,以便以多用户租用模式服务所有客户,同时,不同的物理和虚拟资源可根据客户需求动态分配。客户一般无法控制或知道资源的确切位置,这些资源包括存储、处理器、内存、网络带宽和虚拟机等。

4.快速弹性

云计算可以迅速、弹性地提供能力,能快速扩展,也可以快速释放,实现快速缩小。对客户来说,可以租用的资源看起来似乎是无限的,并且可在任何时间购买任何数量的资源。

5.按使用付费

能力的收费是基于计量的一次一付,或基于广告的收费模式,以促进资源的优化利用。比如计量存储、带宽和计算资源的消耗,按月根据用户实际使用收费。同一个组织内的云可以在部门之间计算费用。

1.3.2 云计算视角

1.从技术视角:云计算＝计算/存储的网络

从技术视角来看,云计算包含两部分:云设备和云服务。

云设备包含用于数据计算处理的服务器、用于数据保存的存储设备和用于数据通信的交换机设备。

云服务包含用于物理资源虚拟化调度管理的云平台软件和用于向用户提供服务的应用平台软件。

2.从商业视角:云计算＝信息电厂

IT 即服务,云计算就是建设信息电厂,提供 IT 服务。云计算是通过互联网提供软件、硬件与服务,并由网络浏览器或轻量级终端软件来获取和使用服务,即服务从局域网向 Internet 迁移,终端计算和存储向云端迁移。

云计算好比是从古老的单台发电机模式转向了电厂集中供电的模式。它意味着计算能力也可以作为一种商品进行流通,就像电一样,取用方便,费用低廉。

1.4 云计算的特点及影响

1.4.1 云计算的特点

1.超大规模

大多数云计算中心都具有庞大的规模,比如华为云、阿里云、百度云、腾讯云等,以及国外的 Amazon、IBM、Google 等企业的云计算中心。云计算中心能通过整合和管理这些数目庞大的计算机集群来赋予用户前所未有的计算和存储能力。

2.抽象化

云计算支持用户在任意位置、使用各种终端获取应用服务,所请求的资源都来自"云",而不是固定的有形的实体。应用在"云"中某处运行,对于用户来讲无须了解,也不用担心应用运行的具体位置,为应用提供了便利性。

3.高可靠性

云计算中心在软硬件层面采用了诸如数据多副本容错、心跳检测和计算节点同构可互换等措施来保障服务的高可靠性,还在设施层面上的能源、制冷和网络连接等方面采用了冗余设计来进一步确保服务的可靠性。

4.通用性

云计算中心很少为特定的应用存在,但其有效支持业界大多数的主流应用,并且一个"云"可以支撑多个不同类型的应用同时运行,并保证这些服务的运行质量。

5.高可扩展性

用户所使用的"云"资源可以根据其应用的需要进行调整和动态伸缩,并且再加上前面所提到的云计算中心本身的超大规模,使得"云"能有效地满足应用和用户大规模增长的需要。

6.按需服务

"云"是一个庞大的资源池,用户可以按需购买,就像水、电、燃气等公用事业那样根据用户的使用量计费,并无须任何软硬件和设施等方面的前期投入。

7.廉价

首先云计算中心本身巨大规模所带来的经济性和资源利用率的提升,其次"云"大都采用廉价和通用的 x86 节点来构建,因此用户可以充分享受云计算所带来的低成本优势。

8.自动化

"云"中不论是应用、服务和资源的部署,还是软硬件的管理,都主要通过自动化的方式来执行和管理,从而极大地降低了人力成本。

9.节能环保

云计算技术能将许许多多分散在低利用率服务器上的工作负载整合到"云"中,来提升资源的使用效率,而且"云"由专业管理团队运维,所以其 PUE(Power Usage Effectiveness,电源使用效率)值和普通企业的数据中心相比出色很多,比如,Google 数据中心的 PUE 值在 1.2 左右,也就是说,每一块钱的电力花在计算资源上,只需再花两角钱电力在制冷等设备上,而常见的 PUE 值在 2 和 3 之间,并且还能将"云"建设在水电厂等洁净资源旁边,这样既能进一步节省能源方面的开支,又能保护环境。

10.完善的运维机制

在"云"的另一端,有全世界最专业的团队来帮用户管理信息,有全世界最先进的数据中心来帮用户保存数据。同时,严格的权限管理策略可以保证这些数据的安全。这样,用户无须花费重金就可以享受到最专业的服务。

由于这些特点的存在,使得云计算能为用户提供更方便的体验和更低廉的成本,同时这也是云计算能脱颖而出,并且能被大多数业界人员推崇的原因之一。

1.4.2 云计算的影响

虽然云计算最初只是由 IBM 和 Google 这两家公司所主导的,但云计算将会对整个 IT 产业带来非常深远的影响,其中包括服务器供应商、软件开发商和云终端供应商这三个云计算建设者和作为云计算运维者的云供应商。

1.服务器供应商的角度

典型的公司有 IBM、HP、Dell 和 Cisco 等。主要有两个方面的变化:其一,需求方面的变化,虽然中小企业会不断地加大对 IT 技术的使用,但由于它们将会把云服务作为首选,因此对服务器供应商而言,来自中小企业的订单将会不断减少,但来自云供应商的订单则会大量增加;其二,产品方面的变化,由于大型云计算中心对硬件有自己的一套设计和想法,因此会希望服务器供应商能为它们生产定制的硬件,这导致服务器供应商整体产品的方向将会从原先的以生产通用的 x86 服务器为主,转为通用和定制兼顾,而且为云计算做优化的解决方案将受到极大欢迎。虽然云计算将会对部分非常依赖中小企业的硬件厂商带来非常不利的影响,但从长期而言,那些不断创新,并且提出非常优秀的云计算解决方案的硬件厂商,将会脱颖而出,并且从云计算大潮中获利丰厚。

2.软件开发商的角度

典型的公司有微软、Red Hat、Oracle 和 VMware 等。主要有三个方面的变化:首先,在软件交付方式上的变化。由于虚拟器件(Virtual Appliance)等软件发布格式的引入,使得不仅软件的开发、维护和销售等方面的成本和复杂度得到了降低,还加快了软件部署的速度。其次,在软件销售和发布方式上的变化,由于各种基于云的软件发布平台(比如苹果的 App Store、中国移动的 Mobile Market 和 VMware Virtual Appliance Marketplace 等)的出现,使得发布、推广和销售软件变得越来越简单,而且成本更低。比如,和传统软件发布前期需要大量资金支持不同的是,在苹果的 App Store 上发布软件的成本基本为零,而且能直面超过5 000 万 iOS 系统(包括 iPhone 、iPod Touch 和 iPad)的使用者,同时这些用户的消费能力也是非常强大的。最后,在技术上的变化,软件将与云技术进行深度整合。比如,应用类的软件,基本都将选择 Web 作为其首选的界面,而中间件和底层的系统软件将会为运行在云中做更多的优化。

3. 云终端供应商的角度

典型的公司有 Apple、华为、三星和联想等。由于移动设备的轻便性,再加上性能的日渐提高和能方便地接入多种无线网络(比如 Wi-Fi 和 5G 等),因此市场对移动设备的需求将与日俱增,云终端不仅是手机、平板和笔记本这几种移动设备,还会涉及社会的方方面面,比如电视和汽车等,所以在这方面有非常大的创新空间等待着这些公司。

4. 云供应商的角度

随着云计算的不断推广和被大众接受,云计算中心在运营规模上不断增大,这将会给云供应商带来很多降低其运营成本、提升经济效益的机会,比如,将云计算中心建设在能源成本低的地方(比如电厂附近)或者制冷成本低的地方(比如天气寒冷的地点)。而且由于运行的工作负载的规模非常庞大,将整体提高服务器的利用率。同时,云的业务都属于非常稳定的,所以能给云供应商带来持久的现金流。

5. 整个 IT 产业的角度

不可否认,在短期内,由于产业结构的变化,云计算有可能给整个 IT 产业带来一定程度的阵痛,但从长期而言,云计算将会给整个 IT 产业带来非常正面的影响,因为云计算将推动整个产业进一步优化布局和专业分工,并且提供一个让所有 IT 人不断创新的舞台。最终,这些参与者会像之前大型机时代和 PC 时代那样同心协力创造出一整套属于云计算的产业链。

1.5　云计算模式

1.5.1　云计算的部署模式

1. 公有云(Public Cloud)

公有云是指为外部客户提供服务的云,它所有的服务是供别人使用,而不是自己使用,就如同共用的交换机一样,电信运营商去运营这个交换机,但是它的用户可能是普通的大众,这就是公有云。

公有云是现在最主流也最受欢迎的云计算模式。它是一种对公众开放的云服务,能支持数目庞大的请求,而且因为规模的优势,其成本偏低。公有云由云供应商运行,为用户提供各种各样的 IT 资源。云供应商负责从应用程序、软件运行环境到物理基础设施等 IT 资源的安全、管理、部署和维护。在使用 IT 资源时,用户只需为其所使用的资源付费,无须任何前期投入,所以成本低,而且在公有云中,用户不清楚与其共享和使用资源的还有其他哪些用户,整个平台是如何实现的,甚至无法控制实际的物理设施,因此云服务提供商能保证其所提供的资源具备安全、可靠等非功能性需求。

许多 IT 巨头都推出了自己的公有云服务,包括 Amazon 的 AWS、微软的 Microsoft Azure Platform、Google 的 Google Apps 与 Google App Engine 等,一些过去著名的 VPS 和 IDC 厂商也推出了自己的公有云服务,比如 Rackspace 的 Rackspace Cloud、国内世纪互联的 CloudEx 云快线、阿里巴巴、用友伟库等。

(1) 公有云的构建方式。

在构建方式方面,现在主要有三种方式。

其一是独自构建。云供应商利用自身优秀的工程师团队和开源的软件资源,购买大量零部件来构建服务器、操作系统,乃至整个云计算中心。这种独自构建的好处是,能为自己的需求做最大限度的优化,但是需要一个非常专业的工程师团队,所以业界这样做的基本只有 Google 一家。

其二是联合构建。云供应商在构建时,部分软硬件选择商业产品,而其他方面则会选择自建。联合构建的好处是避免自己的团队涉足一些不熟悉的领域,而在自己所擅长的领域内大胆创新。这方面最明显的例子莫过于微软。在硬件方面,它并没有像 Google 那样选择自建,而是采购了 HP 和戴尔的服务器,但是在其擅长的软件方面选择了自主研发,比如采用了 Windows Server 2008、IIS 服务器和 . NET 框架。

其三是购买商业解决方案。由于有一部分云供应商在建设云之前缺乏相关的技术积累,因此会购买比较成熟的商业解决方案。这种购买商业解决方案的做法虽然很难提升云供应商自身的竞争力,但是在风险方面,和前两种构建方式相比,它更稳妥。无锡的云计算中心在这方面是个不错的典范,由于购买了 IBM 的 Blue Cloud 云计算解决方案,因此在半年左右的时间内就能向其整个高新技术园区开放公有云服务,而且在这之前,无锡基本没有任何与云计算相关的技术储备。

(2) 公有云的优势。

① 规模大。因为公有云的公开性,它能聚集来自整个社会并且规模庞大的工作负载,从而产生巨大的规模效应。比如,能降低每个负载的运行成本或者为海量的工作负载做更多优化。

② 价格低廉。由于对用户而言,公有云完全是按需使用的,无须任何前期投入,因此与其他模式相比,公有云在初始成本方面有很大优势。而且就像上面提到的那样,随着公有云的规模不断增大,它将不仅使云供应商受益,还会相应地降低用户的开支。

③ 灵活。对用户而言,公有云在容量方面几乎是无限的。就算用户的需求量非常庞大,公有云也能非常快地满足其需求。

④ 功能全面。公有云在功能方面非常丰富。比如,支持多种主流的操作系统和成千上万个应用。

(3) 公有云的不足之处。

① 缺乏信任。虽然在安全技术方面公有云有很好的支持,但是由于其存储数据的地方并不是在企业本地,因此企业会不可避免地担忧数据的安全性。

② 不支持遗留环境。由于现在公有云技术基本都是基于 x86 架构的,在操作系统上普遍以 Linux 或者 Windows 为主,因此对于大多数遗留环境没有很好的支持,比如基于大型机的 Cobol 应用。

(4) 对未来的展望。

公有云因其在规模和功能等方面的优势,受到绝大多数用户的欢迎。从长期而言,公有云将会成为云计算最主流甚至是唯一的模式,因为其在规模、价格和功能等方面的潜力实在太大。但在短期内,信任和遗留等方面的不足会降低公有云对企业的吸引力,特别是对大型企业。

2. 私有云(Private Cloud)

关于云计算,虽然人们谈论最多的莫过于以 Amazon EC2 和 Google App Engine 为代表的公有云,但是对许多大中型企业而言,因为很多限制和条款,它们在短时间内很难大规模地采用公有云技术,可是它们也期盼"云"所带来的便利,所以引出了私有云这一云计算模式。

私有云是指企业自己使用的云,它所有的服务不是供别人使用,而是供自己内部人员或分支机构使用。华为数据中心属于这种模式,华为自己是运营者,也是使用者,也就是说使用者和运营者是一体的,这就是私有云。

私有云主要为企业内部提供云服务,不对公众开放,在企业的防火墙内工作,并且企业 IT 人员能对其数据、安全性和服务质量进行有效的控制。与传统的企业数据中心相比,私有云可以支持动态灵活的基础设施,降低 IT 架构的复杂度,使各种 IT 资源得以整合和标准化。

(1)私有云的构建方式。

构建私有云的方式主要有两种。其一是独自构建。通过使用诸如 Enomaly 和 Eucalyptus 等软件将现有硬件整合成一个云,比较适合预算少或者希望重用现有硬件的企业。其二是购买商业解决方案。通过购买 Cisco 的 UCS 或 IBM 的 Blue Cloud 等方案来一步到位,比较适合那些有实力的企业和机构。

(2)私有云的优势。

① 数据安全。虽然每个公有云的供应商都对外宣称,其服务在各方面都非常安全,特别是在数据管理方面,但是对企业而言,特别是对大型企业而言,和业务相关的数据是其生命线,是不能受到任何形式的威胁和侵犯的,而且需要严格地控制和监视这些数据的存储方式和位置。所以短期而言,大型企业是不会将其关键应用部署到公有云上的。而私有云在这方面是非常有优势的,因为它一般都构筑在防火墙内,企业会比较放心。

② 服务质量。因为私有云一般在企业内部,而不是在某一个遥远的数据中心中,所以当公司员工访问那些基于私有云的应用时,它的服务质量应该会非常稳定,不会受到远程网络偶然发生异常的影响。

③ 充分利用现有硬件资源。每个公司,特别是大公司,都会存在很多低利用率的硬件资源,可以通过一些私有云解决方案或者相关软件,让它们重获"新生"。

④ 支持定制和遗留应用。现有公有云所支持应用的范围都偏主流,偏 x86,对一些定制化程度高的应用和遗留应用就有可能束手无策,但是这些往往都属于一个企业最核心的应用,比如大型机、Unix 等平台的应用。在这种时刻,私有云可以说是一个不错的选择。

⑤ 不影响现有 IT 管理的流程。对大型企业而言,流程是其管理的核心,如果没有完善的流程,企业将会成为一盘散沙。实际情况是,不但企业内部和业务有关的流程非常多,IT 部门的自身流程也不少,并且大多都不可或缺,比如那些和 Sarbanes-Oxley 相关的流程。在这方面,私有云的适应性比公有云好很多,因为 IT 部门能完全控制私有云,这样他们有能力使私有云比公有云更好地与现有流程进行整合。

(3)私有云的不足之处。

私有云也有其不足之处,主要是成本高。因为建立私有云需要很高的初始成本,需要购买大厂家的解决方案时更是如此;其次,由于需要在企业内部维护一支专业的云计算团队,因此其持续运营成本也同样偏高。

（4）对未来的展望。

在将来很长一段时间内，私有云将成为大中型企业最认可的云模式，而且将极大地增强企业内部的 IT 能力，并使整个 IT 服务围绕着业务展开，从而更好地为业务服务。

3.混合云(Hybrid Cloud)

混合云虽然不如前面的公有云和私有云常用，但已经有类似的产品和服务出现。顾名思义，混合云是把公有云和私有云结合到一起的方式，即它是让用户在私有云的私密性和公有云的灵活性和低廉性之间做一定权衡的模式。比如，企业可以将非关键的应用部署到公有云上来降低成本，而将安全性要求很高、非常关键的核心应用部署到完全私密的私有云上。

混合云强调基础设施由两种或更多的云来组成，但对外呈现的是一个完整的实体。企业正常运营时，把关键数据保存在自己的私有云上（比如财务数据），把非关键的信息放到公有云上，两种云组合形成一个整体，就是混合云。比如电子商务网站，平时业务量比较稳定，自己购买服务器搭建私有云运营，但到了圣诞节促销的时候，业务量非常大，就从运营商的公有云租用服务器，来分担节日的高负荷。

（1）混合云的构建方式。

混合云的构建方式有两种。其一是外包企业的数据中心。企业搭建了一个数据中心，但具体维护和管理工作都外包给专业的云供应商，或者邀请专业的云供应商直接在厂区内搭建专供本企业使用的云计算中心，并在建成之后负责以后的维护工作。其二是购买私有云服务。通过购买云供应商的私有云服务，能将一些公有云纳入企业的防火墙内，并且在这些计算资源和其他公有云资源之间进行隔离，同时获得极大的控制权，也免去了维护之苦。通过使用混合云，企业可以享受接近私有云的私密性和接近公有云的成本，并且能快速接入大量位于公有云的计算能力，以备不时之需。

（2）混合云的不足之处。

现在可供选择的混合云产品较少，而且在私密性方面不如私有云好，在成本方面也不如公有云低，并且操作起来较复杂。

（3）对未来的展望。

混合云比较适合那些想尝试云计算的企业和面对突发流量但不愿将企业 IT 业务都迁移至公有云的企业。虽然混合云不是长久之计，但是它应该也会有一定的市场空间，并且也将会有一些厂商推出类似的产品。

4.行业云

行业云虽然较少提及，但是有一定的潜力，主要指的是专门为某个行业的业务设计的云，并且开放给多个同属于这个行业的企业。

（1）行业云的构建方式。

行业云主要有两种构建方式。其一是独自构建。某个行业的领导企业自主创建一个行业云，并与其他同行业的公司分享。其二是联合构建。多个同行业的企业可以联合建设和共享一个云计算中心，或者邀请外部的供应商来参与其中。能为行业的业务做专门的优化。和其他的云计算模式相比，这不仅能进一步方便用户，还能进一步降低成本。

（2）行业云的不足之处。

行业云的不足之处是支持的范围较小，只支持某个行业，同时建设成本较高。

（3）对未来的展望。

行业云非常适合那些业务需求比较相似，而且对成本非常关注的行业。虽然现在还没有非常好的示例，但是对部分行业应该存在一定的吸引力，比如游戏业。

1.5.2　云计算的商业模式

当前，几乎所有的知名 IT 提供商、互联网提供商，甚至电信运营商都在向云计算进军，提供相关的云服务。但归纳起来，当前云计算的商业模式可以分为三大类，即 IaaS、PaaS 和 SaaS。

1. IaaS

IaaS 是指把基础设施以服务的形式提供给最终用户使用，包括计算、存储、网络和其他的 IT 资源。用户能够部署和运行任意软件，包括操作系统和应用程序。例如，虚拟机出租、网盘等。

亚马逊的商业模式创新全面启动了 IaaS，云计算发展史上的第二个里程碑一定属于亚马逊公司。起初，这是一家随着 B2B 和 B2C 浪潮而兴起的网上卖书和网上购物的公司，为了支撑其庞大的互联网网上购物业务，尤其是要在理论上支持在圣诞节等热销季节的庞大的并发用户访问数量和交易，亚马逊部署了大冗余的 IT 计算和存储资源，后来他们发现 IT 支撑资源在绝大部分时间里都是空闲的。为了充分利用闲置的 IT 资源，亚马逊将弹性计算云建立起来并对外提供效能计算和存储的租用服务，用户仅需要为自己所使用的计算平台的实际使用量付费。这样的因需而定的付费，相比企业自己部署相应的 IT 硬件资源以及软件资源低很多，这就是以云计算基础设施作为服务的模型（IaaS），典型的因技术创新而带动商业模式的成功。

众多的科技创新公司利用亚马逊提供的 IaaS 模式，在不必购买 IT 基础设施以及操作系统的前提下，通过即付即用的租用模式在亚马逊云平台上快速搭建和发布自己丰富多彩的云服务。其意义在于极大地降低了云服务商的行业进入门槛，改变了传统 IT 基础设施的购买和交付模式，把中小企业很难负担的固定资产投资转化为与业务量相关的运营成本。在硅谷，每天都有学生利用亚马逊云计算 IaaS 来发布自己的云服务而赚了大钱的案例。风靡了整个美国的微博客服务 Twitter，正是利用亚马逊弹性计算云构建的成功的互联网应用。而这样的成功故事，每天都在发生。

IaaS 主要服务于出租计算、存储、网络等 IT 资源，按使用收费，通过规模来获取利润，主要实例有 Amazon:EC2 云主机。IaaS 的使用对象一般是网络建筑师，网络建筑师在搭建网络时，不再需要购买现实中的计算资源，只需要购买云中的 IaaS 来完成网络的搭建。

目前有微软、Amazon、世纪互联和其他一些提供存储服务和虚拟服务器的提供商可以提供这种基于硬件基础的 IaaS，他们通过云计算的相关技术，把内存、I/O 设备、存储和计算能力集中起来成为一个虚拟的资源池，从而为最终用户和 SaaS、PaaS 提供商提供服务。

2. PaaS

PaaS 是指把二次开发的平台以服务形式提供给最终用户使用，客户不需要管理或控制底层的云计算基础设施，但能控制部署的应用程序开发平台。例如，微软的 Visual Studio 开发平台。

Google 是全球享有盛誉的互联网搜索引擎。你知道 Google 这个名字是怎么来的吗？

Google 是由英文单词"Googol"按照通常的英语拼法改写而来的。Googol 是一个大数的名称,它是 10 的 100 次方,表示 1 后面有 100 个零。看上去好像没什么了不起,但是它比目前可以观测到的宇宙中所含的原子总数还要大。Google 公司采用这个词显示了公司想征服网上无穷无尽资料的雄心。

Google 的云计算平台具有很强的容灾性,支持应用的快速自动部署和任务调度,能提供多并发用户的高性能感受,而最关键的是,他们做到了每用户访问最低的运营成本。云计算使得 Google 的成本是其竞争对手的 1/40。这就从运营成本角度强有力地支持着 Google 的商业模式,即采用前向提供用户高体验度的互联网服务,吸聚人气;后向提供广告收费的商业模式。Google 用云计算平台构造了世界上最大的一台超级计算机,不但价格低而且性能高,并且很难被复制,从而逐渐发展成为 PaaS 的商业模式。

2003 年至 2006 年,Google 共发表了四篇关于分布式文件系统(GFS)、并行计算(MapReduce)、数据管理(BigTable)和分布式资源管理(Chubby)的文章,奠定了云计算发展的基础。基于这些文章,开源组织 Hadoop 逐步复制 Google 的云计算系统,从此开启了 Hadoop 云计算平台的流行。

PaaS 提供应用运行和开发环境以及应用开发的组件(例如数据库),通过将 IT 资源、Web通用能力、通信能力打包出租给应用开发和运营者,按使用收费,主要实例有 Microsoft Azure的 Visio Studio 工具。PaaS 的使用对象一般是应用开发者,应用开发者可以直接购买云中的PaaS 服务,进行应用的开发。

3. SaaS

SaaS(Software as a Service,软件即服务),是指提供给消费者的服务是运行在云计算基础设施上的应用程序。例如,企业办公系统。SaaS 主要服务于互联网 Web2.0 应用和企业应用以及电信业务,通过提供满足最终用户需求的业务,按使用收费,主要实例有 Salesforce;CRM。SaaS 的使用对象面向大众,用户不需要安装软件,购买了 SaaS 服务后可以直接使用。

云计算发展过程中的第三个里程碑来自 Salesforce 公司。起初,这家公司想做数据库管理类软件,并把它卖给企业用户。但是他们研究发现,在数据库管理类软件领域,他们可能永远打不过甲骨文公司,同时他们还发现,甲骨文的高昂价格让很多企业望而却步,很多工业制造和物流行业的企业花了大价钱买了甲骨文的产品后却因为缺少专业知识而不能把它用好。于是,他们决定利用新型的互联网来提供软件服务,从而和甲骨文竞争。

Salesforce 公司在 1999 年首次通过自己的互联网站点向企业提供以客户管理为中心的营销支持服务软件 CRM,使得企业不必再像以前那样通过部署自己的计算机系统和软件来进行客户管理及营销服务,而只需通过云端的软件来管理,从而为现在的软件即服务奠定了基础。这家位于旧金山的科技创新公司通过向中小企业提供云服务而迅速壮大,他们的企业客户遍布世界各地,这些中小型企业可以不用购买和安装软件来实现其企业信息化服务,且数据都存储在云端,从而节省了大量成本,并能最大限度和最方便地实现信息共享和存取。

SaaS 模式的云服务可以帮助任何一个不懂 IT 技术的中小企业花很少的运营成本快速并科学构建适合其商业需求的企业信息化平台,从而极大地推进了企业信息化进程,也加快了信息化和工业化的融合。

在云计算技术的驱动下,运算服务正从传统的"高接触、高成本、低承诺"的服务配置向"低接触、低成本、高承诺"转变。如今,包括 IaaS、PaaS、SaaS 等模式的云计算凭借其优势获得了全球市场的广泛认可。企业、政府、军队等各种重要部门都在全力研发和部署云计算相关的软件和服务,云计算已进入国计民生的重要行业。IBM 和 Google 开始与一些大学合作进行大规模云计算理论研究项目,政府和军队的私有云正在悄然建设,许多新兴的初创公司和大型企业正在全力研发和部署云计算相关的软件和服务,与此同时,风险投资和技术买家的兴趣也在迅速升温。"迎着朝阳前进"——这是 IT 技术发源地——美国硅谷对云计算目前发展状态的定位。

1.5.3 云计算的成功模式

云计算是一次技术创新,技术的创新引领商业模式的成功才使得云计算如此炙手可热。那么到底什么才是使得云计算的商业模式成功的秘诀呢?

1.IT 资源交付部署模式发生重大改变

IT 资源交付部署模式发生重大改变,表现在企业不必自己从头到尾地去建设自己的数据中心和 IT 支撑资源系统,而只需根据自己的需要向云计算平台运营商按需按时定制,企业的信息服务系统也不再需要重新开发或者单独购买,只需根据自己的需求向 SaaS 或者 PaaS 提供商定制。这一方面意味着企业的 IT 资源部署从资金支出变为运营支出,带给企业的收益是不言而喻的;另一方面,即买即用、按需定制更能准确地描述 IT 资源部署模式发生的重要改变。这种改变无疑更符合科学发展观,那就是用户只需购买自己所需要时间内的定额的 IT 服务,而云计算运营商可以更好地利用其规模效益和边际成本控制。而这一切都依赖于云计算本身可以以细粒度按时段地添加和移除资源,比如以虚拟服务器或者处理器以及存储空间为单位,并且时间的计算单位是分钟而不是周。

可见,云计算将信息产业变成绿色环保和资源节约型产业,将 IT 基础设施变成如水、电一样按需使用和付费的社会公用基础设施,将软件产业变成传统工业流水线一样的高效产业,极大地简化了企业的 IT 管理,有效地降低了企业的 IT 基础设施成本,全面提升了社会整体的信息化水平。

2.海量用户支持、良好用户体验促成互联网后向收费模式的成功

Google 是最典型的云计算技术的倡导者和使用者,同时也是最成功的互联网信息服务企业,其搜索服务、邮件服务、文本编辑服务,以及移动定位和导航服务都是基于其强大的云计算平台。Google 的云计算技术实际上是针对 Google 特定的网络应用程序而定制的。针对内部网络数据规模超大的特点,Google 提出了一整套基于分布式并行集群方式的基础架构,利用软件的能力来处理集群中经常发生的节点失效问题。

Google 使用的云计算基础架构模式包括四个既相互独立又紧密结合在一起的系统,包括 Google 建立在集群之上的文件系统 Google File System(GFS)、针对 Google 应用程序的特点提出的 MapReduce 编程模式、分布式的锁机制 Chubby 以及大规模分布式数据存储系统 Big-Table。

正是基于对于大容量数据的处理能力,对高速增长的大规模用户的支持,以及对高并发请求数目的可用性的支持,云计算受到了互联网服务企业的青睐。而在此种情形下,使用传统的 IDC 服务器来支撑几乎是不可能的。而 Google 的云计算平台使用的是上百万台最廉价的电脑,最普通的 CPU,没有显卡,通过其云计算技术将这百万台电脑连接起来实现自动部署,自动管理。

对于互联网信息服务业来说,因为竞争广泛存在,而后向收费的商业模式要求吸引大规模

用户,所以前向收费的可能性微乎其微。因此,每推出一项新业务或者新的服务,是否能带动人气赢得后向收费的商业成功,其过程极其艰难,这使得除了在业务创新能力上的竞争之外,更在于低成本的竞争。而云计算技术使得这一商业模式的成功成为可能。

基于云计算的特点,各个互联网服务商以及一些软件企业,包括百度、新浪、腾讯等,纷纷开始着手云计算的研发和部署,试图尽快将其传统的基于数据中心的互联网应用和服务向云计算平台移植。可以预见的是,基于云计算技术的互联网后向收费商业模式将普及,而且竞争将日趋激烈。而未来的移动互联网应用商,大抵也需依赖前向聚集人气、后向收费的商业模式。

3."人人是服务的使用者","人人是服务的提供者"

Web2.0的成功取决于大众参与这一关键要素。如今,由于云计算技术,大众参与的软件开发模式在云的平台上成为可能。而这一趋势,将使得基于云计算平台的服务和内容日益丰富,从而带给人们更加高体验度的互联网内容服务和应用服务。比如Google的云计算平台就开放了一些应用程序接口,例如GWT(Google Web Toolkit)以及Google Map API等。雅虎公开了其内部集群计算环境的一部分技术,使得全球的技术开发人员能够根据这一部分文档构建开源的大规模数据处理云计算基础设施,其中最有名的项目即Apache旗下的Hadoop项目。亚马逊的弹性计算云则是托管式的云计算平台,用户可以通过远端的操作界面直接使用。弹性计算云用户使用客户端通过SOAP over HTTP协议来实现与亚马逊弹性计算云内部的实例进行交互。从使用模式上来说,弹性计算云平台为用户和开发人员提供了一个虚拟的集群环境,使得用户的应用具有充分的灵活性。

4.对大规模用户的海量数据计算成为可能

相比于小型机、中型机,以及其中所用的专属数据挖掘软件,云计算方式以及并行化处理的数据挖掘软件工具在处理大数据量客户信息做经营分析或者系统优化的时候,具有更快的处理速度和更方便的计算调整性。

例如,中国移动一个中等规模的省公司拥有大约1 000万用户,所以每年产生的CDR(Call Date Record,即话单)数据量为12~16 TB。一个非常简单的业务目标的数据挖掘,经过数据预处理(Extract Transform Load,ETL)后,算法需要处理大约10 GB的数据。而一个省公司的网管数据更是海量,可达到一天1 TB量级。随着应用需求的愈加复杂及变化多样,数据挖掘应用向其IT支撑平台提出了更高的计算要求及存储能力,且数据挖掘应用也逐步提出实时性要求,及时的商业策略才能快速占领市场。但是传统数据挖掘系统运行于Unix小型机的集中平台上,这受到很多限制。云计算使得海量数据的准实时处理成为可能,从而带动了经营分析和决策优化,开启了精准营销和基于用户偏好及期望的服务模式的未来。

5.IT服务设施从硬件依赖转向软件依赖

确切地说,云计算是利用软件的系统工程,使得几十万甚至上百万并不可靠的硬件服务器组成一个非常可靠的系统来提供IT基础支撑服务的。该系统能够确保其上的数据存储的可靠性、计算的快速和准确性,以及应用的高可用性。

例如,在Google的云计算平台中有上百万台廉价服务器,在云中,数据都是被分散并多次备份在这上百万台计算机中的,如果一台出现问题,它正在执行的任务会被其他的计算机接替,用户在使用时根本感觉不到任何迟滞。当然,云计算中涉及冗余部署和调度优化及数据安全的技术细节有很多,这使得 IT 信息服务基础设施从以硬件系统可靠性为主变为以软件系统可靠性为主。可以说是软件工程的一次革命性飞跃。

我们知道,人类每每在硬件上的技术革新,都经历涅槃一样的痛苦历程,从更严格的角度来说,那都是对于物质常态的一次挑战,在成本上、能耗上都会有着相当的副作用。而依靠软件工程,依靠人类的智慧使得不可靠的硬件群落成为较可靠系统,这也正是云计算可能会带给人类的一大贡献。

第 2 章 云计算技术及应用

2.1 云计算关键技术

云计算的目标是以低成本的方式提供高可靠、高可用、规模可伸缩的个性化服务。为了达到这个目标,需要数据中心管理、虚拟化、海量数据处理、资源管理与调度、QoS 保证、安全与隐私保护等若干关键技术加以支持。

2.1.1 IaaS 层关键技术

IaaS 层是云计算的基础。通过建立大规模数据中心,IaaS 层为上层云计算服务提供海量硬件资源。同时,在虚拟化技术的支持下,IaaS 层可以实现硬件资源的按需配置,并提供个性化的基础设施服务。基于以上两点,IaaS 层主要研究两个问题:

(1) 如何建设低成本、高效能的数据中心。

(2) 如何拓展虚拟化技术,实现弹性、可靠的数据中心基础设施服务。

数据中心是云计算的核心,其资源规模与可靠性对上层的云计算服务有着重要影响。Facebook、Google 等公司十分重视数据中心的建设。与传统的企业数据中心不同,云计算数据中心具有以下特点:

(1) 自治性。相较传统的数据中心需要人工维护,云计算数据中心的大规模性要求系统在发生异常时能自动重新配置,并从异常中恢复,而不影响服务的正常使用。

(2) 规模经济。通过对大规模集群的统一化、标准化管理,使单位设备的管理成本大幅降低。

(3) 规模可扩展。考虑到建设成本及设备更新换代,云计算数据中心往往采用大规模、高性价比的设备组成硬件资源,并提供可扩展规模的空间。

基于以上特点,云计算数据中心的相关研究工作主要集中在以下两个方面:

(1) 研究新型的数据中心网络拓扑,以低成本、高带宽、高可靠的方式连接大规模计算节点。

(2) 研究有效的绿色节能技术,以提高效能比,减少环境污染。

1. 数据中心网络设计

目前,大型的云计算数据中心由上万个计算节点构成,而且节点数量呈上升趋势。计算节点的大规模性对数据中心网络的容错能力和可扩展性带来挑战。然而,面对以上挑战,传统的树形结构网络拓扑存在以下缺陷:首先,可靠性低,若汇聚层或核心层的网络设备发生异常,网络性能会大幅下降。其次,可扩展性差,因为核心层网络设备的端口有限,难以支持大规模网络。再次,网络带宽有限,在汇聚层,汇聚交换机连接边缘层的网络带宽远大于其连接核心层的网络带宽(带宽比例为 80:1,甚至 240:1),所以对于连接在不同汇聚交换机的计算节点来说,它们的网络通信容易受到阻塞。为了弥补传统拓扑结构的缺陷,研究者提出了 VL2、Port-Land、DCell、BCube 等新型的网络拓扑结构。这些拓扑结构在传统的树形结构中加入了类似于 mesh 的构造,使得节点之间的连通性与容错能力更高,易于负载均衡。同时,这些新型的拓扑结构利用小型交换机便可构建,使得网络建设成本降低,节点更容易扩展,可以保证任意两点之间有多条通路,计算节点在任何时刻两两之间可无阻塞通信,从而满足云计算数据中心高可靠性、高带宽的需求。同时可以利用小型交换机连接大规模计算节点,既带来良好的可扩展性,又降低了数据中心的建设成本。

2. 数据中心节能技术

云计算数据中心规模庞大,为了保证设备的正常工作,需要消耗大量的电能。据估计,一个拥有 50 000 个计算节点的数据中心每年耗电量超过 1 亿千瓦时,电费达到 930 万美元。因此需要研究有效的绿色节能技术,以解决能耗开销问题。实施绿色节能技术,不仅可以降低数据中心的运行开销,还能减少二氧化碳的排放,有助于环境保护。

当前,数据中心能耗问题得到工业界和学术界的广泛关注。Google 的分析表明,云计算数据中心的能源开销主要来自计算机设备、不间断电源、供电单元、冷却装置、新风系统、增湿设备及附属设施(如照明、电动门等)。IT 设备和冷却装置的能耗比重较大。因此,需要首先针对 IT 设备能耗和制冷系统进行研究,以优化数据中心的能耗总量或在性能与能耗之间寻求最佳的折中。针对 IT 设备能耗优化问题,提出一种面向数据中心虚拟化的自适应能耗管理系统 Virtual Power,该系统通过集成虚拟化平台自身具备的能耗管理策略,以虚拟机为单位为数据中心提供一种在线能耗管理能力。可以根据 CPU 利用率,控制和调整 CPU 频率以达到优化 IT 设备能耗的目的。

此外,数据中心建成以后,可采用动态制冷策略降低能耗。例如,对于处于休眠状态的服务器,可适当关闭一些制冷设施或改变冷气流的走向,以节约成本。

3. 虚拟化技术

数据中心为云计算提供了大规模资源。为了实现基础设施服务的按需分配,需要研究虚拟化技术。虚拟化是 IaaS 层的重要组成部分,也是云计算最重要的特点。其特点如下:

(1)资源分享。通过虚拟机封装用户各自的运行环境,有效实现多用户分享数据中心资源。

(2)资源定制。用户利用虚拟化技术,配置私有的服务器,指定所需的 CPU 数目、内存容量、磁盘空间,实现资源的按需分配。

(3)细粒度资源管理。将物理服务器拆分成若干虚拟机,可以提高服务器的资源利用率,减少浪费,而且有助于服务器的负载均衡和节能。

基于以上特点,虚拟化技术成为实现云计算资源池化和按需服务的基础。为了进一步满足云计算弹性服务和数据中心自治性的需求,需要研究虚拟机快速部署和在线迁移技术。

4.虚拟机快速部署技术

传统的虚拟机部署分为创建虚拟机、安装操作系统与应用程序、配置主机属性(如网络、主机名等)和启动虚拟机 4 个阶段。该方法部署时间较长,达不到云计算弹性服务的要求。尽管可以通过修改虚拟机配置(如增减 CPU 数目、磁盘空间、内存容量)改变单台虚拟机性能,但是更多情况下云计算需要快速扩大虚拟机集群的规模。为了简化虚拟机的部署过程,虚拟机模板技术被应用于大多数云计算平台。

虚拟机模板预装了操作系统与应用软件,并对虚拟设备进行了预配置,可以有效减少虚拟机的部署时间。然而虚拟机模板技术仍不能满足快速部署的需求:一方面,将模板转换成虚拟机需要复制模板文件,当模板文件较大时,复制的时间开销不可忽视;另一方面,因为应用程序没有加载到内存,所以通过虚拟机模板转换的虚拟机需要在启动或加载内存镜像后,方可提供服务。

为此,有学者提出了基于 fork 思想的虚拟机部署方式。该方式受操作系统的 fork 原语启发,可以利用父虚拟机迅速克隆出大量子虚拟机。与进程级的 fork 相似,基于虚拟机级的fork,子虚拟机可以继承父虚拟机的内存状态信息,并在创建后即时可用。当部署大规模虚拟机时,子虚拟机可以并行创建,并维护其独立的内存空间,而不依赖于父虚拟机。为了减少文件的复制开销,虚拟机 fork 采用了"写时复制"(copy-on-write,COW)技术:子虚拟机在执行写操作时,将更新后的文件写入本机磁盘;在执行读操作时,通过判断该文件是否已被更新,确定本机磁盘或父虚拟机的磁盘读取文件。在虚拟机 fork 技术的相关研究工作中,Potemkin 项目实现了虚拟机 fork 技术,并可在 1 s 内完成虚拟机的部署或删除,但要求父虚拟机和子虚拟机在相同的物理机上。Lagar-Cavilla 等人研究了分布式环境下的并行虚拟机 fork 技术,该技术可以在 1 s 内完成 32 台虚拟机的部署。

虚拟机 fork 是一种即时(on-demand)部署技术,虽然提高了部署效率,但通过该技术部署的子虚拟机不能持久化保存。

5.虚拟机在线迁移技术

虚拟机在线迁移是指虚拟机在运行状态下从一台物理机移动到另一台物理机。虚拟机在线迁移技术对云计算平台的有效管理具有重要意义。

(1)提高系统可靠性。一方面,当物理机需要维护时,可以将运行于该物理机的虚拟机转移到其他物理机。另一方面,可利用在线迁移技术完成虚拟机运行时备份,当主虚拟机发生异常时,可将服务无缝切换至备份虚拟机。当物理机负载过重时,可以通过虚拟机迁移达到负载均衡,优化数据中心性能,有利于负载均衡。通过集中零散的虚拟机,可使部分物理机完全空闲,以便关闭这些物理机(或使物理机休眠),从而达到节能目的,有利于设计节能方案。

(2)虚拟机的在线迁移对用户透明。云计算平台可以在不影响服务质量的情况下优化和管理数据中心。在线迁移技术通过迭代的预复制(pre-copy)策略同步迁移前后的虚拟机状态。传统的虚拟机迁移是在 LAN 中进行的,为了在数据中心之间完成虚拟机在线迁移,Hirofuchi 等人介绍了一种在 WAN 环境下的迁移方法。这种方法在保证虚拟机数据一致性的前提下,尽可能少地牺牲虚拟机 I/O 性能,加快迁移速度。利用虚拟机在线迁移技术,Remus系统设计了虚拟机在线备份方法。当原始虚拟机发生错误时,系统可以立即切换到备份虚拟机,而不会影响到关键任务的执行,提高了系统的可靠性。

2.1.2 PaaS 层关键技术

PaaS 层作为三层核心服务的中间层,既为上层应用提供简单可靠的分布式编程框架,又需要基于底层的资源信息调度作业、管理数据,屏蔽底层系统的复杂性。随着数据密集型应用的普及和数据规模的日益庞大,PaaS 层需要具备存储与处理海量数据的能力。

1. 海量数据存储技术

云计算环境中的海量数据存储既要考虑存储系统的 I/O 性能,又要保证文件系统的可靠性与可用性。Ghemawat 等人为 Google 设计了 GFS。根据 Google 应用的特点,GFS 对其应用环境做了 6 点假设:

(1) 系统架设在容易失效的硬件平台上。

(2) 需要存储大量 GB 级甚至 TB 级的大文件。

(3) 文件读操作由大规模的流式读和小规模的随机读构成。

(4) 文件具有一次写多次读的特点。

(5) 系统需要有效处理并发的追加写操作。

(6) 高持续 I/O 带宽比低传输延迟重要。

在 GFS 中,一个大文件被划分成若干固定大小(如 64 MB)的数据块,并分布在计算节点的本地硬盘上。为了保证数据的可靠性,每一个数据块都保存有多个副本,所有文件和数据块副本的元数据由元数据管理节点管理。GFS 的优势在于:

(1) 由于文件的分块粒度大,GFS 可以存取 PB 级的超大文件。

(2) 通过文件的分布式存储,GFS 可并行读取文件,提供高 I/O 吞吐率。

(3) 鉴于上述假设,GFS 可以简化数据块副本间的数据同步问题。

(4) 文件块副本策略保证了文件的可靠性。

2. 分布式数据存储系统 BigTable

BigTable 是基于 GFS 开发的分布式数据存储系统,它将提高系统的适用性、可扩展性、可用性和存储性能作为设计目标。

BigTable 的功能与分布式数据库类似,用以存储结构化或半结构化数据,为 Google 应用(如搜索引擎、Google Earth 等)提供数据存储与查询服务。在数据管理方面,BigTable 将一整张数据表拆分成许多存储于 GFS 的子表,并由分布式锁服务 Chubby 负责数据一致性管理。在数据模型方面,BigTable 以行名、列名、时间戳建立索引,表中的数据项由无结构的字节数组表示。这种灵活的数据模型保证 BigTable 适用于多种不同的应用环境。

由于 BigTable 需要管理节点集中管理元数据,因此存在性能瓶颈和单点失效问题。为此,DeCandia 等人设计了基于 P2P 结构的 Dynamo 存储系统,并应用于 Amazon 的数据存储平台。借助于 P2P 技术的特点,Dynamo 允许使用者根据工作负载动态调整集群规模。

另外,在可用性方面,Dynamo 采用零跳分布式散列表结构降低操作响应时间。在可靠性方面,Dynamo 利用文件副本机制应对节点失效。由于保证副本强一致性会影响系统性能,为了承受每天数千万的并发读写请求,Dynamo 中设计了最终一致性模型,弱化副本一致性,保证提高性能。

3. 数据处理技术 MapReduce

PaaS 平台不仅要实现海量数据的存储,还要提供面向海量数据的分析处理功能。由于

PaaS 平台部署于大规模硬件资源上,因此海量数据的分析处理需要抽象处理过程,并要求其编程模型支持规模扩展,屏蔽底层细节并且简单有效。

MapReduce 是 Google 提出的并行程序编程模型,运行于 GFS 之上。一个 MapReduce 作业由大量的 Map 和 Reduce 任务组成。根据两类任务的特点,可以把数据处理过程划分成 Map 和 Reduce 两个阶段:在 Map 阶段,Map 任务读取输入文件块,并行分析处理,处理后的中间结果保存在 Map 任务执行节点;在 Reduce 阶段,Reduce 任务读取并合并多个 Map 任务的中间结果。

MapReduce 可以简化大规模数据处理的难度:首先,MapReduce 中的数据同步发生在 Reduce 读取 Map 中间结果的阶段,这个过程由编程框架自动控制,从而简化数据同步问题;其次,由于 MapReduce 会监测任务执行状态,重新执行异常状态任务,因此程序员无须考虑任务失败问题;再次,Map 任务和 Reduce 任务都可以并发执行,通过增加计算节点数量便可加快处理速度;最后,在处理大规模数据时,Map/Reduce 任务的数目远多于计算节点的数目,有助于计算节点负载均衡。

虽然 MapReduce 具有诸多优点,但仍具有局限性:

(1) MapReduce 灵活性低,很多问题难以抽象成 Map 和 Reduce 操作。

(2) MapReduce 在实现迭代算法时效率较低。

(3) MapReduce 在执行多数据集的交叉运算时效率不高。

为此,Sawzall 语言和 Pig 语言封装了 MapReduce,可以自动完成数据查询操作到 MapReduce 的映射。Ekanayake 等人设计了 Twister 平台,使 MapReduce 能有效支持迭代操作。Yang 等人设计了 Map-Reduce-Merge 框架,通过加入 Merge 阶段实现多数据集的交叉操作。在此基础上,Wang 等人将 Map-Reduce-Merge 框架应用于构建 OLAP 数据立方体。

MapRedcue 还可以应用到并行求解大规模组合优化问题(如并行遗传算法)。由于许多问题难以抽象成 MapReduce 模型,为了使并行编程框架灵活普适,Isard 等人设计了 Dryad 框架,Dryad 可以更加简单高效地处理复杂流程。同 MapReduce 相似,Dryad 为程序开发者屏蔽了底层的复杂性,并可在计算节点规模扩展时提高处理性能。

在此基础上,Yu 等人设计了 DryadLINQ 数据查询语言,该语言和 .NET 平台无缝结合,并利用 Dryad 框架对 Azure 平台上的数据进行查询处理。

4. 资源管理与调度技术

海量数据处理平台的大规模性给资源管理与调度带来挑战。研究有效的资源管理与调度技术可以提高 MapReduce、Dryad 等 PaaS 层海量数据处理平台的性能。

(1) 副本管理技术。

副本机制是 PaaS 层保证数据可靠性的基础,有效的副本策略不但可以降低数据丢失的风险,而且能优化作业完成时间。Hadoop 采用了机架敏感的副本放置策略,该策略默认文件系统部署于传统网络拓扑的数据中心。以放置 3 个文件副本为例,由于同一机架的计算节点间网络带宽高,因此机架敏感的副本放置策略将 2 个文件副本置于同一机架,另一个置于不同机架。这样的策略既考虑了计算节点和机架失效的情况,又减少了因为数据一致性维护带来的网络传输开销。除此之外,文件副本放置还与应用有关,Eltabakh 等人提出了一种灵活的数据放置策略 CoHadoop,用户可以根据应用需求自定义文件块的存放位置,使需要协同处理的数据分布在相同的节点上,从而在一定程度上减少了节点之间的数据传输开销。但是,目前 PaaS 层的副本调度大多局限于单数据中心,从容灾备份和负载均衡角度,需要考虑面向多数据中心的副本管理策略。郑湃等人提出了三阶段数据布局策略,分别针对跨数据中心数据传输、数据依赖关系和全局负载均衡三个目标对数据布局方案进行求解和优化。虽然该研究对多数据中心间的数据管理起到优化作用,但是未深入讨论副本管理策略。因此,需要在多数据中心环境下研究副本放置、副本选择及一致性维护和更新机制。

（2）任务调度算法。

PaaS层的海量数据处理以数据密集型作业为主,其执行性能受到I/O带宽的影响。但是网络带宽是计算集群(计算集群既包括数据中心的物理计算节点集群,又包括虚拟机构建的集群)中的急缺资源。云计算数据中心考虑成本因素,很少采用高带宽的网络设备。IaaS层部署的虚拟机集群共享有限的网络带宽。

海量数据的读写操作占用了大量带宽资源,因此,PaaS层海量数据处理平台的任务调度需要考虑网络带宽因素。为了减少任务执行过程中的网络传输开销,可以将任务调度到输入数据所在的计算节点,因此,需要研究面向数据本地性(data-locality)的任务调度算法。Hadoop以"尽力而为"的策略保证数据本地性。虽然该算法易于实现,但是没有做到全局优化,在实际环境中不能保证较高的数据本地性。

除了保证数据本地性,PaaS层的作业调度器还需要考虑作业之间的公平调度。PaaS层的工作负载中既包括子任务少、执行时间短、对响应时间敏感的即时作业(如数据查询作业),又包括子任务多、执行时间长的长期作业(如数据分析作业)。研究公平调度算法可以及时为即时作业分配资源,使其快速响应。因为数据本地性和作业公平性不能同时满足,所以Zaharia等人在Max-Min公平调度算法的基础上设计了延迟调度(delay scheduling)算法。该算法通过推迟调度一部分作业并使这些作业等待合适的计算节点,以达到较高的数据本地性。但是在等待开销较大的情况下,延迟策略会影响作业完成时间。为了折中数据本地性和作业公平性,Isard等设计了基于最小代价流的调度模型,并应用于Microsoft的Azure平台。当系统状态发生改变时(如有计算节点空闲、有新任务加入),调度器对调度图求解最小代价流,并做出调度决策。虽然该方法可以得到全局优化的调度结果,但是求解最小代价流会带来计算开销,当图的规模很大时,计算开销将严重影响系统性能。

（3）任务容错机制。

为了使PaaS平台可以在任务发生异常时自动从异常状态恢复,需要研究任务容错机制。MapReduce的容错机制在检测到异常任务时,会启动该任务的备份任务。备份任务和原任务同时进行,当其中一个任务顺利完成时,调度器立即结束另一个任务。Hadoop的任务调度器实现了备份任务调度策略。但是现有的Hadoop调度器检测异常任务的算法存在较大缺陷:如果一个任务的进度落后于同类型任务进度的20%,Hadoop则把该任务当作异常任务,然而,当集群异构时,任务之间的执行进度差异较大,因而在异构集群中很容易产生大量的备份任务。为此,Zaharia等人研究了异构环境下异常任务的发现机制,并设计了LATE(Longest Approximate Time to End)调度器。通过估算Map任务的完成时间,LATE为估计完成时间最晚的任务生成备份。虽然LATE可以有效避免产生过多的备份任务,但是该方法假设Map任务处理速度是稳定的,所以在Map任务执行速度变化的情况下(如先快后慢),LATE不能达到理想的性能。

5.典型的 PaaS 平台

现在常见的3种典型的PaaS平台,包括Google App Engine、Hadoop和Microsoft Azure。这些平台都基于海量数据处理技术搭建,且各具代表性。

Google App Engine 是基于 Google 数据中心的开发、托管 Web 应用程序的平台。通过该平台,程序开发者可以构建规模可扩展的 Web 应用程序,而不用考虑底层硬件基础设施的管理。App Engine 由 GFS 管理数据、MapReduce 处理数据,并用 Sawzall 为编程语言提供接口。

Hadoop 是开源的分布式处理平台,其 HDFS、Hadoop、MapReduce 和 Pig 模块实现了 GFS、MapReduce 和 Sawzall 等数据处理技术。与 Google 的分布式处理平台相似,Hadoop 在可扩展性、可靠性、可用性方面做了优化,使其适用于大规模的云环境。Facebook、淘宝等公司利用 Hadoop 构建数据处理平台,以满足海量数据分析处理需求。

Microsoft Azure 以 Dryad 作为数据处理引擎,允许用户在 Microsoft 的数据中心上构建、管理和扩展应用程序。

6.服务管理层

为了使云计算核心服务高效、安全地运行,需要服务管理技术加以支持。服务管理技术包括 QoS 保证机制、安全与隐私保护技术、资源监控技术、服务计费模型等。其中,QoS 保证机制和安全与隐私保护技术是保证云计算可靠性、可用性、安全性的基础。

(1) QoS 保证机制。

云计算不仅要为用户提供满足应用功能需求的资源和服务,同时还需要提供优质的 QoS(如可用性、可靠性、可扩展性等),以保证应用顺利高效地执行。这是云计算得以被广泛采纳的基础。首先,用户从自身应用的业务逻辑层面提出相应的 QoS 需求,为了能够在使用相应服务的过程中始终满足用户的需求,云计算服务提供商需要对 QoS 水平进行匹配并且与用户协商制定服务等级协议(SLA)。最后,根据 SLA 内容进行资源分配以达到 QoS 保证的目的。

(2) 安全与隐私保护技术。

PaaS 层的海量数据存储和处理需要防止隐私泄露问题。Roy 等人提出了一种基于 MapReduce 平台的隐私保护系统 Airavat,集成强访问控制和区分隐私,为处理关键数据提供安全和隐私保护。在加密数据的文本搜索方面,传统的方法需要对关键词进行完全匹配,但是云计算数据量非常大,在用户频繁访问的情况下,精确匹配返回的结果会非常少,使得系统的可用性大幅降低,Li 等人提出了基于模糊关键词的搜索方法,在精确匹配失败后,还将采取与关键词近似语义的关键词集的匹配,达到在隐私保护的前提下为用户检索更多匹配文件的效果。

2.1.3　SaaS 层关键技术

SaaS 层提供了基于互联网的应用程序服务,并会保存敏感数据(如企业商业信息)。因为云服务器由许多用户共享,且云服务器和用户不在同一个信任域里,所以需要对敏感数据建立访问控制机制。由于传统的加密控制方式需要花费很大的计算开销,而且密钥发布和细粒度的访问控制都不适合大规模的数据管理,Yu 等人讨论了基于文件属性的访问控制策略,在不泄露数据内容的前提下将与访问控制相关的复杂计算工作交给不可信的云服务器完成,从而达到访问控制的目的。

从以上研究可以看出,云计算面临的核心安全问题是用户不再对数据和环境拥有完全的控制权。为了解决该问题,云计算的部署模式被分为公有云、私有云和混合云等。公有云是以按需付费方式向公众提供的云计算服务(如 Amazon EC2、Salesforce CRM 等)。虽然公有云提供了便利的服务方式,但是由于用户数据保存在服务提供商处,存在用户担心隐私泄露、数据安全得不到保证等问题。私有云是一个企业或组织内部构建的云计算系统。部署私有云需要企业新建私有的数据中心或改造原有数据中心。由于服务提供商和用户同属于一个信任域,因此数据隐私可以得到保护。受其数据中心规模的限制,私有云在服务弹性方面与公有云相比较差。混合云结合了公有云和私有云的特点:用户的关键数据存放在私有云,以保护数据隐私;当私有云工作负载过重时,可临时购买公有云资源,以保证服务质量。部署混合云需要公有云和私有云具有统一的接口标准,以保证服务无缝迁移。此外,工业界对云计算的安全问题非常重视,并为云计算服务和平台开发了若干安全机制。其中 Sun 公司发布开源的云计算安全工具可为 Amazon EC2 提供安全保护。微软公司发布基于云计算平台 Azure 的安全方案,以解决虚拟化及底层硬件环境中的安全性问题。另外,Yahoo 为 Hadoop 集成了 Kerberos 验证,Kerberos 验证有助于数据隔离,使对敏感数据的访问与操作更为安全。

SaaS 层面向的是云计算终端用户,提供基于互联网的软件应用服务。随着 Web 服务、HTML5、Ajax、Mashup 等技术的成熟与标准化,SaaS 应用近年来发展迅速。典型的 SaaS 应用包括 Google Apps、Salesforce CRM 等。Google Apps 包括 Google Docs、Gmail 等一系列 SaaS 应用。Google 将传统的桌面应用程序(如文字处理软件、电子邮件服务等)迁移到互联网,并托管这些应用程序。用户通过 Web 浏览器便可随时随地访问 Google Apps,而不需要下载、安装或维护任何硬件或软件。Google Apps 为每个应用提供了编程接口,使各应用之间可以随意组合。Google Apps 的用户既可以是个人用户又可以是服务提供商。比如企业可向 Google 申请域名为@example.com 的邮件服务,满足企业内部收发电子邮件的需求。在此期间,企业只需对资源使用量付费,而不必考虑购置、维护邮件服务器、邮件管理系统的开销。Salesforce CRM 部署于 Force.com 云计算平台,为企业提供客户关系管理服务,包括销售云、服务云、数据云等部分。通过租用 CRM 的服务,企业可以拥有完整的企业管理系统,用以管理内部员工、生产销售、客户业务等。利用 CRM 预定义的服务组件,企业可以根据自身业务的特点定制工作流程。基于数据隔离模型,CRM 可以隔离不同企业的数据,为每个企业分别提供一份应用程序的副本。CRM 可根据企业的业务量为企业弹性分配资源。除此之外,CRM 为移动智能终端开发了应用程序,支持各种类型的客户端设备访问该服务。

2.2 云计算资源管理

云计算虚拟化平台软件支持分布式的集群管理,可以针对业务模型,对物理服务器创建不同的业务集群,并在集群内实现资源调度和负载均衡,在业务负载均衡的基础上实现资源的动态调度、弹性调整。

云计算虚拟化平台需要支持各种不同的存储设备,包括本地存储、SAN 存储、NAS 存储和分布式本地存储,保证业务的广适配性。同时,提供链接克隆、资源复用、精简置备和快照功能,降低企业成本并提供高效率、高可靠性的资源池。

1.并行分析计算

并行计算(Parallel Computing)一般是指许多指令得以同时进行的计算模式,又称平行计算,它是一种一次可执行多个指令的算法,目的是提高计算速度,通过扩大问题求解规模,解决大型而复杂的计算问题。相对于串行计算,并行计算分为时间并行和空间并行。时间并行即流水线技术,而空间并行是指用多个处理器执行并发计算,当前研究的主要是空间的并行问

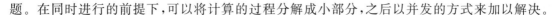

题。在同时进行的前提下,可以将计算的过程分解成小部分,之后以并发的方式来加以解决。

2.分布式存储管理

分布式存储管理是为了解决单机存储在容量、性能等上的瓶颈,以及可用性、扩展性等方面的问题,通过把数据分散存储在多台存储设备上,为大规模的存储应用提供大容量、高性能、高可用、扩展性好的存储服务。该系统已经服务了大量业务,经受了海量服务的考验。

分布式存储系统的整体架构分为多层结构,其中逻辑层是存储服务的使用方。系统由两大部分组成,一部分是数据仓库包含的模块,直接提供数据存储服务的核心部分,由接入层、数据层、配置运维中心组成;另一部分是辅助系统,主要由负责系统的监控、运维和运营、备份系统、监控系统、运维管理系统、用户运营系统组成。

一个数据仓库就是一个存储集群,多个业务可以共享一个数据仓库的资源,我们根据需求可以部署多个数据仓库,辅助系统是所有数据仓库共用的。

3.资源的虚拟化

资源即满足计算机运行所需必要条件的一个集合,在云计算架构中首先要实现的是将其进行虚拟化,以满足虚拟机的高效、可靠运行。

在云计算中,数据、应用和服务都存储在云中,云就是用户的超级计算机。因此,云计算要求所有的资源能够被这个超级计算机统一管理。但是,各种硬件设备间的差异使它们之间的兼容性很差,这对统一的资源管理提出了挑战。

虚拟化技术可以将物理资源等底层架构进行抽象,使得设备的差异和兼容性对上层应用透明,从而允许云对底层千差万别的资源进行统一管理。此外,虚拟化简化了应用编写的工作,使得开发人员可以仅关注于业务逻辑,而无须考虑底层资源的供给与调度。在虚拟化技术中,这些应用和服务驻留在各自的虚拟机上,有效地形成了隔离,一个应用的崩溃不至于影响到其他应用和服务的正常运行。不仅如此,运用虚拟化技术还可以随时方便地进行资源调度,实现资源的按需分配,应用和服务既不会因为缺乏资源而性能下降,又不会由于长期处于空闲状态而造成资源的浪费。最后,虚拟机的易创建性使应用和服务可以拥有更多的虚拟机来进行容错和灾难恢复,从而提高了自身的可靠性和可用性。

可见,正是由于虚拟化技术的成熟和广泛运用,云计算中的计算、存储、应用和服务都变成了资源,这些资源可以被动态扩展和配置,云计算最终在逻辑上以单一整体形式呈现的特性才能实现。虚拟化技术是云计算中最关键、最核心的技术原动力。

4.智能化运维技术

云计算下的智能化运维是未来的发展趋势。智能化运维与平台化运维和自动化运维有着明显的不同。平台化运维注重的是入口的统一、运维服务或能力的复用,减少重复劳动,规范化操作。自动化运维注重的是大规模、批量化操作,一个程序一次性部署在成千上万台服务器上,或者针对某些特定场景,能够进行简单的逻辑执行,把繁杂的运维工作组织为一个有机的过程,一次性执行。而智能化运维,是更大跨度的向前一步,这个标志应该是运维工作从依靠人工决策,逐步转为依靠机器决策。例如:故障的发现,以前多靠人工经验来设定监控阈值,而机器可以通过历史监控数据规律的学习,自动生成更加准确的阈值或通过异常模式识别去主动判断异常的发生。这不仅能够大量简化人的工作,还比人更精准;故障的定位,以前多靠人工翻阅大量的监控数据、服务器日志,甚至联络各相关团队工程师,分析线上所有变更事件等才能定位一个问题,而机器可以根据系统中的网络、机房、程序上下游调用关系等,综合所有监控数据和采集日志,来综合分析和定位,这比人的效率更高且更全面;扩缩容、止损和预案操作等也是类似。智能化运维是希望终有一天,机器决策能够大幅超越人工决策,那也就是运维人性解放的时刻。

随着越来越多的企业拥抱云计算,为了支持业务系统的快速上线、灵活伸缩以及更高的SLA要求,再加上有限的IT运维成本,运维人员将面临比以往更大的运维压力。在运维拥有海量设备且高度复杂的云数据中心环境时,如何提供99.95%或以上的高质量IT服务,提升效率并降低成本,是运维团队当前面临的最大挑战。

5.云数据中心的挑战与保障

云数据中心的设备规模从几十、几百向几万、几百万数量级演进时,海量硬件设备的使用对硬件故障的快速定位和隔离带来巨大挑战;同时,采用虚拟化和分布式弹性技术也加剧了云数据中心的复杂度。这些都会导致运维难度增加,小概率故障成为常态且影响加大,用户级的99.95%或以上的SLA很难保障。

虚拟化技术和众多开源技术的引入使得运维变得越来越复杂,传统人工运维模式处理速度慢、出错概率高。此外,传统设备的维护效率人均需要 $50\sim100$ 台,因此在大规模云化环境下,需要投入大量人力。

传统IT的资源使用率通常低于20%,在云化后资源使用率有所提升,但是个性化、按需弹性需求导致资源碎片化、负载不均衡以及扩容规划不精准,可能会造成整体资源利用率并没有达到规划目标,运维成本居高不下。

企业IT向云架构迁移不是一蹴而就的,而是一个长期共存的过程。两种架构导致运维工具差异大,也给运维人员带来了更大的挑战。如何实现两种IT架构统一、集中的维护管理,是运维系统面临的新课题。

分布式架构的云计算系统,其资源调度、业务伸缩、故障隔离和故障修复等都是自动化的,不可能基于人工来完成,这已经完全颠覆了传统IT的软件安装部署、业务使用和管理维护模式。因此,运维的工作不再是传统的运维管理,而是构建自动化运维模型和运维工具,这不但对运维人员,更对运维系统提出了新的要求。

实现IT系统全自动化运行的核心在于智能。系统具备完善的智能,才能够基于系统的状态、用户规模、业务体验质量和策略规则等,实现系统的弹性伸缩、故障隔离和故障修复等,这一切都要靠一个智能的管理系统或者运维系统来完成。

传统模式下,运维人员的工作模式是被动等待问题发生,然后再进行故障处理。根据有关数据统计,运维人员平均每天计划内的工作只占50%左右,剩下的时间都是在到处救火。随着云数据中心规模的快速增长,运维人员需要处理的事件量越来越大,人工救火将力不从心。这就需要一个智能的运维平台,利用大数据关联分析与机器学习技术为运维系统赋予人工智能,提供从故障预防到故障定位再到故障闭环的智能保障能力。

2.3 云计算应用

2.3.1 云计算的典型应用

有些IT从业人员在谈到云计算的时候,总是认为云计算只是广告词而已,实际的用处非常有限。对于这种看法,在这里,选择十个比较典型的应用场景来加以介绍。

1. IDC 云

传统 IDC(Internet Data Center,互联网数据中心)的服务已经无法满足用户的需求,用户期望更强大、更方便和更灵活的 IDC 服务。IDC 云是在 IDC 原有数据中心的基础上,加入更多云的因素,比如系统虚拟化技术、自动化管理技术和智慧能源监控技术等。通过 IDC 的云平台,用户能够使用虚拟机和存储等资源。IDC 可通过引入新的云技术来提供许多新的具有一定附加值的服务,如 PaaS 等。现在已成型的 IDC 云有 Linode 和 Rackspace 等。

2. 企业云

对任何大中型企业而言,80% 的 IT 资源都用于维护现有应用,而不是让 IT 更好地为业务服务。使用专业的企业云解决方案来提升企业内部数据中心的自动化管理程度,将整个 IT 服务的思维从过去的软硬件思维转变为以提供服务为主,使得 IT 人员能分出精力来为业务创新,成为半个业务人员。企业云非常适合那些需要提升内部数据中心的运维水平和希望能使整个 IT 服务围绕业务展开的大中型企业。相关的产品和解决方案有 IBM 的 WebSphere CloudBurst Appliance、Cisco 的 UCS 和 VMware 的 vSphere 等。

3. 云存储系统

由于数据是企业非常重要的资产和财富,因此需要对数据进行有效的存储和管理,而且普通的个人用户也需要大量的存储空间用于保存大量的个人数据和资料,但由于本地存储在管理方面的缺失,使得数据的丢失率非常高。而云存储系统能解决上述问题,它通过整合网络中多种存储设备来对外提供云存储服务,并能管理数据的存储、备份、复制和存档。另外,良好的用户界面和强大的 API 支持也是不可或缺的。云存储系统非常适合那些需要管理和存储海量数据的企业,比如互联网企业、电信公司等,还有广大网民。相关的产品有中国电信的 E 云、Amazon 的 S3 云存储服务、Google 的 Picasa 相册和微软的 SkyDrive 网络硬盘等。

4. 虚拟桌面云

对许多企业而言,桌面系统的安装、配置和维护是其 IT 运营非常重要的一个方面,桌面系统的分散管理将给整个 IT 部门带来沉重的压力,而且相关的数据和信息安全不能得到有效的监控,同时企业更希望能降低终端桌面系统的整体成本,并且使用起来更稳定和灵活。虚拟桌面云是这方面一个非常不错的解决方案,利用了现在成熟的桌面虚拟化技术。桌面虚拟化技术是将用户的桌面环境与其使用的终端进行解耦,在服务器端以虚拟镜像的形式统一存放和运行每个用户的桌面环境,而用户则可通过小型的终端设备来访问其桌面环境。另外,系统管理员可以统一管理用户在服务器端的桌面环境,比如安装、升级和配置相应的软件等。这个解决方案比较适合那些需要使用大量桌面系统的企业。相关的产品有 Citrix 的 Xen Desktop 和 VMware 的 VMware view。

5. 开发测试云

开发测试总是烦琐、易错和耗时的过程,特别是在准备测试环境上面,还会遇到诸如测试资源管理混乱、难于重现问题发生的环境和缺乏压力测试所需要的强大计算能力等棘手问题。而开发测试云能有效解决上述问题。其通过友好的 Web 界面,可以预约、部署、管理和回收整个开发测试环境,通过预先配置好(包括操作系统、中间件和开发测试软件)的虚拟镜像来快速地构建一个个异构的开发测试环境,通过快速备份/恢复等虚拟化技术来重现问题,并利用云的强大的计算能力来对应用进行压力测试,比较适合那些需要开发和测试多种应用的组织和企业,比如银行、电信和政府部门等。相关解决方案有 IBM Smart Business Development and Test Cloud。

6.大规模数据处理云

企业需要分析大量的数据来洞察业务发展的趋势、可能的商业机会和存在的问题,从而做出更好、更快和更全面的决策。物联网会采集需要处理的海量数据。大规模数据处理云通过将数据处理软件和服务运行在云计算平台上,能利用云平台的计算能力和存储能力对海量数据进行大规模处理,除了上面提到的物联网之外,还有许多企业和机构都会有这方面的需求。相关产品有 Apache 的 Hadoop 等。

7.协作云

电子邮件、IM(Instant Messaging,即时通信)、SNS(Social Networking Services,社交网络服务)和通信工具等是很多企业和个人必备的协作工具,但是维护这些软件及其硬件却是一件让人非常头疼的工作。协作云是云供应商在 IDC 云的基础上或者直接构建一个专属的云,并在这个云上搭建整套的协作软件,并将这些软件共享给用户,非常适合那些需要一定的协作工具,但不希望维护相关的软硬件和支付高昂的软件许可证费用的企业与个人。这方面,最具代表性的产品莫过于 IBM 的 LotusLive,它主要包括会议、办公协作和电子邮件这三大服务。当然 Google Apps 也是不容忽视的,其中 Gmail 和 Gtalk 都是协作的利器。

8.游戏云

由于传统游戏软件容量都非常巨大,无论是单机,还是网游,都需要在游戏之前花很多时间在下载和安装上,使玩家无法尽兴地玩游戏,再加上游戏的购置成本偏高,使得玩家在尝试新游戏方面兴趣骤降。为此,业界部分公司推出了游戏云的解决方案,主要有两种:第一种是使用更多基于 Web 的游戏模式,比如使用 JavaScript、Flash 和 Silverlight 等技术,并将这些游戏部署到云中,这种解决方案比较适合休闲游戏。第二种是为大容量和高画质的专业游戏设计的,整个游戏都将运行在云中,但会将最新生成的画面传至客户端。

9.HPC 云

在 HPC(High Performance Computing,高性能计算)领域,现在主要有两个方面的挑战:其一是供需不平衡,要么是现有的 HPC 资源太过稀少,无法满足大众的需求,要么就是贫富不均,导致 HPC 资源无法被合理地分配;其二是现有的 HPC 设计和需求不符,虽然 HPC 已经发展了很多年,但是在设计上还是将所有的计算资源整合在一起,以追求极致速度为主,而现在的主流需求则常以只需要一小块计算资源为主,这导致 HPC 计算资源被极大地浪费,所以新一代的高性能计算中心不仅需要提供传统的高性能计算,还需要增加资源的管理、用户的管理、虚拟化的管理、动态的资源产生和回收等。这时,基于云计算的高性能计算应运而生,也就是 HPC 云,其能够为用户提供可以完全定制的高性能计算环境,用户可以根据自己的需求改变计算环境的操作系统、软件版本和节点规模,从而避免了与其他用户的冲突,并可以成为网格计算的支撑平台,以提升计算的灵活性和便捷性。HPC 云特别适合需要使用高性能计算,但缺乏巨资投入的普通企业和学校。2010 年,北京工业大学和 IBM 合作建立了国内第一个 HPC 云计算中心。

10.云杀毒

新型病毒的不断涌现,使得杀毒软件的病毒特征库的容量与日俱增,如果在安装杀毒软件时附带安装庞大的病毒特征库,将会影响用户的体验,而且杀毒软件本身的运行也会极大地消耗系统资源。通过云杀毒技术,杀毒软件可以将有嫌疑的数据上传到云中,并通过云中庞大的特征库和强大的处理能力来分析这个数据是否含有病毒,非常适合那些需要使用杀毒软件来捍卫其电脑安全的用户。现有的杀毒软件都支持一定的云杀毒特性,比如 360 杀毒和金山毒霸等。

2.3.2　云计算的企业应用

1.云物联

物联网中的感知识别设备(如传感器、RFID 等)生成的大量信息如果不能有效地整合与利用,那无异于入宝山而空返,望"数据的海洋"而兴叹。云计算架构可以用来解决数据如何存储、如何检索、如何使用、如何不被滥用等关键问题。

(1) 云计算与物联网。

随着物联网业务量的增加,对数据存储和计算量的需求将带来对云计算能力的要求:

① 云计算,从计算中心到数据中心,在物联网的初级阶段,POP(邮局协议)即可满足需求。

② 在物联网高级阶段,可能出现 MVNO/MMO 营运商(国外已存在多年),需要虚拟化云计算技术、微服务技术等的结合实现物联网的泛在服务:TaaS(测试即服务)。

云物联中的云营销分为两种:

① 狭义云营销:帮助客户销售产品,快速建立全国营销渠道,获取经济利益。

② 广义云营销:树立企业品牌形象,获取更多社会资源等。

(2) 云计算在资源融合中的应用。

① 远程课堂。

在互联网(教育网)上通过系统在线实时收看远程教育频道,实现远程听课、在线学习,更解决了不能到校上课的难题。同时可以将信号推送到教育部门平台,供其他学校学生在家、图书馆或其他地方实时学习,也可以在课后观看课堂录像,完成学习任务。真正实现区内学校资源、名师资源的平衡化。

② 学生实训电视台。

可以让各学校建立多个实训电视台,让学生社团主持,现场直播电视节目,可事先公告、排定活动,届时让师生实况收看,活动过程可实时录制成视频档案,并可事后编辑活动影片,作为点播教材。所有的频道不仅在本校网站上发布,同时还推送到教育部门资源融合网,方便其他学校共同收看与学习,实现多校活动协作,使活动多元化,丰富与扩大学生的知识面。

③ 电视转播。

通过平台将电视的模拟信号实时采集并直播出去,这样可以建立自己的网络教育电视台,如中央十套、教育电视台等。教育管理部门可以根据自己的教学规划,确定所选的频道,然后采集到平台上,也可以定期调整。观看者可以根据自己的学习需要选择观看。可以轻松地将平台的电视频道建成包含数百频道的大型网络电视台。采用云计算方式,教育部门可将各学校的直播信号融合,并整合后再传给没有直播采集信号的学校,实现资源的合理利用,减少学校的重复投资,实现教育资源的均衡化。

2.云安全

信息时代,对于数据、信息的防护需求越来越大,云安全渐渐成为云技术里比较受人关注的部分。云安全的优势毋庸置疑,强大的数据处理能力和分析能力,使其能预知安全危机、查找企业安全漏洞并对抗复杂病毒提供便利的条件,但是它的缺点或者有争议的地方也很明显,因为需要依赖较强的数据和网络支持,它本身的安全性也备受挑战。作为拥有敏感信息的个人、企业甚至政府单位,需要的是云安全还是一个安全的云呢?

(1)云安全的概念。

所谓云安全,是通过融合并行处理、网格计算、未知病毒行为判断等,同时依靠网状的大量客户端对网络中的软件行为进行异常监测,从而获取互联网中木马、恶意程序的最新信息,并传送至服务端(云端)进行分析与处理,最后将病毒和木马的解决方案分发到每一个客户端的过程。换句话说,所谓云安全,就是将病毒的采集、识别、查杀、处理等行为全部放在云端,基于互联网对与此连接的终端的安全信息进行处理的一种技术。

(2)云安全带来的好处。

① 节约资源,方便用户。

用户在使用电脑的过程中,通常会碰到这样的情况:被病毒攻击导致硬盘中的数据丢失或硬盘损坏、游戏账号或银行卡信息被黑客窃取等。尽管当前90%的用户安装了杀毒软件,但是大多数用户会遇到这样类似的情况。由于杀毒软件在运行和开启防护时,会消耗过多的系统资源,影响整体的运行速度和性能,而在出现了"云安全"的概念之后,通过云安全技术可以有效避免这样的问题。比如可以把数据保存在网络服务器上,再也不用担心数据的丢失或损坏。在杀毒方面,用户也会明显感觉到计算机杀毒软件不再占用过多的内存空间,计算机整体也不会因为杀毒而出现运行速度下降的状况。

② 随时查杀病毒,在威胁到达之前阻挡。

当前杀毒软件的病毒检测率备受关注,检测率的高低也决定着杀毒软件的性能。之前的杀毒软件都是病毒来了以后,安全软件再进行查杀,这样不仅浪费了时间,还可能造成安全隐患。现在有了云安全,在云端就能铲除,病毒根本来不及危害电脑。与传统杀毒软件相比,云安全将病毒定义和特征库置于服务端,使得用户仅在本地调用引擎和特征库的情况下,随时访问和借助几千万的病毒特征库来识别对应威胁。通过已被多次验证的,对病毒木马样本高达99%的检测率,证实了云安全的绝对优势。

③ 资源共享,有效抵御病毒侵扰。

有了云安全之后,除了第一个用户会受到病毒的攻击之外,其他所有用户将幸免于难。云安全充分利用网络的支持,实现病毒库的即时搜集。针对第一个受害者,利用云安全技术产品也可以在第一时间内解决威胁。用户越多,网络的分布范围越广,云端的数据就越庞大,更新速度就越快。这样可以让所有的用户享受到越来越卓越的服务。

(3)云安全带来的影响。

随着通信技术、网络技术的飞速发展,各种木马与病毒呈现"井喷式"爆发态势。病毒也同时利用互联网的功能,实现了感染与危害的网络化。综合对比过去和现在的病毒特征,可以发现,其实电脑病毒本身在技术上并没有多大的进步,恰恰是网络的不断发展大大提高了其运作效率。随着网络安全形势的不断变化,传统方式已无法满足日益变化的反病毒需求,无法有效应对病毒所产生的安全威胁,因而必须建立更有效的方法,以弥补传统方式的不足。如何应对病毒互联网化,是否可以使相应的杀毒软件也充分利用网络快速传播的特性,向互联网化方向转变,是我们要解决的问题。竭力完善并推广云安全技术,使云安全深入每一个用户的每一台电脑中去,最大限度地抵御病毒的侵害。

（4）云安全的保障措施。

随着技术的发展,云安全会应用到更多的领域。由于云安全的特殊性,它本身也存在巨大的数据防护需求,面对这些重要数据的安全,显然采用对于数据本源具有防护作用的加密软件是最好的选择。

对于云的防护来说,主要有平台服务加密、对象存储加密、软件服务加密、数据防泄露、隐私保护等方面的防护手段。而为了使云中的数据能灵活应对各种安全软件,在加密技术环节,国际先进的多模加密技术是最好的选择。

多模加密技术采用对称算法和非对称算法相结合的技术,在确保数据本源的防护质量的同时,多模特性能让使用这项技术的用户在面对各种安全环境和安全需求时有更多的选择,而这种选择正是面对云中复杂安全环境最大的优势。

不管是云安全还是云技术,其强大的数据处理能力必将在信息时代中被应用到更多的领域中去。但由于其对数据和网络的依赖性,也使得它本身很容易成为信息和数据安全的隐患,面对这种情况,采用灵活且全面的加密软件进行本源防护或许是使用这种技术最好的大前提。

3.云存储

云存储的应用,在企业中已经进入一种常态化,办公环境中的各种文件共享都是通过企业云存储服务实现的。企业云存储所提供的集中式共享方式是对传输性共享的一种提升。

企业云存储把分散在员工电脑的文件,通过一种集中存储的方式,存储到企业内的服务器上,用户只需下载相应的客户端,就能对服务器上的文件进行读取,实现主动的文件共享。当然,在手机端也是能共享到这些文件的,这是企业内部实现移动办公的根本。

除了实现共享外,更能帮助企业实现文件安全防护。通过全新的存储模式,企业能实现对上传的文件进行加密处理。这种加密处理只能通过特定客户端才能打开。这样,对文件安全要求比较高的企业,也能实现放心的共享。

介绍了共享和安全后,协作无疑是云存储最核心的功能。在线编辑是云存储时代特有的工作方式,通过这种在线编辑的形式,云端协作就自然而然。通过企业云存储实现共享、安全和协作三大功能。企业办公将进入全新高效的云存储办公时代。

（1）云存储的概念。

云存储是在云计算概念上延伸出来的一个新概念,它是指通过集群应用、网格技术或分布式文件系统及类似网格计算等功能联合起来协同工作,并通过一定的应用软件或应用接口,为用户提供一定类型的存储服务和访问服务。

云存储分为私有云存储和公有云存储。从云的建设地点来看,公有云是来自互联网的云服务;私有云是来自企业内部的云服务。从云服务的提供方式来看,公有云中所有应用都是以服务的形式提供给用户的;私有云则是"云+端",将服务器、软件、存储设备集合在一起,再提供给端点用户服务。从云的服务对象来看,公有云是针对外部客户,通过网络方式提供可扩展的弹性服务;私有云则是为一种群体客户使用而构建的,部署在企业防火墙内,对数据安全性和服务质量提供有效保障,构筑一个企业数据中心内的专用云。

（2）云存储的优势。

① 易于扩展:根据服务器的使用人数和空间,及时扩展存储空间,不会影响前端用户的使用。

② 可靠安全：数据同步，有效避免了因介质存储数据而造成丢失损坏的问题。同时对服务器采用磁盘阵列和磁带脱机备份方式，保障了云存储的安全。

③ 资源可控性：用户可主动控制数据访问权限。

④ 提高资源利用率：将数据集中起来，用户可以在任何地点，依靠单机或是移动设备随时访问数据。实现网内资源共享和协同工作，减少了传统的资源交换，提高了资源的利用率。

⑤ 成本下降：大大减少了移动存储设备的使用，降低了企业成本。

（3）企业对私有云存储的需求。

目前，企业数据按存储位置一般分为两部分：一部分为各应用系统提供数据支持，存于中心机房的服务器中；另一部分是个人的日常工作文档，存于个人计算机中。存于服务器的数据一般能采取磁带脱机备份的方式确保数据的物理安全。对个人计算机的数据备份主要有用移动介质和文件服务器（FTP）备份。这种方式比较麻烦，往往不能及时备份，只有少数人不定期手工备份。加之移动介质容易损坏和丢失，一旦丢失还会有泄密的风险，不能彻底解决单机数据的安全问题。

企业为什么需要私有云呢？一些对将关键数据迁至公共云存有疑虑的企业就是实施私有云的合适对象。特别是对一些科研单位来说，日常产出的数据、资料都是企业机密，甚至直接决定着企业的未来。对他们来说，不仅需要云存储来代替传统移动介质存储或 FTP 存储，有效消除个人计算机设备的硬件故障造成的损失，更需要私有云存储的可靠、安全和高速的资源整合。

对企业职工来说，私有云存储也是保障用户数据安全可靠的首选。私有云解决了传统存储方面和公有云提供服务方面的缺陷。私有云存储可以通过合理监管数据，记录各项操作，有效保障企业数据的安全。

（4）企业私有云存储的主要功能。

企业云存储主要实现对个人计算机指定目录文件自动同步，同一账号在多台设备登录时，保持与最后登录设备的连接，同步到最新版本。还能满足资源共享和协同工作，将资源整合，减少数据冗余。

① 同步：实现用户对个人计算机指定目录下的特定类型的文件自动与服务器云端同步，实时监测用户文件变化情况。不需要用户干预就能及时自动备份文件。当用户新建、修改或删除文件（目录）时自动更新同步，保障用户重要文件的安全。当用户移动办公时，可直接从云端访问，省去了移动存储介质的拷贝过程，提高了用户的工作效率。更换新计算机时，用户登录后，原计算机中的个人文件将自动从云存储中同步到新计算机中。

② 网盘：用户可将不常用的文件存储在云存储中，从而节约本地存储空间，提高文件的物理安全性，也便于资源共享。

③ 共享：用户可以把网盘或同步盘的任意文件（目录）分享给群组或其他用户。只需要在云存储中存储一份文件，被分享的人不需要下载存储即可在线浏览，实现资源共享。若源文件被修改，所有分享人会立即得到更新文件。

④ 版本管理：删除、修改文件的所有版本被有序记录在历史记录中，用户可随时在云存储中找回最近的历史版本。

⑤ 在线浏览与编辑：对常用文件类型如 PDF、Office 文件、视频、txt 等文件实现在线浏览。对 txt、Office 文件实现在线编辑。图片实现数码相册功能，在线以缩略图、幻灯片的方式浏览。

云存储是一项新兴技术,私有云存储是解决企业单机数据安全的最有效手段。应用云存储在保障单机数据物理安全的同时,企业可以全面禁止移动存储在企业内部的使用,文件交换都通过网络来实现。如用云存储、电子邮件、即时通信工具来交换信息,便于电子文件的日志管理,提高企业电子文档的可控性。随着云存储的普及应用,基于局域网的私有云存储也将越来越成熟,用户可以实现数据随时随地的访问,特别是解决了多地多机、移动办公的问题,可以大大提高工作效率,并在保障数据安全的同时,实现资源共享。

4.云游戏

(1)云游戏的概念。

云游戏又称为游戏点播,是一种以云计算技术为基础的在线游戏技术。云游戏使图形处理与数据运算能力相对有限的轻端设备,能运行高品质游戏。在云游戏场景下,游戏并不在玩家游戏终端运行,而是在云端服务器中运行,并由云端服务器将游戏场景渲染为视频音频流,通过网络传输给玩家游戏终端。玩家游戏终端无须拥有强大的图形运算与数据处理能力,仅需拥有基本的流媒体播放能力与获取玩家输入指令并发送给云端服务器的能力即可。

如今,云游戏还并没有成为家用机和掌机界的联网模式。如果这种构想成为现实,那么主机厂商将变成网络运营商,他们无须不断投入巨额的新主机研发费用,而只需拿这笔钱中的很小一部分去升级自己的服务器即可。对于用户来说,他们可以省下购买主机的开支,但是得到的却是顶尖的游戏画面(当然视频输出方面的硬件必须过硬)。可以想象一台掌机和一台家用机拥有同样的画面,家用机和我们今天用的机顶盒一样简单,甚至家用机可以取代电视的机顶盒而成为次时代的电视收看方式。

(2)云游戏依托的技术。

云游戏使用的主要技术包括云端完成游戏运行与画面渲染的云计算技术,以及玩家终端与云端间的流媒体传输技术。云游戏类似于视频点播。许多供应商提供这种技术,只是需要一定的网速和按月收取租金。

(3)云游戏的挑战与进展。

与传统游戏模式相比,云游戏能在很大程度上降低玩家玩游戏的设备成本。对于许多需要长期更新的高品质游戏而言,云游戏也能降低游戏商发行与更新维护游戏的成本。然而在保证玩家游戏体验上,云游戏与传统游戏相比有一定差距,主要包括:

① 游戏交互时延取决于网络通信延迟。与传统网络游戏仅需传输游戏状态数据相比,云游戏的多媒体传输对网络延迟更为敏感,当网络通信质量较差时,玩家会直接感受到从指令输入到画面更新间的延迟较高,从而显著降低玩家的游戏体验质量。

② 游戏场景渲染的多媒体流质量取决于网络通信带宽。与传统网络游戏相比,云游戏的多媒体流需要消耗更多带宽,并且画质越高的多媒体流,其消耗的带宽资源也会越高。

早在 2009 年,诸如 OnLive、Gaikai 等商用化云游戏平台即已出现。然而,由于未能很好地解决上述技术难点,这些早期商用化应用并没有取得较大成功。针对云游戏场景下的交互时延、多媒体质量等技术挑战,学术与产业界仍然有许多研究与尝试,其中较为成功的包括云游戏平台开源项目 GamingAnywhere、PlayStation Now、NVIDIA Shield 等。

GamingAnywhere 提供了基本的云游戏客户端与服务器功能,为后续云游戏技术研究提供了平台。PlayStation Now 是索尼公司基于 PlayStation Network 为玩家提供的云游戏服务,支持玩家通过 PS4 在线游玩 PS3 游戏而无须安装游戏数据。NVIDIA Shield 是英伟达公司提供的同时包含私有云与公有云游戏服务的平台,支持玩家通过 Shield Android TV(电视）、Shield Portable(掌上游戏机)等设备,或 NVIDIA GRID 云平台上运行的游戏。

5.云桌面

在计算机中,桌面是指打开计算机并登录到 Windows 之后看到的主屏幕区域,它就像实际的桌面一样。打开程序或文件夹时,它们便会出现在桌面上,还可以将一些项目(如文件和文件夹)放在桌面上,并且随意排列它们。

云桌面,也是一个桌面,也是实实在在显示在我们面前的,但它的后面不是一个真实的计算机,而是通过网络连接到服务器上,也就是说,云桌面是由服务器提供的。显然,服务器不仅能提供桌面,还可以是不同的桌面,如 Windows 桌面、Linux 桌面等,这样我们只需要一个客户端设备,或者其他任何可以连接网络的设备,通过专用程序或者浏览器,就可以访问驻留在服务器的个人桌面,并且用户体验和我们使用传统的个人计算机是一样的。云桌面的优点如下:

(1) 集中部署,减少维护工作,提升桌面服务水平。

云桌面改变了过去分散、独立的桌面系统环境,通过集中部署,IT 人员在信息中心就可以完成所有的管理维护工作。利用自动化管理流程,80%的维护工作将自动完成,包括软件下发、升级补丁、安全更新等,不但免除了用户自行安装维护的过程,而且减少了大量的维护工作,还提供了迅捷的故障处理能力,全面提升了 IT 人员对于企业桌面维护支持的服务水平。

简单地说,就是用户不需要管 Windows、ERP、SEP11 等所有系统的安装、故障排除,只需要通过网络登录云桌面,直接使用就可以了,如果出现故障,只需打个电话通知信息中心的 IT 人员,轻点几下鼠标就会迅速再得到一个无故障的、全新的桌面。

(2) 远程托管,数据隔离,有效保证数据安全。

云桌面的用户桌面环境托管在信息中心,本地终端只是一个显示设备而已,因此,即便用户在桌面系统中保存了数据,该数据也仍然在信息中心,而没有在用户的终端设备上保存任何副本,这样不但保障了数据的安全,而且用户数据不易受各种病毒木马的攻击,实现了更高的系统安全性。

同时,IT 人员还能通过设置不同的本地终端控制策略,禁止用户对 USB 等设备的访问,通过这样的数据隔离措施,企业能够有效地保证数据不被违规带出企业,可有效防范数据的非法窃取和传播。

(3) 随时随地,远程接入,提供灵活的业务能力。

云桌面是由服务器提供的,处于 24 h 服务状态,用户可随时随地通过移动或固定网络访问,同时支持多种终端的接入,如瘦客户端、PC、手机、平板电脑等均可接入,而且还支持 iOS、Android 等多种系统平台。

只要有网络的地方,员工都可以通过网络进入企业的办公环境来处理工作,真正实现全员移动办公。

(4) 节能减排,数据备份,构建完整容灾体系。

使用云桌面专用的瘦客户端接入,摆脱了沉重的机箱和风扇声音,降低了发热量,提供了更加整洁和安静的办公环境,营造出清爽舒适的办公氛围。据统计,采用云桌面后,每个用户的耗电功率平均小于 25 W,大幅降低了能耗,全年可节省近 70%的电费。同时,云桌面所有的桌面数据都集中存储在数据中心,通过设置策略,自动执行备份,用户的重要数据就不会因硬盘故障而丢失,而且让桌面系统融入整体企业的 IT 容灾体系中后,就构成一个完整的容灾体系。当灾难发生时,可以迅速恢复所有的托管桌面,实现完全恢复业务工作。特别是在应对类似"比特币勒索"形式的攻击方面,云桌面有巨大的优势。

2.4 云计算在未来IT中的地位

由 UBM Techweb 创办于 2008 年并经历快速成长的 Cloud Connect,是云计算产业的定义性活动,在业界享有极高声誉。现在的 Cloud Connect 大会越来越多地开始讨论部署云计算的现实问题,而不再是描绘"乌托邦世界",很多演讲专注于现实世界中的用例和具体的行动步骤,特别是侧重于混合云计算。这也明确地表明该行业已经走过基础知识阶段,迈向云计算部署相关的实用性阶段。

1.未来的公有云

对于混合云模式,McKinsey 顾问 Will Forrest 和 Kara Sprague 提出了不同的看法,对混合云计算的作用和未来 IT 发展提出质疑。他们认为,大多数 IT 的未来将在公有云计算中,这很可能是以独立的 IT 企业的形式。在其演讲中,他们指出,传统 IT 做出的改进可能已经实现了。事务性系统已经取代了以前的大量劳动力,包括接线生、秘书和旅行社。对于这些类型的应用程序,云计算可以帮助节约一些成本,但也不会特别显著。

事实上,IT 能够做出的最大财务贡献就是降低 IT 支出到行业平均水平。换句话说,IT 目前的最大贡献就是削减预算到特定市场内同行们所追求的最低水平。

然而,McKinsey 顾问称,对于有些应用程序,云计算将作为推动器,与事务性系统不同,这些应用程序提供了先前发展的重要潜能。

McKinsey 将其称为"新 IT",传统 IT 和新 IT 的区别如下:

(1) 传统 IT:劳动自动化、个别劳动生产率和非人规模计算。

(2) 新 IT:业务模式转型、团队和企业生产率增长及数字产品。

2.云计算战略的出现及应用

人类社会已迈入一个由互联网构成的虚拟网络空间与现实空间交互重叠的时代。互联网是其中最重要的基础性平台,而云计算和大数据则是其关键的技术支撑和架构。大数据是计算机与互联网相结合的产物,注重数据的获取、整理、存储、转化及分析,实现了数据的数字化与网络化。数据容量大、类型多样化、数据挖掘实时性、存取速度快、应用价值高、容错性高、动态性强等是大数据的重要特征。云计算是一种便利的、由需求方决定、共享及可配置的计算资源池的模式。云计算的出现满足了大数据超大容量、快速处理与安全存储的要求,成为大数据重要的技术支撑平台。可以说,大数据与云计算是相辅相成的,云计算是大数据的 IT 基础,使得大数据分析更加精确。

3.云计算革命既是挑战又是机遇

中国有潜力巨大的国内市场和活跃性较高的经济增长空间,这意味着只要充分开拓和发展国内市场,中国的云计算服务就可以形成一定的产业规模。中国的许多地方政府目前已经启动了一些云计算项目。整体来看,目前的当务之急是制定国家性的整体云计算战略,并通过民用、政府和军用三方的有效互动来推动云计算的发展。从这个意义上讲,云计算已经不仅仅是一种新兴技术,而是 21 世纪中国和平发展过程中非常重要的战略资源。

今后，云计算的应用程序将被广泛应用，不论个人还是企业，大部分的数据将会存储在云中心，90%的计算任务能够通过云计算技术完成，其中包括几乎所有企业的计算任务和个人的计算任务。个人通过电脑、手机等各种设备可以随时随地地从云中存取数据。我们不再担心自己电脑中的数据会不会丢失；不再为安装大量的应用程序而烦恼，只要连接云就可以获得任何一个应用或软件；不会因为电脑没在身边而不能获取想要的信息，因为通过任一终端都可以接入我们在云中的数据。

企业也可以通过互联网从云中获取所需要的计算和存储资源。当一个项目所需的资源确定后，项目经理可以通过网络提交需求给云中心，云中心的管理员会查看可用资源，然后自动为项目分配合适的资源，并部署所需的资源。当资源需要增加时，项目经理还可以申请更多的资源供项目使用。项目结束后，这些资源就可以回收供其他项目使用。

（1）中国地域广阔，人口众多，云计算的规模效应会更加显著。

据权威咨询公司统计，现实中数据中心的服务器利用率大概在 5%～20%，这个数值看起来很低，但是考虑到许多服务器的峰值工作量比平均值要高 2～10 倍，就比较好理解了。企业很少有部署服务器低于峰值需求的，这样就导致了非峰值时间的浪费。波动变化和其中的差距越大，资源浪费就越多。对于通信运营商来说，节假日会形成用户使用通信服务的高峰；对于视频播放等休闲娱乐网站，晚间会是一个高峰时段；而对于银行证券交易和企业数据中心来说，白天会是使用的高峰时段，而下班后这些资源就会被闲置。在中国，由于人口众多，在人口密集的地方，高峰时段对服务资源的需求与正常时段之间的差距会非常大，相比欧美等其他国家，在应用低谷时段，我们国家会有更多的资源被闲置，这样造成了资源的大量浪费。但是通过云计算技术实现资源的集中和共享，把空闲时段的资源补充到其他需要的应用上，将会是一个非常有益的变化，更加适合我国的国情。

（2）全球的云计算还处于飞速发展阶段。

现在不论国内还是国外，云计算都处于飞速发展阶段，云计算技术在逐步完善，云计算之上的应用在不断增多。云计算作为一种创新的 IT 基础架构管理方法和创新的商业模式，它的动态性、自动化、高效性等满足了目前 IT 的需求，并代表了未来 IT 发展的方向。

（3）云计算帮助我国实现自主创新。

云计算可以建立公共的 IT 资源服务平台，任何企业和个人都可以在该平台上进行开发和测试，促进新技术的研究和开发。一些有创意但没有足够资金进行开发运营的个人或创新企业，可以通过云计算来实现新技术的研发，并不断扩大和发展。航天、通信、汽车、飞机和石油等行业的一些大型计算和研发，也可以通过云计算而加快研发的进程，帮助我们国家在这些领域进行自主创新。

（4）云计算提升我国关系国计民生的重大行业的信息化建设。

云计算提升我国关系国计民生的重大行业的信息化建设，包括银行、高速铁路、石油石化、公共医疗等。在银行业中，总行和分行的系统之间需要不断更新和升级各种应用，云计算可以帮助实现快速部署和升级。云计算可以把硬件、操作系统、中间件以及应用进行打包，当分行需要该应用时，只要在"云"中把这个应用复制一遍，分行就可以应用了，而无须在每个分行再进行反复的调试和安装。

4. PaaS 层的分解、发展与迭代

云计算未来发展的另一方面是 PaaS 层的分解，PaaS 层会分成三个步骤发展和迭代，不同的厂商会扮演不同的角色。

（1）Technical PaaS。

Technical PaaS 更多的是中间件层面的高度自动化，这使得开发者无须接触操作系统就可以编制代码、运行代码、维护代码，因为它不仅让硬件透明化，还让技术本身也透明化。写代码的人只需要理解数据模型、代码逻辑、测试逻辑。简单地说，类似一个银行的软件工程师的首要任务是理解银行的存、贷、债等各种各样的业务。

（2）Solution PaaS。

Solution PaaS 面对的是一个过渡阶段，是带有共性问题的打包方案。Solution PaaS 是以打包的方式解决客户应用的东西，都是由偏传统的中间件组成的。

（3）Industry PaaS。

Industry PaaS 是 PaaS 的终极形态，是带有行业属性的 PaaS 平台。像 BAT 的云平台就带有极强 Industry PaaS 的特性，网易云和京东云也都是非常典型的。

第3章 云计算开源软件介绍

3.1 云计算开源软件：OpenStack

OpenStack 是目前最为流行的开源云操作系统框架。自 2010 年 6 月首次发布以来，经过数以千计的开发者和数以万计的使用者的共同努力，OpenStack 不断成长，日渐成熟。OpenStack 的功能强大且丰富，已经在私有云、公有云、NFV（网络功能虚拟化）等多个领域得到广泛应用。与此同时，OpenStack 已经受到了 IT 业界几乎所有主流厂商的关注与支持，并催生出大量提供相关产品和服务的创新企业，在事实上成了开源云计算领域的主流标准。至今，围绕 OpenStack 已经形成了一个繁荣且影响深远的生态系统，OpenStack 已经是云计算时代一个无法回避的关键话题。可以说不了解 OpenStack，就无法理解当今云计算技术的发展，也无法把握云计算产业的脉搏。本章将对 OpenStack 的相关要点进行概括介绍。

3.1.1 OpenStack 概念辨析

1.什么是 OpenStack

想要深入理解 OpenStack 是什么，需要围绕开源、云、操作系统、框架这几个关键词进行学习。

（1）云。

针对什么是云，业界已有充分的论述，此处不再深入展开。读者只需明确，OpenStack 是用来构建云计算系统的核心软件组件即可。

（2）云操作系统，面向云计算的操作系统。

云操作系统这个概念，对于许多读者来说，可能还比较陌生。在此，我们将通过与操作系统的类比，来帮助读者理解何为云操作系统。

操作系统，是计算机系统领域里一个至关重要的概念。有了操作系统，我们才能将计算机系统中的各类软硬件整合起来，形成一个能够完成各类处理任务的完整系统，为用户提供服务。这个描述较为抽象，但结合到日常生活与工作中的实例，就清楚易懂多了。

无论是服务器、个人电脑上的 Linux、Windows，还是手机上的 Android、iOS 操作系统，本质上，其核心功能都可以概括为五个方面，即资源接入与抽象、资源分配与调度、应用生命周期管理、系统管理维护和人机交互支持。换言之，只有具备了以上五个方面的主要功能，一个操

作系统才能够实现各类软硬件的整合,让系统具备为用户提供服务的能力。具体而言:

① 资源接入与抽象,是指将各类硬件设备,如CPU、内存、本地硬盘、网卡等接入系统中,并将其抽象为操作系统可以识别的逻辑资源,以此作为操作系统对各类硬件资源实施管理的基础。

② 资源分配与调度,是指利用操作系统的资源管理能力,将前述的不同硬件资源,按照需求的类型和数量,分配给不同的系统软件或应用软件,供其使用。

③ 应用生命周期管理,是指协助用户实现各类应用软件在操作系统上的安装、升级、启动、停止、卸载等管理操作。

④ 系统管理维护,是指协助系统管理员实现对系统自身的各类配置、监控、升级等管理操作。

⑤ 人机交互支持,是指提供必要的人机界面,支持系统管理员和用户对系统实施各类操作。

与之对应,一个完整的云操作系统,同样应该能够具备上述五个方面的主要功能。其核心区别只是在于,云操作系统需要管理的是一个由大量软硬件组成的分布式的云计算系统,而一个普通操作系统需要管理的是一台服务器、一台个人电脑或者一部手机。

针对云操作系统,上述五项主要功能的内容应该是:

① 资源接入与抽象,是指将各类服务器、存储、网络设备等硬件资源,通过虚拟化的或者可软件定义的方式,接入云计算系统中,并将其抽象为云操作系统可以识别的计算、存储、网络等资源池,以此作为云操作系统对各类硬件资源实施管理的基础。

② 资源分配与调度,是指利用云操作系统的资源管理能力,将前述的不同资源,按照不同的云租户对于资源类型与数量的不同需求,将资源分配给各个租户。

③ 应用生命周期管理,是指协助租户实现各类云应用在云操作系统上的安装、启动、停止、卸载等管理操作。

④ 系统管理维护,是指协助系统管理员实现对云计算系统的各类管理与运维操作。

⑤ 人机交互支持,是指提供必要的人机界面,支持系统管理员和普通租户对系统实施各类操作。

由上述介绍可以看出,虽然云操作系统比我们日常接触的操作系统复杂很多,但其最为关键的五项主要功能其实是可以一一对应的。通过这种对应,我们可以更为直观地理解云操作系统这个概念。而OpenStack,则是实现云操作系统的关键组件,或者说是构建一个完整的云操作系统的框架。

(3) 云操作系统框架不等于云操作系统。

要构建一个完整的云操作系统,需要对大量软件组件进行有机整合,让它们协同工作,共同提供系统管理员和租户所需的功能与服务,而OpenStack本身不能独立具备一个完整云操作系统所需的全部能力。举例而言,在上面提到的云操作系统的五项主要功能中,OpenStack不能独立实现资源接入与抽象,而需要和底层的虚拟化软件、软件定义存储、软件定义网络等软件相配合;OpenStack不能独立提供完善的应用生命周期管理能力,而需要在上层集成各类管理软件平台;OpenStack自身不具备完整的系统管理维护能力,在投入生产使用时,还需要集成各类管理软件与维护工具;OpenStack自身提供的人机界面,其功能也还不够丰富强大等。

由此不难看出,想在OpenStack基础上构建一个完整的云操作系统,需要将OpenStack

与其他一些软件组件进行集成,以实现 OpenStack 自身并不提供的能力。因此,OpenStack 自身的准确定位,是一个云操作系统框架。基于这个框架,可以集成不同的各类组件,实现满足不同场景需要的云操作系统,并在此基础上最终构建完整的云计算系统。

(4) 开源。

开源,是 OpenStack 的一个重要属性。应该说,不理解开源,就不能真正理解 OpenStack 的发展历程与未来趋势。与简单地在网络上公开源代码不同,OpenStack 社区遵循的是一种更为深入、更为彻底的开源理念。在 OpenStack 社区中,对于每一个组件、每一个特性,乃至每一行代码,其需求提出、场景分析、方案设计、代码提交、测试执行、代码合入的整个流程,总体遵循开放原则,对公众可见,并且在最大程度上保证了社区贡献者的监督与参与。

正是这种监督与参与的机制,保证了 OpenStack 社区总体上处于一种开放与均衡的状态,避免了少数人、少数公司或者组织的绝对控制,由此保障了社区生态的健康与繁荣。同时,OpenStack 遵循了对商业最为友好的 Apache2.0 许可,也保障了企业参与社区的商业利益,从而推动了 OpenStack 的产品落地与商业成功。

通过以上介绍可以看出,OpenStack 是一个以开源方式开发与发布的,用于构建不同场景下的云操作系统的框架性软件。深入理解这个本质,对于深入学习和掌握 OpenStack 有着非常关键的意义。

2. OpenStack 与云计算系统的关系

基于前面的介绍不难看出,OpenStack 与云计算系统之间,既紧密联系,又相互区别。

OpenStack 是构建云操作系统的框架。使用云操作系统,集成并管理各类硬件设备,并承载各类上层应用与服务,才能最终形成一个完整的云计算系统。由此可见,OpenStack 是云计算系统的核心软件组件,是构建云计算系统的基础框架,但 OpenStack 和云计算系统并不能直接等同。

3. OpenStack 与计算虚拟化的关系

计算虚拟化,是很多读者非常熟悉的概念。其对应的软件实现,就是平常所说的 Hypervisor,如开源的 KVM、Xen、VMware 的 vSphere,华为的 FusionCompute 以及微软的 Hyper-V 等。OpenStack 与计算虚拟化之间的关系,是目前仍然被频繁混淆的一个问题。理解这二者之间的联系与区别,也是理解 OpenStack 的关键之一。

OpenStack 是一个云操作系统的框架。为构建完整的云操作系统,特别是为实现资源接入与抽象的功能,OpenStack 需要与虚拟化软件实施集成,从而实现对服务器的计算资源的池化。应该指出的是,在资源池化的过程中,物理资源虚拟化的功能仍然由虚拟化软件完成。举例而言,在使用 KVM 作为 OpenStack 的虚拟化软件时,仍然由 KVM 完成将一台物理服务器虚拟为多台虚拟机的功能,而 OpenStack 负责记录与维护资源池的状态。例如,系统中一共有多少台服务器,每台服务器的资源共有多少,其中已经向用户分配了多少,还有多少资源空闲。在此基础上,OpenStack 负责根据用户的要求,向 KVM 下发各类控制命令,执行相应的虚拟机生命周期管理操作,如虚拟机的创建、删除、启动、关机等。

由此可见,两者对比,OpenStack 更像是系统的控制中枢,是云操作系统的"大脑",计算虚拟化软件则更像是系统的执行机构,是云操作系统的"肢体"。二者分工合作,共同完成对云计算系统中的计算资源池的管理,但绝不能认为 OpenStack 等同于计算虚拟化软件。

3.1.2 OpenStack 的设计与开发

1. OpenStack 的设计思想

OpenStack 之所以能够取得快速发展,除了有云计算技术和产业快速发展的大背景之外,其自身设计思想的独到之处,也起到了有力的促进作用。OpenStack 的设计思想,在总体上可以被概括为"开放、灵活、可扩展"。

(1) 开放。

OpenStack 的开放根源于其开源模式本身。OpenStack 的开源不仅体现在简单的源代码开放,还体现在其设计、开发、测试、发布的全流程中。这种开源模式,总体上可以保证 OpenStack 不被个别人或个别企业控制,在技术上不会走向封闭架构、封闭体系,从而始终呈现出良好的开放性。无论是北向的 API 标准开放,还是南向的各类软件、硬件自由接入,都是 OpenStack 开放性的充分体现。

与此同时,OpenStack 也秉持了开源社区中"不重复发明轮子"的一贯理念,在设计中持续引入并充分重用各相关技术领域中的优秀开源软件,从而提升了设计与开发效率,并为软件质量提供了基本保证。

(2) 灵活。

OpenStack 的灵活,首先体现在其大量使用插件化、可配置的方式进行设计。最为突出的体现为 OpenStack 采用插件化的方式实现不同类型计算、存储、网络资源的接入,由此实现 OpenStack 对于不同类型资源的灵活接入与管理,用一套架构实现了对于不同厂商、不同类型设备的资源池化。例如,在计算领域,可以以插件化的形式接入 KVM、Xen、vCenter、FusionCompute 等不同的 Hypervisor;在存储领域,可以以插件化的形式实现对不同厂商的存储设备,以及 Ceph、FusionStorage、vSAN 等不同的软件定义存储的管理;在网络领域,可以实现对不同的网络硬件设备、OVS、Liunx-bridge 和 HAProxy 等开源网络组件,以及多种 SDN 控制器的接入,并且这些接入都是通过可配置的方式加以选择。当在不同的资源之间进行选择时,OpenStack 自身并不需要重新打包发布,只需通过配置项选择不同的接入插件即可,非常方便。

在此基础上,OpenStack 的灵活还体现在不依赖于任何特定的商用软硬件。换言之,任何商用软硬件产品在 OpenStack 中一定是可选、可替换的,从而严格保证了用户可以使用完全开源、开放的方案来构建基于 OpenStack 的云计算系统,而完全不必担心被锁定在某些特定厂商的产品之上。

(3) 可扩展。

OpenStack 的架构高度可扩展。具体而言,其扩展性体现在功能和系统规模两个方面。

① 从功能视角看,OpenStack 由多个相互解耦的项目组成。不同的项目分别完成云计算系统中的不同功能,如身份认证与授权服务、计算服务、块存储服务、网络服务、镜像服务、对象存储服务等。对于一个特定场景下的云计算系统,系统设计人员可以根据实际需要决定使用 OpenStack 中的若干个项目,也可以在系统上线后,根据需求继续引入新的 OpenStack 项目。OpenStack 的一些项目自身也具有功能可扩展性,系统设计人员可以在这些项目中引入新的功能模块,在不影响项目既有功能使用的前提下,对其功能进行扩展。

② 从系统规模视角看,OpenStack 总体上遵循了无中心、无状态的架构设计思想。其主

要项目均可实现规模水平扩展,以应对不同规模的云计算系统建设需求。在系统建成后,可根据应用负载规模的实际增长,通过增加系统管理节点和资源节点的方式,逐渐扩展系统规模。这种架构可以有效避免高额的初始建设投资,也降低了系统初始规划的难度,为云计算系统的建设者和运营者提供了充足的扩展空间。

2. OpenStack 的开发模式

OpenStack 采用了完全开放的开发模式,由数以千计的社区贡献者通过互联网协作的方式,共同完成各个项目的设计、开发、测试和发布。

具体而言,OpenStack 社区以每 6 个月为一个版本开发与发布周期,分别于每年 4 月和 10 月发布新的 OpenStack 版本。每个新版本发布之后约三周,社区会举行一次 OpenStack 设计峰会,以便开发者集中讨论新版本应优先引入的特性,或应集中解决的问题。其后,社区将进入为期约 5 个月的开发和测试阶段,直至新的版本发布。

OpenStack 各个项目统一遵循 Apache2.0 开源许可证,对于商业应用非常友好。OpenStack 各项目以 Python 为首选开发语言,各个项目的核心代码均使用 Python 语言实现。

3. OpenStack 社区发展现状

自 2010 年成立以来,OpenStack 社区始终保持高速发展的态势,目前已经成为仅次于 Linux 的世界第二大开源软件社区。OpenStack 社区的各项主要贡献指标,都呈现出快速上升的总体趋势。这种趋势,从 OpenStack 峰会参会人数的爆炸式增长就可以看出。2010 年 OpenStack 首届峰会举办时,仅有 75 人参与。而 2016 年 4 月峰会举办时,参会人数高达 7 500 人。短短 6 年的时间,人数激增近 100 倍,由此不难看出 OpenStack 社区巨大的影响力与凝聚力。

3.1.3　OpenStack 架构与组成

在 2010 年 OpenStack 社区首次发布其第一个发行版——Austin 时,OpenStack 仅包含两个项目 Nova 和 Swift,仅能实现非常简单和基础的功能。时至今日,OpenStack 已经日渐成熟和强大,其组成项目也日渐增多,仅包含在 Mitaka 版本 Release Notes 中的服务项目就多达 29 个。各个项目各司其职,分工合作,共同形成了一个架构灵活、功能丰富、扩展性强的云操作系统框架。本节将优先选择 OpenStack 中最为关键和有代表性的部分项目进行简要介绍,以便帮助读者更为直观地了解 OpenStack。

1. Keystone:身份认证与授权服务

将计算、存储、网络等各种资源,以及基于上述资源构建的各类 IaaS、PaaS、SaaS 层服务,在不同的用户间共享,让众多用户安全地访问和使用同一个云计算系统,是一个云操作系统的基本能力。而实现这个能力的基础,就是一个安全可靠的身份认证与授权服务。而 Keystone 就是 OpenStack 的身份认证与授权服务项目。

Keystone 负责对用户进行身份认证,并向被认定为合法的用户发放令牌(token)。用户持 Keystone 发放的令牌访问 OpenStack 的其他项目,以使用其提供的服务。而各个组件中内嵌的令牌校验和权限控制机制,将与 Keystone 配合实现对用户身份的识别和权限级别的控制,保证只有恰当的用户能够对恰当的资源实施恰当的操作,以此保证对不同用户资源的隔离与保护。

2.Nova:计算服务

向用户按需提供不同规格的虚拟机,是任何一个云操作系统最为基础的功能。而 Nova 就是 OpenStack 中负责提供此类计算服务的项目。

Nova 的核心功能,是将大量部署了计算虚拟化软件(即 Hypervisor)的物理服务器统一纳入管理之下,组成一个具有完整资源视图的逻辑资源池。在此基础上,Nova 通过接收不同用户发起的请求,对资源池中的资源进行生命周期管理操作,其中最为核心的就是虚拟机的创建、删除、启动、停止等操作。通过执行客户发起的虚拟机创建操作,Nova 将逻辑资源池中的 CPU、内存、本地存储、I/O 设备等资源,组装成不同规格的虚拟机,再安装上不同类型的操作系统,最终提供给用户进行使用,由此满足用户对于计算资源的需求。

除了虚拟机资源管理服务能力之外,Nova 还通过与 Ironic 项目配合,共同为用户提供裸机资源管理服务能力。具体而言,Nova 可以接收用户发起的裸机资源申请,然后调用 Ironic 项目的对应功能,实现对裸机的自动化选择、分配与操作系统的安装部署,从而使得用户可以获得与虚拟机资源使用体验相当的物理机资源使用体验。

3.Ironic:裸机管理

Ironic 通过与 Nova 相配合,共同为用户提供裸机服务能力。在实际工作时,Ironic 直接负责对物理服务器的管理操作。一方面,在物理服务器被纳入资源池之中时,Ironic 负责记录物理服务器的硬件规格信息,并向 Nova 上报;另一方面,在用户发起裸机管理操作时,Ironic 负责根据 Nova 的指令,对相应的物理服务器执行具体的管理操作动作。例如,当用户发起一个创建裸机操作时,Ironic 需要根据 Nova 调度的结果,对选定的物理服务器执行硬件初始化配置、操作系统安装等一系列具体操作,以完成裸机创建动作。

4.Glance:镜像服务

通常而言,在虚拟机被创建之后,都需要为其安装一个操作系统,以便用户使用。为此,云计算系统中往往需要预置若干不同种类、不同版本的操作系统镜像,以便用户选用。此外,在一些应用场景下,为进一步方便用户,镜像中还需要预装一些常用的应用软件,这将进一步增加镜像种类与数量。为此,云操作系统必须具备镜像管理服务能力。Glance 就是 OpenStack 中的镜像服务项目。

Glance 主要负责对系统中提供的各类镜像的元数据进行管理,并提供镜像的创建、删除、查询、上传、下载等功能。但在正常的生产环境下,Glance 本身并不直接负责镜像文件的存储,而是仅负责保管镜像文件的元数据,本质上是一个管理前端。Glance 需要与真正的对象存储后端对接,才能共同提供完整的镜像管理与存储服务能力。

5.Swift:对象存储服务

对象存储服务,是云计算领域中一种常见的数据存储服务,通常用于存储单文件数据量较大、访问不甚频繁、对数据访问延迟要求不高、对数据存储成本较为敏感的场景。Swift 就是 OpenStack 中用于提供对象存储服务的项目。与 OpenStack 中大部分只实现控制功能并不直接承载用户业务的项目不同,Swift 本身实现了完整的对象存储系统功能,甚至可以独立于 OpenStack,被单独作为一个对象存储系统加以应用。

此外,在 OpenStack 系统中,Swift 也可以被用作 Glance 项目的后端存储,负责存储镜像文件。

6. Cinder：块存储服务

在典型的基于 KVM 虚拟化技术的 OpenStack 部署方案下，Nova 创建的虚拟机默认使用各个计算节点的本地文件系统作为数据存储。这种数据存储的生命周期与虚拟机本身的生命周期相同，即当虚拟机被删除时，数据存储也随之被删除。如果用户希望获得生命周期独立于虚拟机自身的、能够持久存在的块存储介质，则需要使用 Cinder 提供的块存储服务，也称为卷服务。

Cinder 负责将不同的后端存储设备或软件定义存储集群提供的存储能力统一抽象为块存储资源池，然后根据不同需求划分为大小各异的卷分配给用户使用。用户在使用 Cinder 提供的卷时，需要使用 Nova 提供的能力，将卷挂载在指定的虚拟机上。此时，用户可以在虚拟机操作系统内看到该卷对应的块设备，并加以访问。

7. Neutron：网络服务

网络服务，是任意云操作系统 IaaS 层能力的关键组成部分。只有基于稳定、易用、高性能的云上虚拟网络，用户才能将云计算系统提供的各类资源和服务能力连接成真正满足需求的应用系统，以解决自身的实际业务需求。

Neutron 是 OpenStack 中的网络服务项目。Neutron 及其自身孵化出来的一系列子项目，共同为用户提供了从 Layer 2 到 Layer 7 不同层次的多种网络服务功能，包括 Layer 2 组网、Layer 3 组网、内网 DHCP 管理、Internet 浮动 IP 管理、内外网防火墙、负载均衡、VPN 等。整体而言，Neutron 的 Layer 2、Layer 3 服务能力已经较为成熟。时至今日，Neutron 已经取代了早期的 Nova Network，成为 OpenStack 中 Layer 2、Layer 3 的主流虚拟网络服务实现方式。与之对应，Neutron 的 Layer 4 至 Layer 7 服务能力仍在迅速发展中，目前已具备初步应用能力。

需要说明的是，OpenStack 的 DNS 即服务能力，并未包含在 Neutron 项目的功能范围当中，而是由另一个单独的项目 Designate 负责实现。

8. Heat：资源编配服务

云计算的核心价值之一，即在于 IT 资源与服务管理和使用的自动化。换言之，在引入云计算技术之后，大量在传统 IT 领域中需要依靠管理人员或用户通过手工操作实现的复杂管理操作，应当可以通过调用云操作系统提供的 API，以程序化的方式自动完成，从而显著提高 IT 系统管理的效率。在上述提及的 IT 领域复杂管理操作中，用户业务应用系统的生命周期管理操作，即应用系统的安装、配置、扩容、撤除等，可谓是具有代表性的一类。这类操作的复杂和耗时耗力，与当前不断凸现的业务快速上线、弹性部署诉求，已经表现出明显的不适应性。

Heat 项目的出现，就是为了在 OpenStack 中提供自动化的应用系统生命周期管理能力。具体而言，Heat 能够解析用户提交的、描述应用系统对资源类型、数量、连接关系要求的定义模板，并根据模板要求调用 Nova、Cinder、Neutron 等项目提供的 API，自动实现应用系统的部署工作。这一过程高度自动化，高度程序化。同样的模板，可以在相同或不同的基于 Open-Stack 的云计算系统上重复使用，从而大大提升了应用系统的部署效率。

在此基础上，Heat 还可以与 OpenStack Ceilometer 项目相配合，共同实现对于应用系统的自动伸缩能力。这更进一步简化了部分采用无状态、可水平扩展架构的应用系统的管理，具有典型的云计算服务特征。

9. Ceilometer：监控与计量

在云计算系统中,各类资源均以服务化的形式向用户提供,用户也需要按照所使用资源的类型和数量缴费。这种基本业务形态,就要求云操作系统必须能够提供资源用量的监控与计量能力。这正是 OpenStack 引入 Ceilometer 项目的根本动机。

Ceilometer 项目的核心功能,是以轮询的方式,收集不同用户所使用的资源类型与数量信息,以此作为计费的依据。

在此基础上,Ceilometer 可以利用收集的信息,通过 Aodh 子项目发送告警信号,触发 Heat 项目执行弹性伸缩功能。

需要说明的是,Ceilometer 项目自身并不提供计费能力。系统设计者需要将其与适当的计费模块相对接,才能实现完整的用户计费功能。目前,OpenStack 社区已经创建了 Cloud-Kitty 项目作为 OpenStack 社区原生的计费组件,但该项目当前尚处于较为初期的阶段,难以直接商用。

10. Horizon：图形界面

Horizon 项目是 OpenStack 社区提供的图形化人机界面。经过社区长期的开发完善,Horizon 界面简洁美观,功能丰富易用,可以满足云计算系统管理员和普通用户的基本需求,适于作为基于 OpenStack 的云计算系统的基本管理界面使用。

此外,Horizon 的架构高度插件化,灵活且易于扩展,也便于有定制化需求的系统设计人员针对具体场景进行增量开发。

11. Sahara：数据处理服务

应当说,大数据和云计算是两个天然紧密联系的技术领域。云计算技术的出现,为大数据处理提供了廉价、易用、易扩展的计算支撑平台。而大数据处理业务,由于其可并行、高弹性、自身可容错的特征,也是云计算平台上的一种理想业务。

针对这一背景,OpenStack 社区推出了 Sahara 项目,以实现 Hadoop、Spark 等主流大数据处理集群软件的云化。使用 Sahara 项目,即便是没有任何大数据处理集群软件安装部署和管理应用经验的用户,也可以以图形化的方式,极其简便地安装部署属于自己的、规模适当的大数据集群,并以简明易懂的方式对自己的数据集进行指定算法的处理,以获取处理结果。Sahara 的出现,极大地简化了普通用户使用大数据处理软件的过程,将大数据和云计算两项技术紧密地结合在一起。

12. Magnum：容器服务

容器是当今不可回避的热门技术话题。容器技术的出现、发展与繁荣,极大地提升了软件的开发与部署效率,也极大地改变了软件生命周期管理的既有模式。围绕以 Docker 为代表的容器化软件生命周期管理技术体系,已经逐渐发展出 Kubernetes、Mesos、Swarm 等容器集群管理系统,以便在服务器集群上实施应用软件生命周期管理和集群资源调度。

在这种情况下,OpenStack 社区自然也不会无动于衷。Magnum 项目就是 OpenStack 社区为实现容器集群管理系统的服务化而推出的新项目。使用 Magnum,用户可以在基于 OpenStack 的云计算系统上,实现容器集群管理系统的生命周期管理自动化。具体而言,利用 Magnum,用户可以完全通过 API 调用的方式,实现 Kubernetes 集群在 OpenStack 之上的自动化安装部署,并通过 Magnum 的 API 对 Kubernetes 实施管理操作,非常简单便捷。

3.2　容器开源软件：Docker

Docker 技术的出现和迅猛发展，已成为云计算产业的新的热点。容器使用范围也由互联网厂商快速向传统企业扩展，大量传统企业开始测试和尝试部署容器云。相比于企业对容器技术的逐步接受与认同，在如何使用容器上却并不统一，存在多种思路和诉求。容器技术开发者和社区倡导云原生应用场景，这一理念被业界普遍认可，但在实际使用中发生分化。部分企业基于容器技术，尝试新应用开发和对传统应用进行改造。更多的企业在实际使用中，面临应用改造困难和人员技能变更，认为不可一蹴而就，希望先以轻量级虚拟机的方式使用容器。

3.2.1　Dcoker 是什么

2013 年 3 月 15 日，在美国加利福尼亚州圣克拉拉召开的 Python 开发者大会上，dotCloud 的创始人兼首席执行官 Solomon Hvkes 在一场仅 5 min 的微型演讲中，首次提出了"Docker"这一概念。当时仅约 40 人（除 dotCloud 内部人员）获得了使用 Docker 的机会。在这之后的几周内，有关 Docker 的新闻铺天盖地。随后这个项目很快在 Github 上开源，任何人都可以下载它并为其做出贡献。之后的几个月中，越来越多的业界人士开始听说 Docker 以及它是如何彻底地改变了软件的开发、交付和运行方式的。一年之内，Docker 的名字几乎无人不知、无人不晓，但还是有很多人不太明白 Docker 究竟是什么，人们为何如此兴奋。

Docker 是一个工具，它致力于为任何应用程序创建分发版本而简化封装流程，将其部署到各种规模的环境中，并将简化软件组织的工作流程和响应流水化。

3.2.2　Docker 带来的希望

虽然表面上被视为一个虚拟化平台，但 Docker 远远不止如此。Docker 涉及的领域横跨了业界多个方面，包括 KVM、Xen、OpenStack、Mesos、Capistrano、Fabric、Ansible、Chef、Puppet、SaltStack 等技术。在 Docker 的竞争产品列表中有一些很值得关注。例如，大多数工程师都不会认为，虚拟化产品和配置管理工具是竞争关系，但 Docker 和这两种技术都有点儿关系。前面列举的一些技术常常因其提高了工作效率而获得称赞，这就导致了大量的探讨。而现在 Docker 正是这些过去十年间最广泛使用的技术之一。

如果你要拿 Docker 分别与这些领域的卫冕冠军按照功能逐项比较，那么 Docker 看上去可能只是个一般的竞争对手。Docker 在某些领域表现得更好，它带来的是一个跨越广泛的解决工作流程中众多挑战的功能集合。通过将应用程序部署工具（如 Capistrano、Fabric）的易用性和虚拟化系统管理的易用性相结合，使工作流程自动化，易于实施编排。Docker 提供了一个非常强大的功能集合。如果不深入研究，人们很容易误以为 Docker 只是另一种为开发者和运营团队解决一些具体问题的技术。如果把 Docker 单独看作一种虚拟化技术或者部署技术，它看起来并不引人注目。不过 Docker 可比表面上看起来强大得多。即使在小型团队中，团队内部的沟通和相处也往往是困难的。然而在我们生活的这个世界里，团队内部对于细节的沟通是迈向成功越来越不可或缺的因素。而一个能够降低沟通复杂性，协助开发更为强健软件的工具，无疑是一个巨大的成功。这正是 Docker 值得我们深入了解的原因。当然，Docker 也不是什么灵丹妙药,它的正确使用还需深思熟虑,不过 Docker 确实能够解决一些组织层面的现实问题,还能够帮助公司更好更快地发布软件。使用精心设计的 Docker 工作流程能够让技术团队更加和谐,为组织创造实实在在的收益。

那么,最让公司感到头疼的问题是什么呢?现如今,很难按照预期的速度发布软件,而随着公司从只有一两个开发人员成长到拥有若干开发团队的时候,发布新版本时的沟通负担将越来越重,难以管理。开发者不得不去了解软件所处环境的复杂性,生产运营团队也需要不断地理解所发布软件的内部细节。这些通常都是不错的工作技能,因为它们有利于更好地从整体上理解发布环境。但是随着组织成长的加速,这些技能的拓展很困难。充分了解所用的环境细节往往需要团队之间大量的沟通,而这并不能直接为团队创造价值。例如,为了发布版本 Docker1.2.1,开发人员要求运维团队升级特定的库,这个过程就降低了开发效率,也没有为公司创造价值。如果开发人员能够直接升级他们所使用的库,然后编写代码,测试新版本,最后发布软件,那么整个交付过程所用的时间将会明显缩短。如果运维人员无须与多个应用开发团队相协调,就能够在宿主系统上升级软件,那么效率将大大提高。Docker 有助于在软件层面建立一层隔离,从而减轻团队的沟通负担。

除了有助于解决沟通问题,在某种程度上,Docker 的软件架构还鼓励开发出更多健壮的应用程序。这种架构哲学的核心是一次性的小型容器。在新版本部署的时候,会将旧版本应用的整个运行环境全部丢弃。在应用所处的环境中,任何东西的存在时间都不会超过应用程序本身。这是一个简单却影响深远的想法。这就意味着,应用程序不会意外地依赖于之前版本的遗留产物;对应用的短暂调试和修改也不会存在于未来的版本中;应用程序具有高度的可移植性,因为应用的所有状态要么直接包含于部署物中,且不可修改,要么存储于数据库、缓存或文件服务器等外部依赖中。

因此,应用程序不但具有更好的可扩展性,而且更加可靠。存储应用的容器实例数量的增减,对于前端网站的影响很小。事实证明,这种架构对于非 Docker 化的应用程序已然成功,但是 Docker 自身包含了这种架构方式,使得 Docker 化的应用程序始终遵循这些最佳实践,这也是一件好事。

3.2.3 Dcoker 工作流程的好处

我们很难把 Docker 的好处一一举例。如果用得好,Docker 能在多个方面为组织、团队、开发者和运营工程师带来帮助。从宿主系统的角度看,所有应用程序的本质是一样的,决定了 Docker 能让架构的选择更加简单,也让工具的编写和应用程序之间的分享变得更加容易。世上没有什么只有好处却没有挑战的东西,但是 Docker 似乎就是一个例外。以下是一些我们使用 Docker 能够得到的好处:

1. 可使用开发人员已经掌握的技能打包软件

许多公司为了管理各种工具来为它们支持的平台生成软件包,不得不提供一些软件发布和构建工程师的岗位。像 rpm、mock、dpkg 和 pbuilder 等工具使用起来并不容易,每一种工具都需要单独学习。而 Docker 则把所有需要的东西全部打包起来,定义为一个文件。

2. 可使用标准化的镜像格式打包应用软件及其所需的文件系统

过去,不仅需要打包应用程序,还需要包含一些依赖库和守护进程等。然而,我们永远不能百分之百地保证,软件运行的环境是完全一致的。这就使得软件的打包很难掌握,许多公司也不能可靠地完成这项工作。常有类似的事发生,使用 Scientific Linux 的用户试图部署一个来自社区的、仅在 Red Hat Linux 上经过测试的软件包,希望这个软件包足够接近他们的需求。如果使用 Dokcer,只需将应用程序和其所依赖的每个文件一起部署即可。Docker 的分层镜像使得这个过程更加高效,确保应用程序运行在预期的环境中。

3.可测试打包好的构建产物并将其部署到运行任意系统的生产环境

当开发者将更改提交到版本控制系统的时候,可以构建一个新的 Docker 镜像,然后通过测试部署到生产环境,整个过程中无须任何的重新编译和重新打包。

4.可将应用软件从硬件中抽象出来,无须牺牲资源

传统的企业级虚拟化解决方案,例如 VMware,以消耗资源为代价在物理硬件和运行其上的应用软件之间建立抽象层。虚拟机管理程序和每一个虚拟机中运行的内核都要占用一定的硬件系统资源,而这部分资源将不能够被宿主系统的应用程序使用。容器仅仅是一个能够与 Linux 内核直接通信的进程,因此它可以使用更多的资源,直到系统资源耗尽或者配额达到上限。

Docker 出现之前,Linux 容器技术已经存在了很多年,Docker 使用的技术也不是全新的。但是这个独一无二的集强大架构和工作流程于一身的 Docker 要比各个技术加在一起要强大得多。Docker 终于让已经存在了十余年的 Linux 容器走进了普通技术人员的生活中。Docker 让容器更加轻易地融入公司现有的工作流程中。以上讨论到的问题已被很多人认可,以至于 Docker 项目的快速发展超出了所有人的合理预期。

Docker 发布的第一年,许多刚接触的新人惊讶地发现,尽管 Docker 还不能在生产环境中使用,但是来自 Docker 开源社区源源不断的提交,飞速地推动着这个项目向前发展。随着时间的推移,这一速度似乎越来越快。现在 Docker 进入了 1.x 发布周期,稳定性好了,可以在生产环境中使用。因此,许多公司使用 Docker 来解决在应用程序交付过程中面对的棘手问题。

Docker 可以解决很多问题,这些问题是其他类型的传统工具专门解决的。那么 Docker 在功能上的广度就意味着它在特定的功能上缺乏深度。

3.2.4 与 Docker 息息相关的技术与应用

容器并不是传统意义上的虚拟机。虚拟机包含完整的操作系统,运行在宿主操作系统之上。虚拟化平台最大的优点是,一台宿主机上可以使用虚拟机运行多个完全不同的操作系统。而容器和主机共用同一个内核,这就意味着容器使用更少的系统资源,但必须基于同一个底层操作系统(如 Linux)。

与企业级虚拟化平台一样,容器和云平台的工作流程表面上有大量的相似之处。从传统意义上看,二者都可以按需横向扩展。但是 Docker 并不是云平台,它只能在预先安装 Docker 的宿主机中部署、运行和管理容器,并创建新的宿主系统(实例)、对象存储、数据块存储以及其他与云平台相关的资源。

尽管 Docker 能够显著提高一个组织管理应用程序及其依赖的能力,但不能完全取代传统的配置管理工具。Docker 文件用于定义一个容器构建时的内容,但不能持续管理容器运行时的状态和 Docker 的宿主系统。

Docker 通过创建自成一体的容器镜像,简化了应用程序在所有环境上的部署过程。这些用于部署的容器镜像封装了应用程序的全部依赖。然而 Docker 本身无法执行复杂的自动化部署任务。我们通常使用其他工具一起实现较大的工作流程自动化。

Docker 服务器没有集群的概念。我们必须使用其他的业务流程工具(如 Docker 自己开发的 Swarm)智能地协调多个 Docker 主机的任务,跟踪所有主机的状态及其资源使用情况,确保运行足够的容器。

对开发者来说,Vagrant 是一个虚拟机管理工具,经常用来模拟与实际生产环境尽量一致的服务器软件栈。此外,Vagrant 可以很容易地让 Mac OS X 和基于 Windows 的工作站运行 Linux 软件。由于 Docker 服务器只能运行在 Linux 上,于是它提供了一个名为 Boot2Docker 的工具,允许开发人员在不同的平台上快速运行基于 Linux 的 Docker 容器。Boot2Docker 足以满足很多标准的 Docker 工作流程,但仍然无法支持 Docker Machine 和 Vagrant 的所有功能。

3.3 大数据开源软件:Hadoop 和 Spark

3.3.1 Hadoop 简介

大数据开启了一次重大的时代转型。就像望远镜让我们感受到宇宙,显微镜让我们能够看到微生物一样,大数据正在改变我们生活的时代——大数据时代和理解世界的方式。我们正处于这样一个数据指数爆发的时代,海量数据来自智能终端、物联网、社交媒体、电子商务等。如何应对收集、存储、分析海量数据,进而支持科学预测、商业决策,提升医疗健康服务水平,提升能源效率,防范金融欺诈风险,降低犯罪率和提升案件侦破效率等问题和挑战,开源社区与产业界给出了答案:Hadoop。

1. Hadoop 项目

Hadoop 来自 Apache 社区,是一个可水平扩展、高可用、容错的海量数据分布式处理框架,提供了简单分布式编程模型 MapReduce。Hadoop 设计是假设底层硬件不可靠,由 Hadoop 检测和处理底层硬件失效。

2. Hadoop 生态层次

基于 Hadoop 提供的基础分布式存储及分布式并行处理能力,Apache 社区围绕 Hadoop 衍生出大量开源项目。根据服务对象和层次可分为数据来源层、数据传输层、数据存储层、资源管理层、数据计算层、任务调度层、业务模型层,如图 3-1 所示。

3. Hadoop 开源生态发展历程

Hadoop 开源生态系统在应对大数据收集、存储、分析等难题的挑战中,逐渐成长壮大。Hadoop 开源生态系统的快速成长得益于产业界长久以来在大数据方面的实践积累和持续贡献。

说到 Hadoop,不得不说到一个传奇的 IT 公司——全球 IT 技术的引领者 Google。Google(自称)为云计算概念的提出者,在自身多年的搜索引擎业务中构建了突破性的 GFS,从此文件系统进入分布式时代。

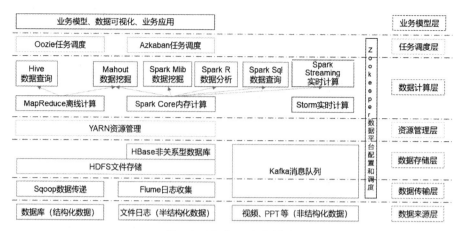

图 3-1　Hadoop 生态层次

除此之外,Google 在 GFS 上如何快速分析和处理数据方面开创了 MapReduce 并行计算框架,让以往的高端服务器计算变为廉价的 x86 集群计算,也让许多互联网公司能够从 IOE(IBM 小型机、Oracle 数据库以及 EMC 存储)中解脱出来。例如,淘宝早就开始了去 IOE 化的道路。

Google 之所以伟大,就在于独享技术不如共享技术,在 2002—2004 年间以三篇论文的发表向世界推送了其云计算的核心组成部分 GFS、MapReduce 以及 BigTable。Google 虽然没有将其核心技术开源,但是这三篇论文已经向开源社区的"大牛们"指明了方向,其中,Doug Cutting 使用 Java 语言对 Google 的云计算核心技术(主要是 GFS 和 MapReduce)做了开源的实现。

后来,Apache 基金会整合 Google 以及其他 IT 公司(如 Facebook 等)的贡献成果,开发并推出了 Hadoop 生态系统。Hadoop 是一个搭建在廉价 PC 上的分布式集群系统架构,它具有高可用性、高容错性和高可扩展性等优点。由于它提供了一个开放式的平台,用户可以在完全不了解底层实现细节的情形下,开发适合自身应用的分布式程序。

2004 年 12 月,Google 发表了 MapReduce 论文,MapReduce 允许跨服务器集群,运行超大规模并行计算。Doug Cutting 意识到可以用 MapReduce 来解决 Lucene 的扩展问题。接着,Google 发表了 GFS 论文。Doug Cutting 根据 GFS 和 MapReduce 的思想创建了开源 Hadoop 框架。

2006 年 1 月,Doug Cutting 加入 Yahoo,领导 Hadoop 的开发。后来,Doug Cutting 任职于 Cloudera 公司。

2009 年 7 月,Doug Cutting 当选为 Apache 软件基金会董事;2010 年 9 月,当选为 Apache 软件基金会主席。

之后,各大企业开始开发自己的发行版,并为 Apache Hadoop 贡献代码。

4. Hadoop 最新进展

(1) HDFS。

HDFS 发展相对比较迅速,目前已得到广泛应用。但随着业务的发展,用户对 HDFS 产生了许多新的需求。开源社区根据这些需求提供了许多新特性,如 SnapShot、Inotify 等。

① SnapShot。Hadoop 从 2.1.0 版开始提供 HDFS SnapShot 的功能。一个 SnapShot 可以是某个被设置为 snapshottable 的目录在某一时刻的镜像。一个 snapshottable 目录可以同

时容纳 65 536 个快照。snapshottable 目录没有个数上限,管理员可以设置任意个 snapshotta-ble。如果一个 snapshottable 中存在快照,那么这个目录在删除所有快照之前不能删除或改名。SnapShot 适用的场景主要有:错误操作恢复,如果对某个目录设置了 SnapShot,当用户意外地删除了一个文件,就可以使用该 SnapShot 进行文件的恢复;备份,管理员可以根据业务需求周期性地对文件目录进行备份。

② 类似于 Linux Inotify,NameNode 对目录的每次操作都会产生一个新的操作编号。Client 通过 RPC 机制向 NameNode 发送某个操作编号,NameNode 读取 Edits,将文件系统的大于该编号的所有 Event 操作返回给客户端。

通过 HDFS Inotify 机制,用户能够及时得知某个目录发生了什么操作。该机制可以广泛用于感知目录操作,获取频繁修改文件,以及由于安全原因需要对特定目录或文件进行操作监控等场景,避免扫描整个目录,从而为用户提供更好的服务。

(2) YARN。

多维资源调度 YARN 目前支持 Memory 和 CPU 两种资源的调度,利用 DRF 算法对 Memory、CPU 进行调度。但是随着大数据应用场景的极大丰富,用户需要申请、调度和控制集群中更多的资源类型,如硬盘、网络等。开源社区已经考虑支持 Disk(YARN-2139)、Net-work(YARN-2140)和 HDFS Bandwidth(YARN-2681)。

① Resource Define。对于新资源类型的支持,首先应该分析如何定义资源,例如对于 Network 资源来说,应用可能关注于网络带宽和每秒浮点运算次数;而对于 Disk 资源,应该关注于 I/O 带宽。

② Resource Isolation。除了如何定义资源外,另一个更关键的部分在于如何隔离资源以保证应用的使用,而不受其他应用影响。Linux 的 CGroup 已经为我们提供了资源隔离的技术方案,利用 CGroup 可以实现 Disk 资源 vdisk 的定义,实现 Network 资源 net_cls 的定义。

③ Resource Model & Extend。YARN 重新定义资源类型 Resource Type Information 替换原来仅支持 Memory 和 CPU 的资源定义,在 ResourceManager 和 NodeManager 新增了资源类型的配置文件,定义包括资源名、单位、类型等信息;同时也新增了资源规格模板配置文件的定义,用户可以根据需要定义不同的资源规格。当用户提交应用时可以直接选取模板中的适合的规格。这样也可以避免当引入新的资源类型时,需要修改以前提交应用的代码以兼容。现在只需要重新定义资源规格模板即可。

基于已分配资源利用率的调度,YARN 分配资源基于整个集群资源的可用资源,可用资源来自所有节点总容量减去已分配资源量。对于一个具体容器来说,其分配的资源是其真实使用量的上限。而实际上,大部分时间,容器的资源使用量往往小于这个分配值,这就导致了整个集群的实际资源利用率低下。因此,YARN 可以通过获取容器实际资源率信息,对未真正使用的资源进行调度分配,以提高整个集群的资源使用率。

(3) Hbase。

① Region Server Group。Hbase 集群中,多个 Region Server 组成一组,通过将特定租户表的 Region 分配到租户所属的 Region Server Group,为租户提供 Region Server 级别的资源隔离能力。同时,Region Server Group 之间可能在硬件、配置、性能上存在差异,基于此可以为不同的工作负载特征表分配不同的 Region Server,实现不同工作负载彼此资源隔离,性能上互不干扰。LoadBanlancer 负责表 Region 的分配,在分配 Region 的过程中,LoadBanlancer 通过候选的 Region Server 选择一个 Region Server。Region Server 组实现方案是通过 Region

Server 组过滤器,实现将特定租户表的 Region 分配到特定的 Region Server 组中。

② Namespace。Namespace 是 Hbase 的一等公民,提供了 Hbase 多租户抽象,用于创建管理表和 Region Server Group,通过 Quota 限制 Namespace 下表的数量和 Region 的数量。尽管通过 Region Server Group 可以实现 Region Server 级别的隔离,集群中仍有一部分资源是共用的,比如 Hmaster、meta 表等,可以通过 ACL 实现管理域资源的隔离访问。

(4) Hbase 多数据中心数据复制方案。

① 单主(Single-Master):

只有一个主数据中心写入,并向其他数据中心同步数据,副本数据中心提供了只读服务。为了保证数据复制不影响写入性能,通常采用异步复制方式,在主数据中心数据完全丢失后,会存在同步窗口内的数据有少量丢失。副本数据中心故障,副本数据中心数据不一致。由于采用跨数据中心读取,数据一致性需要额外保障,写依然被限制在一个数据中心。

② 主主(Master-Master):

所有数据中心都支持读写,所有数据都一直支持事务,但很难做到。主主需要解决多写合并问题,首先需要解决写请求的顺序问题,由于缺乏全局一致的时钟,可以使用的是本地时间戳、分布式一致性。一般选在两个地理位置足够接近的数据中心,时延严格保障,通过两阶段提交保证事务。两地三中心方案是此方案的衍生方案。

多于两数据中心的,考虑到传输、数据中心间的交互,时延的代价将非常大。

5. Hadoop 开源生态展望

Hadoop 生态已经日臻完善,Hadoop 平台也是当下最受欢迎的大数据平台之一,非常适合网页、日志等非结构化或半结构化类文本数据的分析处理。那么 Hadoop 的可能发展方向有哪些?我们大胆想象一下。批流合一的计算引擎 Hadoop 架构是面向批处理的,在需要实时处理秒级甚至毫秒级响应场景下,需要流处理平台,例如 Storm。统一平台进行批处理和流处理是当前和未来的研究热点。相关开源项目包括 Flink、Apex、Nifi、DataFlow 等。

(1) SQL On Hadoop。

SQL 是通用的数据操作语言,很多开源工具的开发目标是能够在 Hadoop 上使用 SQL。这些工具有些是对 MapReduce 的封装,有些是在 HDFS 上实现完整的数据仓库,当然也存在介于两者之间的方案,查询速度与查询性能存在差异。相关开源项目包括 Hive、Impala、Shark、Drill、HAWQ、Calcite、Phoenix 等。

(2) Spark。

很多人认为 Hadoop 的未来是 Spark,粗略地看,Spark 与 Hadoop 的典型差异在于通过内存计算大幅提升数据处理,尤其是迭代运算的处理速度。当然 Spark 不仅仅是 MapReduce 的替代品,其包含内存计算引擎、内存文件系统、流处理平台 Spark Streaming、数据挖掘库 Mlab。Spark 是否会取代 Hadoop,Hadoop 社区的 100 多名 commiter 正在谋划未来,让我们拭目以待。

(3) YARN。

随着数据规模的不断快速增长,处理数据的集群规模也在不断变大,且由于应用类型的不断丰富,集群中将会存在各种不同类型的物理节点,如高内存、GPU 等。而对于不同类型的节点,不同的应用也期望不同的资源分配策略。YARN 通过 label 对集群进行分组分区,同时通过 label 匹配应用指定运行的机器。而正是由于 label 兼具了分区和匹配的两重身份,导致目前 YARN 很难保证异构资源采用不同的调度策略(因为调度策略是基于租户,而整个集群只有一套租户策略),因此如果将 label 的双重身份进行拆解,引入资源池的概念独立进行集群资源的分组分区,也许可以很好地解决当前问题。不同的资源池具有一套独立的租户策略,而原有的 label 只负责定位具体应用到相应类型的节点。这样将面对越来越巨大的集群规模,资源池使管理者可以灵活地对集群进行分组,针对不同的场景和资源需求,设定不同的策略,以保证资源的最优化、最有效配置。

(4)数据挖掘理论与技术。

从海量数据中挖掘隐含的信息或者知识是大数据分析的终极目标。当前社区已经实现了基于大数据的机器学习平台或库(Mahout)。然而这部分工作才刚刚开始,数据挖掘、机器学习、深度机器学习技术与大数据结合解决特定场景问题目前尚不成熟,仍有很大的提升空间。

3.3.2 Apache Spark 简介

1. Apache Spark 架构

Apache Spark 是一种用 Scala 语言编写的通用并行计算框架,最早由 UC Berkeley AMP Lab 在 2009 年开发,于 2010 年开源,随后被捐赠给 Apache 软件基金会,在 2014 年 2 月成为 Apache 的顶级项目。Apache Spark 完全兼容 Apache Hadoop,Apache Spark 除了支持 Map 和 Reduce 操作之外,还支持 SQL 查询、流数据处理、机器学习和图计算。开发者可以在应用中单独使用 Apache Spark 的某一特性,或者将这些特性结合起来一起使用。

2. Apache Spark 核心组件

(1) Spark Core。

Spark Core 是 Spark 整个项目的基础,作为其他组件的计算引擎,提供了分布式计算任务调度、分发和存储管理能力,对外通过 RDD(Resilient Distributed Dataset,弹性分布式数据集)的概念暴露 API 接口。RDD 是 Spark 中的重要概念,可以理解为一个跨机器的分布式缓存,RDD 一旦生成,存储在其中的数据就不能被改变,直到生成一个新的 RDD。RDD 支持两种类型的操作,具体如下:

① Transformation:Transformation 包括常用的 map、filter、flatMap、groupByKey、reduceByKey、aggregateByKey 等算子,其操作结果产生新的 RDD。

② Action:Action 会触发 RDD 的计算,计算结果将返回 Spark 的驱动程序或者将结果持久化到特定的存储中。由于 RDD 充分利用内存来存储数据,整个计算过程中避免了 Hadoop MapReduce 在执行工作任务时必须通过磁盘来缓存中间结果,大幅提高了计算性能及 Spark 的速度。Java 的内存管理往往给 Spark 带来问题,于是 Project Tungsten 计划避开 JVM 的内存和垃圾收集子系统,以此提高内存效率。Apache Spark 支持多种运行模式,可以在单机和集群中运行,同时还支持在 Hadoop YARN 集群和 Mesos 集群中运行。Spark 主要是用 Scala 编写的,所以 Spark 的主要 API 长期以来也支持 Scala。不过另外三种使用广泛得多的语言[Java(Spark 也依赖它)、Python 和 R]同样得到支持。

(2) Spark SQL。

Spark SQL 是构建在 Spark Core 上面的一个模块,主要用来处理结构化数据,用户可以通过 SQL、DataFrames API 以及 Datasets API 和 Spark SQL 交互。另外 Spark SQL 可以通过 JDBC API 将 Spark 数据集暴露出去,而且还可以用传统的 BI 和可视化工具在 Spark 数据上执行类似 SQL 的查询。用户还可以用 Spark SQL 对不同格式的数据(如 JSON、Parquet 以及数据库等）执行 ETL，将其转化，然后暴露给特定的查询。Spark SQL 其实不支持更新数据，因为那与 Spark 的整个意义相悖。可以将查询操作生成的数据写回成新的 Spark 数据源（如新的 Parquet 表），但是并不支持 Update 查询。

（3）Spark Streaming。

Spark Streaming 是对 Spark Core 的扩充，是一种可扩展的、高吞吐、容错的流处理计算框架，目前支持的数据源包括 Kafka、Flume、Twitter、ZeroMQ、Kinesis、TCP sockets 等，数据处理完成后，可以被存放到文件系统、数据库等。Spark Streaming 并不会像 Storm 那样一次一个地处理数据流，而是在处理前按时间间隔预先将其切分为一段一段的批处理作业，即先汇聚批量数据，然后提交到 Spark Core 去运行，所以在数据延迟方面相对 Storm 会大一些。

（4）MLlib。

MLlib 是一个可扩展的 Spark 机器学习库，由通用的学习算法和工具组成，包括分类、线性回归、聚类、协同过滤、梯度下降以及底层优化原语等。

（5）GraphX。

GraphX 是用于图计算和并行图计算的 Spark API。通过引入弹性分布式属性图（Resilient Distributed Property Graph），顶点和边都带有属性的有向多重图，扩展了 Spark RDD。为了支持图计算，GraphX 暴露了一个基础操作符集合（如 subgraph、joinVertices、aggregateMessages）和一个经过优化的 Pregel API 变体。此外，GraphX 还包括一个持续增长的用于简化图分析任务的图算法和构建器集合。

（6）SparkR。

R 语言为进行统计数值分析和机器学习工作提供了一种环境。Spark 在 2015 年 6 月添加了支持 R 的功能，以匹配其支持 Python 和 Scala 的功能。除了为潜在的 Spark 开发人员多提供一种语言外，SparkR 还可以让程序员们做许多之前做不了的事情，比如访问超过单一机器的内存容量的数据集，同时轻松地使用多个进程或在多个机器上运行分析。

3. Apache Spark 未来展望

根据 Spark 官网信息，目前至少有 500 家大型组织在自己的生产系统中部署和使用 Spark，包括 Amazon、Autodesk、IBM、Yahoo、百度、腾讯等。当下 Spark 最重要的核心组件仍然是 Spark SQL。而在接下来的几次发布中，除了性能上更加优化外（包括代码生成和快速 Join 操作），还要提供对 SQL 语句的扩展和更好的集成。未来发展的重点将是数据科学化和平台 API 化，除了传统的统计算法外，还包括学习算法，使得 SparkR 得到长足的发展，同时也会使 Spark 的生态系统越来越完善。此外，Tungsten 项目和 DAG 可视化、调试工具等同样是持续的重点发展方向。

3.4　开源和社区发展

软件领域开源和闭源之争已经持续了几十年，自软件与硬件逐渐解耦的 20 世纪 70 年代就已经开始。著作权法和专利法对软件提供了法律保护，通过软件的著作权和专利权，来保障企业或个人的商业利益，这样可以推动企业和个人创新的积极性，进而推动整个产业与经济的良性发展，这也是早期软件厂商强调闭源的原因。

开源软件诞生之初，并非出于商业利益，而是部分软件开发者对自由、共享的一种理想化的追求。但真正让开源软件蓬勃发展的,还是其背后的商业利益的驱动(由早期的个人组成的社区,变成大量商业公司的加入,而且这些商业公司最终成为开源社区的主体)。也就是说,当开源软件为企业和个人真正带来商业利益的时候,它才获得了广泛的支持,也带来了广泛的创新动力,并让开源软件发展的理想与现实获得了相对完美的结合。著作权法和专利法同样为开源软件提供了相关保护,这些法律并非是闭源软件的专享法律。当闭源软件和开源软件都在以共同的商业利益为发展驱动的时候,闭源与开源之间便不再是一对水火不容的冤家了。

如今,大部分 IT 公司,甚至过去以闭源著称的微软,所提供的 IT 产品都是开源与闭源相结合的。微软与昔日的老冤家 Linux 开源公司也结成战略合作关系。作为非 IT 行业的企业用户,对开源和闭源的选择也是相互融合的,以企业获得利益的最大化为目标。企业(或个人)用户选择开源或闭源产品的基本原则是:首先要满足业务基本功能需求;其次保持业务的敏捷高效、安全可靠及易用性;再次保持业务运营的低成本(最高的 ROI);然后要保证业务的自主定制(业务本身灵活性);最后需要和企业的生态环境无缝融合。

无论是开源软件还是闭源软件,哪个能够满足企业的这些需求,哪个就可以获得广泛的市场。ORACLE、DB2 的闭源数据库以其企业级的安全性、可靠性一直占据传统企业核心业务的主导地位,而开源的 SQL/noSQL 数据库,特别是非关系型数据库,随着自身在企业级特性上不断走向成熟,市场空间也在不断扩大。开源的 Android 操作系统在市场空间上已经完全超越了 iOS,当然也不是意味着 iOS 彻底失败,苹果依旧占据着整个手机市场的最多利润空间,而消费者则在 Android 操作系统上获得了更多的实惠。

在公有云领域,对开源与闭源选择的判断也是基于企业(或个人)用户需求出发的。全球大型的互联网公有云厂商,几乎都是基于开源软件建设的公有云平台,只是基于开源,却没有很好地回馈开源,没有把自己后续对开源软件的改进完全地贡献出来(或者贡献率很低),这使得这些公有云平台,虽然基于开源软件,但经过大量改动,已经趋向闭源平台了。如果他们的平台所提供的服务功能够完善,安全性、稳定性够高,成本够低,平台够开放,便不影响其客户与市场的规模。但是事实往往不是如此。一方面,当市场垄断性或领先企业追求利益最大化的时候,其对平台的开放性与服务的价格降低方面便会失去积极性,同时随着平台规模的扩大,其平台安全性与稳定性的挑战也会越高。另一方面,与开源社区保持同步(基于开源、回馈开源)的公有云平台,正在快速成长和壮大,其平台提供公有云服务的丰富性、稳定性、安全性都在不断增强,而其平台所具有的独特开放性更是领先于其他公有云厂商,这些独特优势都让与开源社区同步的公有云平台不断获得大量的新客户。

至今,在公有云市场,闭源与开源之争并无胜负之分,而且闭源与开源的界限也比较模糊。企业或个人用户,则是根据自己需求的优先级来选择开源或闭源的公有云服务。

在私有云领域,闭源软件与开源软件的竞争则显得更加激烈。随着开源虚拟化软件已经走向成熟,以及开源容器技术的快速发展,闭源软件面临的压力在不断增大(包括价格压力、产品功能性压力、容器对虚拟化的替代性压力等),虚拟化毕竟是闭源云软件厂商的主要收入来源。而在虚拟化之上的云管理平台,闭源软件厂商在产品成熟度及功能丰富性方面并没有什么优势。OpenStack 开源软件的快速发展,使得闭源软件厂商在私有云市场空间上发展缓慢甚至有微缩的态势。

作为企业用户,选择基于开源软件的产品已经没有任何技术性障碍,对于一些拥有技术研发实力的企业用户,甚至可以直接从开源社区获取代码,自己进行定制化增强。在大数据领域,整个发展态势有些向开源一边倒。因为大数据技术的快速发展就是基于开源技术与开源社区的。开源大数据平台本身天然的容错性、基础架构的优越性与开放性,也为其快速发展提供了技术保障,活跃的开源社区生态让开源社区技术一直走在业界大数据技术发展的前列。大数据技术的发展,与企业用户在大数据领域的探索相结合,让技术与应用相辅相成,协同发展,从而让开源成为大数据市场的主流。大数据领域的闭源软件,则更多地侧重于各行业或特定企业的具体上层应用,很少有闭源软件自立门户搭建一个与众不同的大数据技术基础架构的。

开源软件和闭源软件作为一种竞争性的存在,通过相互竞争促进了相互发展,不断提升自身的功能、性能与价格竞争力。如今开源软件与闭源软件在竞争的同时又存在很多的互补、互融与互相转换。双方的竞争给企业用户带来了质优价廉的产品和服务,而双方的互补又给 IT 厂商带来了差异化的收入来源。双方共同组成了一个充满活力的软件生态体系。

第4章 云计算中的虚拟化技术及发展

4.1 虚拟化技术简介

4.1.1 虚拟化的起源

随着当今硬件技术的快速发展，CPU 的速度越来越快，超出了软件对硬件的性能要求，导致大量硬件资源的浪费，传统架构是在每台物理机器上仅能拥有一个操作系统，很难在服务器上运行多个主应用程序，否则可能会产生冲突和性能问题。实际上，当前计算的最佳做法是每个服务器仅运行一个应用程序以避免这些问题，但是这么做的结果是大多数时间 CPU 利用率很低。对于企业来说，浪费了所购买的大部分计算能力。所以，必须在浪费硬件和降低风险间寻找平衡。随着业务的增长，随之而来的成本压力也在变化，相关管理效率也会变低，需消耗的资源也会变多，迫切需要一种技术来解决现存的问题。

虚拟化技术起源于 20 世纪 60 年代末，美国 IBM 公司开发了一套被称作虚拟机监视器（Virtual Machine Monitor，VMM）的软件，该软件作为计算机硬件层上面的一层软件抽象层，将计算机硬件虚拟分区成一个或多个虚拟机，并提供多用户对大型计算机的同时、交互访问。

虚拟化早期的另外一种用法是 P-code（或伪码）机。P-code 是一种机器语言，运行于虚拟机而不是实际硬件上。P-code 早在 20 世纪 70 年代就已在美国加州大学圣地亚哥分校（UCSD）Pascal 系统上颇有名气了，它将 Pascal 程序编译成 P-code，然后在一个 P-code 虚拟机上运行。这就使 P-code 程序具有了高度的可移植性，而且只要有可用的 P-code 虚拟机，P-code 程序就可以运行。

随着虚拟化技术的不断发展，1999 年，IBM 公司在 AS/400 上提出了逻辑分区（LPAR）技术和新的高可用性集群解决方案。在 POWER 管理程序上运行的 AS/400 LPAR 令单台服务器工作起来如同 12 个独立的服务器。而在 2002 年，IBM 更进一步，其 AIX5Lv5.2 首次包含了动态逻辑分区（DLPAR）。DLPAR 允许在无须重启系统的情况下，将包括处理器、内存和其他组件在内的系统资源分配给独立的分区。这种在不中断运行的情况下进行资源分配的能力不仅令系统管理变得更加轻松，还因为能够更好地使用资源而帮助企业降低总拥有成本。

4.1.2 虚拟化的概念

在计算机技术中,虚拟化或虚拟技术是一种资源管理技术,是将计算机的各种实体资源(CPU、内存、磁盘空间、网络适配器等),予以抽象、转换后呈现出来,并可供分区、组合为一个或多个电脑配置环境。由此,打破实体结构间的不可切割的障碍,使用户可以用比原本的配置更好的方式来应用这些电脑硬件资源。这些资源的新虚拟部分不受现有资源的架设方式、地域或物理配置所限制。一般所指的虚拟化资源包括计算能力和数据存储以及网络虚拟化。

虚拟化技术的产生是计算机技术发展道路上的一个趋势和必然现象,在计算机发展道路上起到了重要的作用。虚拟化技术早在 20 世纪 50 年代就已经提出,第一次将虚拟化技术应用到商业中还是 20 世纪 60 年代,第一个提出虚拟化技术并应用到商业中的公司是 IBM,IBM 可以说在虚拟化技术方面一直是领导者。无论是操作系统的虚拟内存,还是虚拟机、目前的服务器的虚拟化或者是 PC 的虚拟化等都离不开虚拟化技术。随着虚拟化技术的广泛使用,为数据中心和应用部署带来了新的管理与部署方式,虚拟化技术的使用,使管理更加高效便捷,提高了资源的利用率。虚拟化技术目前已成为多家商业巨头的重要企业战略。

虚拟化就是将原本运行在真实环境中的计算机系统或组件运行在虚拟出来的环境中。一般来说,计算机系统分为若干层次,从下至上包括底层硬件资源、操作系统、操作系统提供的应用程序编程接口,以及运行在操作系统之上的应用程序。虚拟化技术可以在这些不同层次之间构建虚拟化层,向上提供与真实层次相同或类似的功能,使得上层系统可以运行在该中间层之上。这个中间层可以解除其上下两层间原本存在的耦合关系,使上层的运行不依赖于下层的具体实现。由于引入了中间层,虚拟化不可避免地会带来一定的性能影响,但是随着虚拟化技术的发展,这样的开销在不断地减少。根据所处具体层次的不同,"虚拟化"这个概念也具有不同的内涵,为"虚拟化"加上不同的定语,就形成不同的虚拟化技术。目前,应用比较广泛的虚拟化技术有基础设施虚拟化、系统虚拟化和软件虚拟化等类型。

操作系统中的虚拟内存技术是计算机业内认知度最广的虚拟化技术。操作系统中的虚拟内存思想就是操作系统在硬盘的某个区域内,将内存中不使用的状态数据 I/O 到硬盘上,等到某个程序需要使用的数据不在内存中的时候,通过 I/O 操作,将数据 I/O 到内存中,就算我们本身的内存很小,也能运行数据量很大的程序,原因就是我们在把数据装入内存的过程中,并不是一次性地全部加载。虚拟内存技术屏蔽了程序所需内存空间的存储位置和访问方式等实现细节,使程序看到的是一个统一的地址空间。可以说虚拟内存技术向上提供透明的服务时,不论是程序开发人员还是普通用户都感觉不到它的存在。这也体现了虚拟化的核心理念,以一种透明的方式提供抽象了的底层资源。

4.1.3 虚拟化的定义

维基百科:虚拟化是表示计算机资源的抽象方法,通过虚拟化可以用与访问抽象前资源一致的方法访问抽象后的资源。这种资源的抽象方法并不受实现、地理位置或底层资源的物理配置的限制。

信息技术术语库:虚拟化是为某些事物创造的虚拟(相对于真实)版本,比如操作系统、计算机系统、存储设备和网络资源等。

开放网格服务体系结构术语表:虚拟化是为一组类似资源提供一个通用的抽象接口集,从而隐藏属性和操作之间的差异,并允许通过一种通用的方式来查看和维护资源。

尽管以上几种定义表述方式不尽相同,但仔细分析一下,不难发现它们都阐述了三层含义:

(1) 虚拟化的对象是各种各样的资源。

(2) 经过虚拟化后的逻辑资源对用户隐藏了不必要的细节。

(3) 用户可以在虚拟环境中实现其在真实环境中的部分或者全部功能。

虚拟化的主要目标是对包括基础设施、系统和软件等 IT 资源的表示、访问和管理进行简化,并为这些资源提供标准接口来接收输入和提供输出。虚拟化的使用者可以是最终用户、应用程序或者服务。通过标准接口,虚拟化可以在 IT 基础设施发生变化时将对使用者的影响降到最低。最终用户可以重用原有的接口,因为他们与虚拟资源进行交互的方式并没有发生变化,即使底层资源的实现方式已经发生了改变,他们也不会受到影响。

虚拟化技术降低了资源使用者与资源具体实现之间的耦合程度,让使用者不再依赖于资源的某种特定实现。利用这种耦合关系,系统管理员在对 IT 资源进行维护与升级时,可以降低对使用者的影响。

虚拟化中还有几个重要的概念:

(1) 宿主(Host Machine):指物理机资源。

(2) 客户(Guest Machine):指虚拟机资源。

(3) Host OS 和 Guest OS:如果将一个物理机虚拟成多个虚拟机,则称物理机为 Host Machine,运行在其上的 OS 为 Host OS;称多个虚拟机为 Guest Machine,运行在其上的 OS 为 Guest OS。如图 4-1 所示。

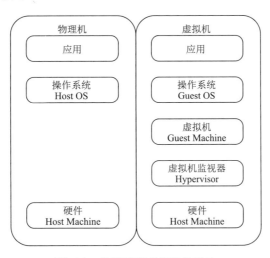

图 4-1 物理机和虚拟机的对比

(4) Hypervisor:通过虚拟化层的模拟,虚拟机在上层软件看来就是一个真实的机器,这个虚拟化层一般称为虚拟机监视器,用来进行硬件读写的程序,负责两方指令的传输。

4.1.4 虚拟化的本质

进入 21 世纪,各类信息呈十分陡峭的曲线式增长,需要处理的任务越来越复杂,处理任务的应用程序越来越多,存储设备越来越不够用,网络交流越来越密集,这些大难题只用物理的方法、硬件的方法来解决已经无能为力,处理信息爆炸的出路就是虚拟化。虚拟化简单来说就是将一台设备虚拟成 N 台设备,将一台主机只能运行一个操作系统虚拟成同时运行 N 个操作系统,将一个存储设备虚拟成 N 个逻辑存储设备,这样就将有限的资源虚拟成无限的资源,将有限的能力虚拟成无限的可能。其结果就是引发 IT 架构大变革,说到底,虚拟化的本质就是信息化架构大革命。

我们说虚拟化是一场 IT 架构革命,是因为物理硬件的性能已经非常强大,大大超过了应用的需求,再也不能对每一台服务器仅能运行一个操作系统的浪费现象熟视无睹,这样会造成大量的性能闲置。我们再也不能容忍一台电脑上无论运行多少个应用,它们都被绑定在同一个操作系统上,这样一旦操作系统出现问题,所有的应用都随之停顿。虚拟化不但解放了操作系统,而且解放了物理硬件。因为虚拟化使一台服务器上可以运行多个操作系统,每一个应用也都可以配置一个操作系统,将具有强大功能服务器的利用率提升到 90% 以上,再也不必担心毁灭性故障的发生。VMware、SWsoft、XenSource 这些"带头大哥们"在虚拟化技术的发展进程中起到举足轻重的作用。

在这场虚拟化技术革命中,作为软件行业的巨头,微软起到了关键性推动作用,微软公司的 VPC(VirtualPC)、VirtualServer 等虚拟化产品都非常耀眼。

微软 Hypervisor 虚拟化平台就是企业迫切需要的一种高效、灵活、智能的动态 IT 流程解决方案,可以应对不同应用的需求。微软 Hypervisor 虚拟化技术,覆盖了服务器虚拟化、桌面虚拟化、应用虚拟化、表示层虚拟化等各个层面,从不同的需求出发,来改善企业的 IT 资源应用。微软 Hypervisor 虚拟化平台充当了信息化架构革命的急先锋。

虚拟化的本质包括四点:分区、隔离、封装、相对于硬件独立。

1.分区

分区意味着虚拟化层为多个虚拟机划分服务器资源的能力;每个虚拟机可以同时运行一个单独的操作系统(相同或不同的操作系统),使我们能够在一台服务器上运行多个应用程序;每个操作系统只能看到虚拟化层为其提供的"虚拟硬件"(虚拟网卡、CPU、内存等),以使它认为运行在自己的专用服务器上。

2.隔离

虚拟机是互相隔离的,一个虚拟机的崩溃或故障(操作系统故障、应用程序崩溃、驱动程序故障等)不会影响同一服务器上的其他虚拟机。一个虚拟机中的病毒、蠕虫等与其他虚拟机相隔离,就像每个虚拟机都位于单独的物理机器上一样。可以进行资源控制以提供性能隔离;可以为每个虚拟机指定最小和最大资源使用量,以确保某个虚拟机不会占用所有的资源而使得同一系统中的其他虚拟机无资源可用;可以在单一机器上同时运行多个负载/应用程序/操作系统,不会出现传统 x86 服务器体系结构的局限性中所提到的那些问题(应用程序冲突、DLL冲突等)。

3.封装

封装意味着将整个虚拟机(硬件配置、BIOS 配置、内存状态、磁盘状态、CPU 状态)储存在独立于物理硬件的一小组文件中。这样只需复制几个文件就可以随时随地地根据需要复制、保存和移动虚拟机。

4.相对于硬件独立

因为虚拟机运行于虚拟化层之上,所以只能看到虚拟化层提供的虚拟硬件;此虚拟硬件也同样不必考虑物理服务器的情况。这样虚拟机就可以在任何 x86 服务器（IBM、Dell、HP 等）上运行而无须进行任何修改，打破了操作系统和硬件以及应用程序和操作系统/硬件之间的约束。

4.2 虚拟化类型介绍

4.2.1 全虚拟化

全虚拟化，也称为原始虚拟化技术，是一种虚拟化方法。该模型使用虚拟机协调客户操作系统和原始硬件。这里，协调是一个关键词，VMM 在客户操作系统和裸硬件之间用于工作协调。因为操作系统是通过 Hypervisor 来分享底层硬件，所以一些受保护的指令必须由 Hypervisor 来捕获和处理。全虚拟化的运行速度要快于硬件模拟，但是性能方面不如裸机，因为 Hypervisor 需要占用一些资源。全虚拟化最大的特点是操作系统没有经过任何修改。它的唯一限制是操作系统必须能够支持底层硬件（比如 PowerPC）。Hypervisor 在一些老的硬件，如 x86 平台上，全虚拟化会遇到问题，一些敏感的指令必须要由 VMM 来处理。因此，Hypervisor 必须动态扫描和捕获特权代码来处理问题。全虚拟化的优点是虚拟机不依赖于操作系统，可以支持多种操作系统，多种应用，更加灵活；缺点是虚拟层内核开发难度较大。

4.2.2 寄居虚拟化(半虚拟化)

寄居架构就是在操作系统之上安装和运行虚拟化程序，依赖于主机操作系统对设备的支持和物理资源的管理。虚拟化管理软件作为底层操作系统（Windows 或 Linux 等）上的一个普通应用程序，通过其创建相应的虚拟机，共享底层服务器资源。通过操作系统进行读写，性能高。

寄居架构将虚拟化层运行在操作系统之上，当作一个应用来运行，对硬件的支持很广泛，便于实现，但是安装和运行应用程序依赖于主机操作系统对设备的支持，比如 GSXServer、VMwareServer、Workstation。半虚拟化是另一种类似于全虚拟化的热门技术，它使用 Hypervisor 分享存取底层的硬件，但是它的客户操作系统集成了虚拟化方面的代码，该方法无须重新编译，因为操作系统自身能够与虚拟进程进行很好的协作。半虚拟化通过客户操作系统分享进程。

半虚拟化需要客户操作系统做一些修改（配合 Hypervisor），这是一个不足之处，但是半虚拟化提供了与原始系统相近的性能。与全虚拟化一样，半虚拟化可以同时支持多个不同的操作系统。在半虚拟化的环境中，不能运行未经修改内核的操作系统（在宿主系统上的虚拟环境就可以称为半虚拟化环境）。

4.2.3 操作系统虚拟化(容器)

2006 年 11 月 8 日，权威研究机构 Gartner 发布了一份服务容器技术发展的研究报告，其中有一个不同寻常的预测：到 2010 年，共享的操作系统虚拟化将成为主流虚拟化技术。文中提到的服务器操作系统虚拟化厂商包括 Sun Solaris、Containers、SWsoft Virtuozzo 以及 IBMz/OS 和 HP。

对于大多数人而言，当时可能是第一次听说操作系统虚拟化的概念。甚至某些虚拟化业内人士，在此之前从来都没有把 Virtuozzo 这样的产品视为真正的竞争对手。在他们的概念中，虚拟化和虚拟机是同名词，不是虚拟机就不是虚拟化。Gartner 的研究报告首次打破了这一神话。对于操作系统虚拟化的主要倡导者而言，这份报告则是一次重大胜利。自 2005 年以来，围绕着操作系统虚拟化的迷雾和争论似乎第一次有了明确的答案。

Gartner 的定义是：共享的操作系统虚拟化允许多个不同应用在一份操作系统拷贝的控制下隔离运行。单一的根操作系统或宿主操作系统，通过划分其特定部分，成为一个个隔离的操作执行环境，供程序运行。实际达到的效果和虚拟机技术类似，同样将一台物理服务器划分成了多个"虚拟"的操作系统实例，从而达到分区的目的，可以应用于服务器整合、测试研发、业务连续性等标准虚拟化应用场景，以及一系列更擅长操作系统虚拟化的商业和企业内部托管等独特的应用场景。操作系统虚拟化的关键点在于从应用与操作系统之间的层次横切一刀，将操作系统资源访问虚拟化。对上而言，让应用"相信"它是运行于它自己的独立的操作系统实例中；对下而言，翻译和转换上层应用的命名空间、资源进程需求，使之和谐共存于底层的一个操作系统内核和硬件资源中，从而达到更细粒度的资源控制和更有效的可管理性。

操作系统虚拟化强调的是在单一操作系统内核实例的基础上实现虚拟化，这一点是它与虚拟机技术的最本质的不同。虚拟机技术，无论是 VMM、Hypervisor，还是 Paravirtualization 并行虚拟化，都是在多个虚拟的硬件层上安装多个 Guest 操作系统，然后再运行应用程序。

比较两台分别采用操作系统虚拟化和虚拟机技术的服务器，我们看到的最明显的差异就是操作系统实例数量的不同。有趣的是，这一点核心差异同时构成了操作系统虚拟化的最大优势和最大劣势。由于只有一个操作系统内核，少了虚拟机和 Guest 操作系统两个资源消耗层次，操作系统虚拟化的运行效率、理论最大密度和运行在虚拟环境中的应用性能都天生超过虚拟机技术，减少了操作系统实例的数量，也意味着在安装部署、补丁升级、备份迁移的数据量和效率等管理特性上的优势。同理，操作系统虚拟化只能是同一种操作系统的划分和衍生，无法支持异种操作系统并存于同一个物理服务器之上，同时由于虚拟环境不完全等同于一份完整的操作系统，某些需要直接访问硬件层（无论是虚拟的还是物理的）的应用无法在操作系统虚拟化环境中运行。

操作系统虚拟化技术的出现、成熟和走向主流，对于企业而言，意味着除了既有的虚拟机技术外又多了一种选择。从技术特点来看，针对不同的应用，操作系统虚拟化和虚拟机既可以相互替代，又可以结合应用，在虚拟机之上完全可以再安装和运行操作系统虚拟化软件，并不是一个简单的 A 或 B 的选择问题。

采用虚拟化技术，能够带来的好处已经人尽皆知：节省 IT 基础设施的成本（服务器数量、空间、电力），提高服务器资源利用率，更快、更有效率、更灵活的应用部署，支持真正的资源按需分配和自动化等。当我们考量这些好处的核心要点时，能发现两个关键词：资源利用率以及管理成本。在这两点上，操作系统虚拟化都有其优势。从资源利用率而言，操作系统虚拟化节省了虚拟硬件层和 Guest 操作系统两层损耗，留给实际应用使用的资源更多，对于给定的服务器硬件和标准负载的应用，能够达到更高的密度。实际部署的情况下，操作系统虚拟化的密度通常是虚拟机的 2～10 倍。同时，操作系统虚拟化由于只是在操作系统访问层次进行虚拟化，可以直接使用到操作系统本身的硬件驱动的最大性能,在必要的情况下,单一的虚拟环境可以扩展到使用物理服务器的几乎所有资源。应用运行在虚拟环境之中和物理环境之中的性能差异是非常低的,尤其对于 I/O 访问频繁的数据库应用、Web 和邮件应用而言,效果更为明显。从可管理性而言,同样由于节省了虚拟硬件层和 Guest 操作系统层次,单以虚拟环境的开通而言,操作系统虚拟化仅需十几秒到几分钟,当需要进行动态迁移、数据备份时,无论从数据量还是操作耗时上,都远远小于虚拟机技术。对于实际体验了虚拟机和操作系统虚拟化两种技术的管理员来说,后者带来的工作效率提升是非常显著的。

然而,操作系统虚拟化技术并不是完美的,也无法全面替代虚拟机技术。在用户需要一个相对完整的虚拟环境进行研发,或整合多种操作系统,或整合多个处于不同操作系统版本和补丁级别的传统应用于同一服务器时,只有虚拟机技术能够充分满足这种需求。从这种意义上说,虚拟机技术是以牺牲效率为代价换取了更大的灵活性。企业在考察虚拟化技术时,通常都需要进行完整的测试才能为企业内部各种不同的应用找到最适合它的虚拟化部署方案。从这个角度而言,两种虚拟化技术的并存是必然的。我们必将看到针对这种混合环境的更有效的管理工具的出现,只有这样才能满足未来物理机+虚拟机+操作系统虚拟化的实际的 IT 基础设施应用需求。

无论是虚拟机,还是操作系统虚拟化都不是什么新鲜的想法。有一句名言:任何一个新想法其实不过是被人遗忘的老想法。新想法之所以新,或者说之所以能够被人重新注意起来,唯一的可能是有人能够在老想法的基础上添加一点点创新,而且有能力把这个想法变成现实可用的产品。从这个意义上而言,VMware 也好,SWsoft 也好,都是站在 IBM 的肩膀上,把巨人遗忘的想法变成了现实。从未来的趋势而言,随着 Intel、AMD 芯片级硬件辅助虚拟化技术的出现,新一代操作系统内置 Hypervisor 等进一步发展,虚拟机技术会不断优化其代码,努力补足其在 I/O 效率、跨硬件和存储边界等方面的短板,成为更强有力的资源整合工具。对于操作系统虚拟化技术,如何处理好和操作系统之间的关系,进入甚至融合为下一代、下两代操作系统的一部分,成为决定其命运的关键。虚拟化已经渗透 IT 基础设施的所有方面。操作系统本身也必将完成虚拟化的演进,虚拟化特性将成为未来操作系统不可或缺的部分。

4.3 计算资源的虚拟化技术

4.3.1 Xen 虚拟化技术

Xen 是一个开放源代码虚拟机监视器,由 Xen Project 开发。它打算在单个计算机上运行多达 128 个有完全功能的操作系统。

在旧(无虚拟硬件)的处理器上执行 Xen,操作系统必须进行显式地修改(移植)以在 Xen 上运行,这使得 Xen 无须特殊硬件支持就能达到高性能的虚拟化。

2013 年 4 月,Linux 基金会宣布 Xen 成为 Linux 基金会合作项目。

Xen 是一个基于 x86 架构、发展最快、性能最稳定、占用资源最少的开源虚拟化技术。Xen 可以在一套物理硬件上安全地执行多个虚拟机,与 Linux 是一个完美的开源组合,Novell SUSE Linux Enterprise Server 最先采用了 Xen 虚拟化技术。它特别适用于服务器应用整合,可有效节省运营成本,提高设备利用率,最大化利用数据中心的 IT 基础架构。

IBM 经常在其主机和服务器上使用虚拟机来尽可能发挥其性能,并类似 chroot 监禁,将程序置于隔离的虚拟 OS 中,以增强安全性。除此之外,它还能使不同和不兼容的 OS 运行在同一台计算机上。Xen 对虚拟机活跃迁移的支持允许工荷平衡和避免停时。

在 Xen 使用的方法中,没有指令翻译。通过两种方法可以实现:一种是使用一个能理解和翻译虚拟操作系统发出的未修改指令的 CPU(此方法称作完全虚拟化);另一种是修改操作系统,从而使它发出的指令最优化,便于在虚拟化环境中执行(此方法称作半虚拟化)。

在 Xen 环境中,主要有两个组成部分。其中一个是虚拟机监视器(VMM),也叫 Hypervisor。Hypervisor 层在硬件与虚拟机之间,是必须最先载入硬件的第一层。Hypervisor 载入后,就可以部署虚拟机了。

在 Xen 中,虚拟机叫作"domain"。在这些虚拟机中,其中一个扮演着很重要的角色,就是domain0,具有很高的特权。通常,在任何虚拟机之前安装的操作系统才有这种特权。domain0 要负责一些专门的工作。由于 Hypervisor 中不包含任何与硬件对话的驱动,也没有与管理员对话的接口,这些驱动就由 domain0 来提供了。通过 domain0,管理员可以利用一些Xen 工具来创建其他虚拟机(Xen 术语叫 domainU)。这些 domainU 也叫无特权 domain,这是因为在基于 i386 的 CPU 架构中,它们绝不会享有最高优先级,只有 domain0 才可以。

在 domain0 中,还会载入一个 xend 进程。这个进程会管理所有其他虚拟机,并提供这些虚拟机控制台的访问。在创建虚拟机时,管理员使用配置程序与 domain0 直接对话。

VMware 为 x86 提供虚拟机,这些虚拟机可以运行未修改的 PC 操作系统。所涉及的技术极为复杂,也导致了性能的下降(有时相当显著)。Xen 牺牲了完全的二进制兼容,换取相对的简易性和改善的性能。KVM 在全虚拟化情况下性能优于 Xen,但 Xen 在运行修改过的操作系统时效率更高。

1. Xen 的半虚拟化

Xen 通过一种叫作半虚拟化的技术获得高效能的表现(较少的效能损失,典型情况下大约损失 2%,在最糟的情况下会有 8% 的效能损耗,与其他使用完全虚拟化却造成最高达 20% 损耗的解决方案形成一个明显的对比)。但是这要求虚拟机使用经过修改的客户端操作系统。与那些传统通过软件模拟实现硬件的虚拟机不同,在 3.0 版本及在 IntelVT-X 支援前的 Xen需要让客户端操作系统与 XenAPI 进行连接。在之前,这种连接已经可以运用在 NetBSD、GNU/Linux、FreeBSD 和贝尔实验室的 Plan9 系统上。在 BrainShare 2005 会议上,Novell 展示了 NetWare 与 Xen 的连通。与 Windows XP 连通的技术曾在 Xen 开发初期进行,但微软的协议未能允许它发布。

2. Xen 的完全虚拟化

Intel 为 Xen 贡献了补丁以支持其 VT-X 架构扩展,而 AMD 则进行修改以支持其 AMD-V架构扩展。如果系统处理器支持虚拟硬件扩展(Intel 和 AMD 对本地支持虚拟化的扩展),这项技术将允许未经修改的操作系统运行在 Xen 虚拟机中。事实上,这意味着性能的提升,用户也可以在不违背任何修改限制协议的情况下对 Windows 进行虚拟化。也就是说,Xen的完全虚拟化模式允许 Xen 虚拟机运行未经修改的 Windows 等操作系统。但是在 x86 平台上,只有支持 x86 虚拟化的计算机才支持 Xen 的全虚拟化模式。Xen 的完全虚拟化依赖于 QEMU。

3.虚拟机的迁移

Xen 虚拟机可以在不停止的情况下在多个物理主机之间即时迁移(Live Migration)。在操作过程中,虚拟机在没有停止工作的情况下,内存被反复复制到目标机器。虚拟机在最终目的地开始执行之前,会有一次 60~300 ms 的非常短暂的暂停,以执行最终的同步化,给人无缝迁移的感觉。类似的技术被用来暂停一台正在运行的虚拟机到磁盘,并切换到另外一台,第一台虚拟机在以后可以恢复。

4.系统平台支持

Xen 目前可以运行在 x86 及 x86-64 系统上,并正在向 IA64、PPC 移植。移植到其他平台从技术上是可行的,未来有可能会实现。

Xen 凭借独特的虚拟化性能优势赢得了越来越广泛的应用,被用户充分应用在以下领域:

(1)服务器应用整合:在虚拟机范围内,在一台物理主机上虚拟出多台服务器,以安装多个不同的应用,充分利用服务器的物理性能,灵活地进行服务器的应用迁移。

(2)软件开发测试:用户可利用 Linux 的低成本优势,灵活地搭建多个应用系统开发平台,由此节省大量的开发成本,加快了开发进程。

(3)集群运算:和单独的管理每个物理主机相比,虚拟机管理更加灵活,同时在负载均衡方面,更易于控制和隔离。

(4)多操作系统配置:以开发和测试为目的,同时运行多个操作系统。

(5)内核开发:在虚拟机的沙盒中做内核的测试和调试,无须为了测试而单独架设一台独立的机器。

(6)为客户操作系统提供硬件技术支持:可以开发新的操作系统,以得益于现存操作系统的广泛硬件支持,比如 Linux。

5.Xen 虚拟化技术在企业中的应用

(1)腾讯公司——中国最大的 Web 服务公司。

腾讯公司经过多方测试比较后,最终选择了 Novell SUSE Linux Enterprise Server 中的 Xen 超虚拟化技术。该技术帮助腾讯改善了硬件的利用率,提高了系统负载变化时的灵活性。在引入 Xen 超虚拟化技术后,可以在每台物理机器上运行多个虚拟服务器,这意味着可以潜在地显著扩大用户群,而不用相应地增加硬件成本。

(2)宝马集团——驰名世界的高档汽车生产企业。

宝马集团利用 Novell 带有集成 Xen 虚拟化软件的 SUSE Linux Enterprise Server 来执行其数据中心的虚拟化工作量,从而降低了硬件成本、简化了部署流程。采用虚拟化技术使该公司节省了高达 70% 的硬件成本,同时也节省了大量的电力成本。

(3)云谷科技——基于 Xen 的 VPS 管理平台研发公司。

Xen System,是基于 Xen 的虚拟化技术开发的一款 VPS 管理系统。这一款 VPS 智能管理平台,运用 IT 业界最新的"云计算"和"云储存"设计理念,支持自动化的 VPS 云主机和服务器的实时管理功能,具备良好的兼容性和稳定性,从而可以简单高效地管理 VPS 主机的运作,与 Hyper-V 基于 Xen 的虚拟化技术结合后使 VPS 更趋稳定,运作更为高效。这也意味着 IDC 的运作成本会大大降低,利润得以增加。

由于 Xen 方法使虚拟化领域迈出了一大步,因此 Xen 的创始人成立了他们自己的公司 Xen Source(已被 Citrix 收购)。他们成立 Xen Source 的目的是基于 Xen Hypervisor 提供一个完善的虚拟化解决方案,与其他虚拟化产品(如 VMware ESX)竞争。其他企业也在它们自己的产品中综合应用了 Xen Hypervisor。例如,Linux 厂商 Red Hat(红帽)和 Novell 公司都在自己的操作系统中包含了各自版本的 Xen。由于 Xen 的大多数部分都是开源的,因此这些解决方案都非常相似。

4.3.2　KVM 虚拟化技术

1.KVM 虚拟化技术发展历程

2008 年 9 月,红帽收购了一家名叫 Qumranet 的以色列小公司,由此入手了一个叫作 KVM 的虚拟化技术(KVM,全称 Kernel-based Virtual Machine,意为基于内核的虚拟机)。当时的虚拟化市场上主要以 VMware 为主,而 KVM 只是在 Ubuntu 等非商用发行版上获得了一些关注。

2009 年 9 月,红帽发布其企业级 Linux 的 5.4 版本(RHEL5.4),在原先的 Xen 虚拟化机制之上,将 KVM 添加了进来。

2010 年 11 月,红帽发布其企业级 Linux 的 6.0 版本(RHEL6.0),这个版本将默认安装的 Xen 虚拟化机制彻底去除,仅提供 KVM 虚拟化机制。

2011 年初,红帽的老搭档 IBM 找上红帽,表示 KVM 这个东西值得加大力度去做。于是到了 5 月,IBM 和红帽联合惠普和英特尔一起成立了开放虚拟化联盟,一起声明要提升 KVM 的形象,加速 KVM 投入市场的速度,由此避免 VMware 一家独大的情况出现。联盟成立之时,红帽的发言人表示,"大家都希望除 VMware 之外还有一种开源选择。未来的云基础设施一定会基于开源"。从 5 月到 8 月短短 3 个月时间,开放虚拟化联盟的成员增加到将近 300 个,联盟发展的速度十分可观。IBM 现在全线硬件都对红帽 Linux 和 KVM 进行了大量的优化,有 60 多名开发者专门开发 KVM 相关的代码。

2.KVM 虚拟化的概念

KVM,由 Red Hat 开发,是一种开源、免费的虚拟化技术,目前集成在 Linux 的各个主要发行版本中。它使用 Linux 自身的调度器进行管理,所以相对于 Xen,其核心源码很少。KVM 目前已成为学术界的主流 VMM 之一。KVM 的虚拟化需要硬件支持(如 Intel VT 技术或者 AMD-V 技术),是基于硬件的完全虚拟化。对企业来说,是一种可选的虚拟化解决方案。

KVM 作为内核的一个模块来提供虚拟化功能。如果系统需要虚拟化功能,则 KVM 模块可以被 Linux 内核按需动态加载到内存运行。如果不需要 KVM 功能,可以动态卸载该模块。

QEMU 是一套模拟 CPU 的开源软件。KVM 作为内核的一个模块,可以通过 QEMU 提供的模拟方式来使用处理器。这样,KVM 就提供了一个模拟的(虚拟的)硬件层,虚拟机就运行在这个模拟的硬件层之上。

图 4-2 是 KVM 虚拟机的整体架构。KVM 内核模块在运行时按需加载,进入内核空间运行。KVM 本身不执行任何硬件设备模拟,需要用户空间程序 QEMU 通过/dev/kvm 接口设置一个虚拟客户机的地址空间,向它提供模拟的 I/O 等硬件设备。

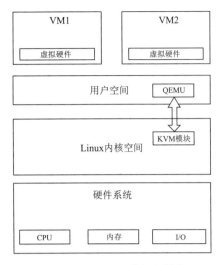

图 4-2 KVM 虚拟机结构

KVM 以扩展虚拟化的 CPU 为硬件基础，但是 KVM 也可运行在不支持虚拟化技术的 CPU 之上。只不过，后者是使用 QEMU 提供的纯粹的模拟方式，性能较低。KVM 管理工具是一个图形化管理工具。KVM 也有自己的语法规则，可以使用 KVM 的语法规则编写命令，使用命令行方式来管理虚拟机。

4.3.3 Hyper-V 虚拟化技术

Hyper-V 是微软推出的新的虚拟化技术，首次内置于 Windows Server 2008 R2 中。相对于微软过去的虚拟化技术，Hyper-V 采用 Type1 虚拟化架构，让虚拟机可以较直接地使用实体主机的硬件资源，以提高虚拟系统的效能；并可在主机上支持多达 16 个 CPU，每台虚拟主机亦可支持至少 4 个 CPU。

Hyper-V 采用基于 Hypervisor 的架构，并且充分利用 Windows 驱动模型，以便提供广泛的硬件支持。Hypervisor 可以把单个服务器划分为多个 CPU 和内存的容器。由于采用微内核架构，Hyper-V 可以提供高效的分区间通信机制，并在此基础上搭建高性能的虚拟 I/O 架构。根分区包含物理 I/O 设备，还将提供虚拟栈用来为子分区所实现的 I/O 服务。

Hyper-V 是微软提出的一种系统管理程序虚拟化技术，能够实现桌面虚拟化，是微软第一个采用类似 Vmware 和 Citrix 开源 Xen 的基于 Hypervisor 的技术。这也意味着微软会更加直接地与市场先行者 VMware 展开竞争，但竞争的方式会有所不同。

Hyper-V 的系统要求：

（1）Intel 或者 AMD 64 位处理器。

（2）Windows Server 2008 R2 及以上（服务器操作系统）；Windows 7 及以上（桌面操作系统）。

（3）硬件辅助虚拟化。

（4）CPU 必须具备硬件的数据执行保护（DEP）功能，而且该功能必须启动。

（5）内存最低限度为 2 GB。

1. Hyper-V 的设计目的

Hyper-V 的设计目的是为广泛的用户提供更为熟悉以及成本效益更高的虚拟化基础设施软件，这样可以降低运作成本、提高硬件利用率、优化基础设施并提高服务器的可用性。

2. Hyper-V 的虚拟硬盘空间

正式版 Hyper-V 控制台，版本有一定变化。在微软的 Hyper-V 虚拟机创建过程中，最大虚拟硬盘可以达到 2 040 GB，当然，即使创建 2 TB 的硬盘，也不会立刻就占用 2 TB 的物理空间分配。

3. Hyper-V 的架构特点

Hyper-V 采用微内核的架构，兼顾了安全性和性能的要求。Hyper-V 底层的 Hypervisor 运行在最高的特权级别下，微软将其称为 ring-1（而 Intel 则将其称为 rootmode），而虚拟机的 OS 内核和驱动运行在 ring0，应用程序运行在 ring3 下，这种架构就不需要采用复杂的 BT（二进制特权指令翻译）技术，可以进一步提高安全性。

4. 高效率的 VM bus 架构

由于 Hyper-V 底层的 Hypervisor 代码量很小，不包含任何第三方的驱动，非常精简，因此安全性更高。Hyper-V 采用基于 VM bus 的高速内存总线架构，来自虚拟主机的硬件请求（显卡、鼠标、磁盘、网络），可以直接经过 VSC，通过 VM bus 总线发送到根分区的 VSP，VSP 调用对应的设备驱动，直接访问硬件，中间不需要 Hypervisor 的帮助。

这种架构效率很高，不再像以前的 Virtual Server，每个硬件请求都需要经过用户模式、内核模式的多次切换转移。更何况 Hyper-V 现在可以支持 Virtual SMP，Windows Server 2008 虚拟主机最多可以支持 4 个虚拟 CPU；而 Windows Server 2003 最多可以支持 2 个虚拟 CPU。每个虚拟主机最多可以使用 64 GB 内存，而且还可以支持 x64 操作系统。

5. 完美支持 Linux 系统

和很多朋友的想法不同，Hyper-V 可以很好地支持 Linux，我们可以安装支持 Xen 的 Linux 内核，这样 Linux 就可以知道自己运行在 Hyper-V 之上，还可以安装专门为 Linux 设计的 Integrated Components，里面包含磁盘和网络适配器的 VM bus 驱动，这样 Linux 虚拟主机也能获得高性能。这对于采用 Linux 系统的企业来说是一个福音，这样我们就可以把所有的服务器，包括 Windows 和 Linux，全部统一到最新的 Windows Server 2008 平台下，可以充分利用 Windows Server 2008 带来的最新高级特性，还可以保留原来的 Linux 关键应用不受影响。

和之前的 Virtual PC、Virtual Server 类似，Hyper-V 也是微软的一种虚拟化技术解决方案，但在各方面都取得了长足的发展。

Hyper-V 可以采用半虚拟化和全虚拟化两种模拟方式创建虚拟机。半虚拟化方式要求虚拟机与物理主机的操作系统（通常是版本相同的 Windows）相同，以使虚拟机达到高的性能。全虚拟化方式要求 CPU 支持全虚拟化功能（如 Inter-VT 或 AMD-V），以便能够创建使用不同的操作系统（如 Linux 和 Mac OS）的虚拟机。

从架构上讲，Hyper-V 只有"硬件—Hyper-V—虚拟机"三层，本身非常小巧，代码简单，且不包含任何第三方驱动，所以安全可靠、执行效率高，能充分利用硬件资源，使虚拟机系统性能更接近真实系统性能。

按照微软的虚拟化产品路线,微软在 2008 年第四季度推出了脱离 Windows Server 2008 的、独立的虚拟化产品 Hyper-VServer。

6.改进和变化

除了在架构上进行改进之外,Hyper-V 还具有其他一些变化:Hyper-V 基于 64 位系统,微软的新一代虚拟化技术 Hyper-V 是基于 64 位系统的。32 位系统的内存寻址空间只有 4 GB,在 4 GB 的系统上再进行服务器虚拟化,在实际应用中没有太大的意义。在支持大容量内存的 64 位服务器系统中,应用 Hyper-V 虚拟出多个应用才有较大的现实意义。微软上一代虚拟化产品 VirtualServer 和 VirtualPC 则是基于 32 位系统的。

硬件支持上大大提升:Hyper-V 支持 4 个虚拟处理器,支持 64 GB 内存,并且支持 x64 操作系统;而 VirtualServer 只支持 2 个虚拟处理器,并且只能支持 x86 操作系统,在 Hyper-V 中还支持 VLAN 功能。支持 Hyper-V 服务器虚拟化需要启用了 Intel-VT 或 AMD-V 特性的 x64 系统。Hyper-V 基于微内核 Hypervisor 架构是轻量级的。Hyper-V 中的设备共享架构支持在虚拟机中使用合成设备和模拟设备两类设备。

Hyper-V 提供了对许多用户操作系统的支持:Windows Server 2003SP2、Novell SUSE Linux Enterprise Server 10SP1、Windows Vista SP1(x86)和 Windows XP SP3(x86)、Windows XP SP2(x64)。

第5章 云计算中的容器技术

5.1 容器技术应用

容器技术的出现和迅猛发展,已成为云计算产业的新的热点。容器使用范围也由互联网厂商快速向传统企业扩展,大量传统企业开始测试和尝试部署容器云。相比于企业对容器技术的逐步接受与认同,在如何使用容器上却并不统一,存在多种思路和诉求。容器技术开发者和社区倡导云原生应用场景,这一理念被业界普遍认可,但在实际使用中发生分化。部分企业基于容器技术,尝试新应用开发和对传统应用的改造;而有的企业在实际使用中,面临应用改造困难和人员技能变更的问题,认为不可一蹴而就,希望先以轻量级虚拟机的方式使用容器。容器的下述技术特点,决定了容器所能发挥真正价值的应用场景。

(1) 轻量化:容器相比于虚拟机提供了更小的镜像,更快的部署速度。容器轻量化的特性非常适合需要批量快速上线的应用或快速规模弹缩应用,如互联网 Web 应用。

(2) 性能高、资源省:相比虚拟化,接近物理机的性能,系统开销大幅降低,资源利用率高。容器的高性能特性非常适合对计算资源要求较高的应用,如大数据和高性能计算应用。

(3) 跨平台:容器技术实现了 OS 解耦,应用一次打包,可到处运行。容器的跨平台能力非常适合作为 DevOps 的下层封装平台,实现应用的 CI/CD 流水线;容器应用可跨异构环境在不同云平台、公有云和私有云上部署,也非常适合作为混合云的平台。

(4) 细粒度:容器本身的"轻"和"小"的特性非常匹配细粒度服务对资源的诉求,与微服务化技术的发展相辅相成,可作为分布式微服务应用的最佳载体。企业关注下一代内部 IT 架构变革,希望将服务作为 IT 核心,提升业务敏捷性,大幅降低 TCO(总拥有成本)。容器成为企业应用转型很好的承载平台,针对企业的业务痛点,使用上述一种或多种特点,优化业务场景。

5.1.1 互联网 Web 类应用

互联网 Web 类应用是容器技术最广泛使用的场景。Web 类应用通常是三层架构。系统面临大量用户突发业务访问时,对于无状态的 Web 前端,非常适合使用容器部署。快速规模弹性伸缩 Web 服务节点实例数,结合 ELB 的分发调度,适配业务的负载变化。无状态的 App 服务节点,或通过无状态化改造,也可以打包为容器,提供快速弹缩能力。

如图 5-1 所示,用户可以通过 ELB 将不同的流量分配到后面三台 Web 服务器上,当有应用流量需要进行存储时,再通过 ELB 将流量均衡到后面的两台 RDS 服务器上。

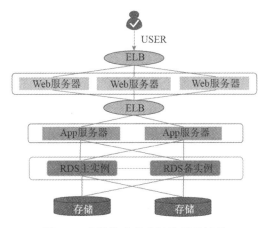

图 5-1 容器技术最广泛使用的场景

5.1.2 CI/CD 开发测试云

Docker 开源后,在开发人员和运维人员之间迅速流行起来,成为第一款获得共同认可的 DevOps 工具(图 5-2),继而成为容器的事实标准。Docker 为实现 DevOps 的四个基础技术提供了完善的解决方案,分别是分布式的开发环境、标准化的运行环境、丰富的应用镜像仓库以及持续的自动化部署。

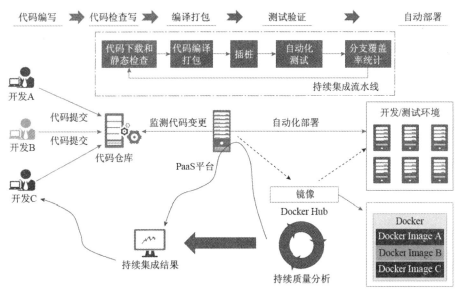

图 5-2 DevOps 工具

(1)分布式的开发环境:Docker 的分层文件系统机制,使不同的开发人员完全独立地进行开发,并最终以文件挂载的方式搭建应用开发程序,使开发人员之间的影响最小,实现开发的敏捷性。

(2)标准化的运行环境:Docker Image 可以在各种支持 Docker 的开发、测试和生产环境中运行,而屏蔽不同环境间软硬件的差异。

(3)丰富的应用镜像仓库:在 Docker Hub 和私有镜像仓库中存储着多种类型的 Docker Image,利用仓库来存储 Docker 镜像,快速搭建应用所需的标准化环境。

(4)持续的自动化部署:各种 Docker 的编排工具,如 Mesos、Kubernates 工具能够支持应用生命周期管理,支持服务发现、负载均衡和灰度升级等,满足运维的应用不停机升级。

5.1.3 微服务管理平台

微服务是一种软件架构模式,此模式下应用被分解为一系列相互独立、边界明确、自主完成单一的任务的服务,服务之间解耦,可独立替换、升级和伸缩,服务间通过语言无关的轻量级接口,如网络通信(RPC、HTTP 等)、消息队列等进行协同。微服务架构将应用解耦分拆为小粒度服务模块,容器的轻量化可为微服务提供更细粒度的资源供给,有效地利用资源。服务启动快和弹缩快,也能更好地应对单服务和系统突发式的业务访问。

5.1.4 容器主机

容器不同于虚拟化的实现方式,占用更少的系统资源,有效地提升了数据中心的资源利用率,同时利用容器快速弹缩等特性,使业务系统可以灵活扩展,架构演进至微服务架构。对于轻量级虚拟机,虚拟机管理程序对硬件设备进行抽象处理,而容器只对操作系统进行抽象处理,容器有自己的文件系统、CPU 和内存,意味着容器能像虚拟机一样独立运行,却占用更少的资源,极大地提高了资源利用率。

5.2 容器关键技术

5.2.1 Docker Daemon

技术人员一般会将 Docker 技术堆栈分成好几层,用来进一步阐明 Docker 技术本身。相对于整个技术堆栈而言,Docker 容器 OS 层的关键技术显得尤为重要。要了解 Docker,首先看 Docker 总架构图,如图 5-3 所示。

用户可以从 Docker Client 建立与 Docker Daemon 的通信连接,发送容器的管理请求,这些请求最终被 Docker Server 接受,而请求处理则交给 Engine 处理。而在与系统调用方面,Docker 则是通过更底层的工具 Libcontainer 与内核交互。

Libcontainer 是真正的容器引擎,是容器管理的解决方案,涉及大量的 Linux 内核方面的特性,如 namespace、cgroups、apparmor 等。Libcontainer 很好地抽象了这些特

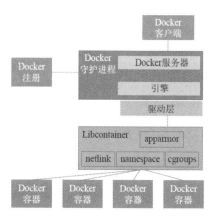

图 5-3　Docker 总架构图

性,提供接口给 Docker Daemon。

用户执行启动容器的命令后,一个 Docker Container 实例就运行起来了,这个实例拥有隔离的运行环境、网络空间以及配置好的受限资源。Docker Daemon 是一个常驻在后台的系统进程,实际上就是驱动整个 Docker 功能的核心引擎。

简单地说,Docker Daemon 实现的功能就是接收客户端发来的请求,并实现请求所要求的功能,同时针对请求返回相应的结果。在功能的实现上,因为涉及容器、镜像、存储等多方面的内容,实现复杂,涉及多个模块的交互。

5.2.2 Docker Container

容器(Container)是整个 Docker 技术堆栈的核心内容,相对传统虚拟化,这项基础技术在性能上给 Docker 带来了极大优势。Docker Daemon 通过 Libcontainer 对容器运行实例实现了生命周期管理,配置信息的设置、查询、监控以及通信等丰富的功能。从概念上来说,容器诠释了 Docker 提倡的集装箱的概念:存放任何货物,通过货轮运输到各个不同的码头。而运输、装载、卸载集装箱的码头都不用关心集装箱中的货物是什么,这种标准的应用封装形式真正意义上打破了原有云计算世界中虚拟机镜像格式的束缚,极大地方便了开发人员的工作。Docker 容器作为一个集装箱,可以安装指定的软件和库,以及任意环境配置。当开发和运维人员在部署和管理应用的时候,可以直接把应用容器运行起来,不用关心容器里是什么。容器技术不是一项新的技术,但是通过 Docker 的神奇封装,与集装箱概念联系起来,开创了云计算领域的新时代,并迅速推广到全世界。

5.2.3 Docker Image

运行中的容器实例,提供了一个完整的、隔离状态的运行环境,与之相对应的 Docker Image 技术,则是整个运行环境的静态体现。相比传统虚拟机繁杂、多样的镜像格式而言,Docker 镜像要轻量化很多,并且简单很多。从技术层面俯视,这就是一个可以定制的 RootFS。Docker 公司在镜像上的另一个创新就是分层复用。其在一些实际场景中非常有用,大部分的镜像需要相同的 OS 发行版环境,而许多文件的内容都是一致的,因此复用这些基础文件将会减少很多制作镜像时候的工作。

Docker Image 采用 UnionFS 特性,通过一个基础版本的分层机制,不断开发新的版本堆叠在上面即可,减少磁盘和内存的开销。开发人员通常会使用 Dockerfile 来创建 Docker Image,这是一个定制镜像内容的配置文件,同时也能在内容上体现层级的建立关系。可以使用 Docker Commit 这样的命令行方式来手动修改镜像内容并提交生成新的镜像。

5.2.4 Docker Registry

有了 Docker Image 之后,就需要考虑镜像仓库了,Docker Registry 就是这样的功能设定。

在 Docker 的世界中,开发人员可以很容易地从这里下载镜像,Registry 通常被部署在互联网服务器或者云端。在 Docker Image 的传输过程中,Registry 就是中转站。例如,在公司里,我们可以把一个软件的运行环境制作成镜像,上传到 Registry 中,然后就可以很方便地在

可以接入网络的地方从 Registry 上把镜像下载下来并运行,当然这些操作都是和 Docker 结合在一起的,使用者甚至不会感知到 Registry 的存在,简单的命令行就可以显示所有的操作了。

Docker 公司提供的官方镜像 Registry 叫作 Docker Hub,提供了大部分的常用软件和 OS 发行版的官方镜像,同时也存有无数的个人用户提供的镜像文件。Registry 本身也是一个开源项目,任何开发人员可以在下载该项目后,自己部署一个 Registry,许多企业都会选择独立部署 Docker Registry 并且做二次开发,或者购买更强大的企业版 Docker Hub。

5.3 容器操作系统

Docker 发布以来,对传统的操作系统厂商产生了巨大的冲击,出现了很多容器操作系统,包括 Core OS、Ubuntu Snappy、Rancher OS、Red Hat 的 Atomic 等。这些操作系统支持容器技术,作为主要卖点,构成了新的轻量级容器操作系统生态圈。传统的 Linux 操作系统,其发行版本出于通用性考虑,会附带大量的软件包,而很多运行中的应用并不需要这些外围包。例如在容器中运行 Java 程序,容器中安装了 JRE,而容器外的环境不会产生任何依赖,除系统支持 Docker 运行时的环境之外,无用的外围包可以省略掉。这样可以减少一些磁盘空间开销。同样地,运行在后台的服务,如果没有封装到 Docker 容器中,也可以认为是不需要的。减少这样的服务,也可以减少内存的开销,因此全面面向容器的操作系统就这样诞生了,Container OS 就是最好的诠释。

与其他 OS 在软件栈中相比,容器操作系统更小巧,占用资源更少,我们接下来了解一些业界常见的 Container OS。

5.3.1 Core OS

Core OS 是第一个容器操作系统,它是为大规模数据中心和云计算而生的,立足于云端生态系统的分布式部署、大规模伸缩扩展的需求,具备在生产环境中运用的能力。传统 OS、虚拟化 OS 与容器 OS 的对比如图 5-4 所示。

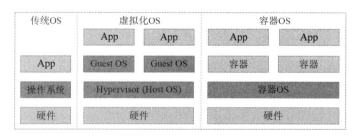

图 5-4 传统 OS、虚拟化 OS 与容器 OS 的对比

相比于其他瘦客户操作系统主要是针对特殊需求进行技术定制,Core OS 通过容器技术支持大众通用的选择。Core OS 官方支持很多部署方案,甚至一些有特殊需求的方案也得到支持。Core OS 是基于 Chrome OS 再定制的轻量级 Linux 发行版,将操作系统和应用程序分离,所有用户服务和应用都在容器内运行。鉴于 Core OS 源自 Chrome OS,因此它的系统升级方法和 Chrome OS 也很类似,比如,有新的组件发布就会自动更新。而且它支持双系统分

区,这样可以通过滚动更新的方式在任何时候直接将系统升级成最新版本。另外,Core OS 还支持密钥签名,能有效保证更新的有效性和整个系统的完整性。Core OS 还同时支持 Docker 和 Rkt,也预装了 Etcd、Fleet、Flannel 和 Cloud-init 等容器集群管理配置工具。

5.3.2 Rancher OS

Rancher OS 只由内核和 Docker 构成。相比于 VMware 的 Photon 大约 300 MB 的体积来说,Rancher OS 是最小的容器操作系统之一,只有 22 MB 左右。为了开发 Docker 化的容器操作系统,它采用了一种与众不同的方式来引导系统:去掉了内嵌在 Linux 发行版中的服务管理系统 Systemd,改用 Docker 来引导系统,这个 Docker 叫作"系统 Docker",负责系统服务的初始化,并将所有的系统服务作为 Docker 容器进行管理,包括 Systemd。另外系统 Docker 会创建一个特殊的容器服务 Docker,称为"用户 Docker",主要负责应用容器的管理。在 Rancher OS 开发的早期阶段,"系统 Docker"创建的 Systemd 容器经常会和"用户 Docker"直接冲突。因为"用户 Docker"创建的应用容器是在 Systemd 外创建的,Systemd 总是会去杀掉它们。Rancher OS 花了很长时间才找到一种解决方案,且目前不确定是否还有其他方法可以解决这个问题。Rancher OS 具有如下特点:

(1) 与 Docker 的开发速度相匹配,提供最新版本的 Docker。

(2) 不再需要复杂的初始化系统,使用一个简单的配置文件,管理人员就能很容易地把系统服务配置成 Docker 容器。

(3) 容易扩展,用户很容易通过配置使 Rancher OS 启动一个自定义的控制台容器,提供 Ubuntu、Cent OS 或者 Fedora 发行版的体验。

(4) 资源占用少、启动速度快、容易移植、安全性更好,升级、回滚简单。可以使用像 Rancher 这样的集群管理平台,容易维护。

5.3.3 Snappy Ubuntu Core

Ubuntu 是 Docker 容器技术最流行的 Linux 发行版,Canonical 引以为傲。从 Docker 的周边生态来看,在 Ubuntu 上运行 Docker 容器的数量远远超过其他操作系统。Canonical 为移动设备创建短小精悍的操作系统付出了很多努力,也从中吸取了很多经验教训,Snappy Ubuntu Core 应运而生,其体积只有 200 MB 左右。为了支持用户系统可靠和应用更新的需求,Snappy Ubuntu Core 对系统和应用采取"基于业务和镜像 delta"的更新,只传输镜像 delta 以保证小数据量下载,并且可以回滚。

Snappy Ubuntu Core 从安全性考虑,引入 App Armpr 来隔离应用的运行环境,并且它将与 Canonical 自己基于 LXC 开发的轻量化 Hypervisor(LXD)整合,使得 VM 化的容器成为可能。此外,Snappy Ubuntu Core 还支持 Canonical 自己的编排部署工具 Juju Charms,提供对容器整个生命周期的管理。可以说,Snappy Ubuntu Core 是目前业界唯一支持 ARM 的容器操作系统。

5.3.4 VMware Photon

随着 Docker 越来越流行,Docker 使用容器这种轻量级虚拟化技术部署应用,对 VMware

将会造成潜在威胁。这是因为容器可以不需要虚拟机而直接运行在裸机上。虽然 VMware 在 2014 年 8 月宣布了与 Docker 的合作伙伴关系,且宣称会帮助 Docker 构建一个真正可扩展的系统,后续也在其产品中对与 Docker 相关的网络和存储等做了优化和增强,但是在操作系统之上的容器中运行,是 VMware 无论如何也无法面对的痛点,因为 VMware 没有操作系统,或者就 VMware 目前的技术软件栈来说,需要在 Hypervisor 之上的系统中提供管理,也就是在操作系统中实施管理。当然,VMware 也不可能不允许 CoreOS、Red Hat 或者其他操作系统在 Hypervisor 上运行,而独自在 Hypervisor 中提供对容器的支持。这就需要一个特别的操作系统来帮助把容器加到 VMware 产品中,并且需要扩展 Hypervisor 到操作系统中。于是,2015 年 4 月,VMware 推出了容器操作系统 Photon,它紧密地与 vSphere 生态集成,并做了相应的优化,定位于 VMware 产品线。它具备以下特性:

(1) 支持多种主流容器——Docker、Rkt 和 Garden。

(2) 通过虚拟机技术或集成 Lightwave 的授权与鉴权机制来提高容器运行的安全隔离性。

(3) 支持全新的、开源的兼容 Yum 的包管理器。

5.3.5　Red Hat Atomic Host

RHEL7 Atomic Host 在 2015 年 3 月发布,相比 RHEL7 完全发行版的 6 500 个外围包,它只有不到 200 个,总大小约为 400 MB。它比传统操作系统更轻量,但体积并没有其他同类产品小。其主要考量的是,尽管 Rancher OS 能做最小化的构建,但是可能会带来更多的复杂度,因为除了应用容器之外,还需要运行额外的系统容器,所以核心系统服务需要在主机上。Red Hat 针对系统行为的数据收集、系统日志和身份验证等也开发了容器化版本,但是坚持认为这些组件必须放在主机上。Atomic Host 是从经过 Red Hat 工程团队严格验证的企业级操作系统派生而来的精简系统。

Red Hat 对 Atomic Host 也在做 ISV(Independent Software Vendors)的工作,认证容器是基于知名的、测试过的、安全的基础镜像构建的。Atomic Host 采用 Selinux 提供强大的多租户环境下的安全防护。此外,Atomic Host 支持 Docker,也预装了 Kubernetes 等集群管理配置工具。

5.3.6　Microsoft Nano Server

Nano Server 是微软的容器操作系统,大小约 400 MB,还处于早期阶段。它定位在两种场景中,一种是聚焦 Hypervisor 集群和存储集群等云基础设施,另一种是着重于原生云应用的支持。对于第二种场景,Nano Server 适配新类型的应用,这些应用在全新的基于 Azure 的开发环境中开发,并部署在 Azure 上,而不是在传统的基于客户端的 Visual Studio 中。这些新的应用为 Windows 开发者通往容器领域提供了入门通道。

开发者为 Nano Server 开发的程序,可完全与已有的 Windows 服务器安装版本兼容,因为 Nano Server 实际上是 Windows 服务器版的子集。

给 Nano Server 写的应用可以运行在物理机、虚拟机或者容器中。有两类容器可在 Windows 服务器和 Nano Server 上工作,一类是为 Linux 开发的 Docker 容器,另一类是微软为自己的 Hypervisor 平台 Hyper-V 开发的容器。这些容器提供了额外的隔离,能真正用于像多租户服务或者多租户 PaaS 等场景。

Nano Server 支持多种编程语言,如 C♯、Java、Node.js 和 Python,也支持 Windows 服务器容器和 Hyper-V 容器,预装了 Chef 等集群管理配置工具。

微软从 Nano Server 入手,拥抱容器,给开发者提出了挑战。开发者可能需要一个比较长的转变期来接受并习惯微服务理念。

5.4 Docker 容器资源管理调度和应用编排

业界当前主要有三种容器集群资源管理调度和应用编排的不同选择。

(1) Mesos 生态:核心组件包括 Mesos 容器集群资源管理调度以及不同的应用管理框架。典型的应用管理框架包括 Marathon 和 Chronos,其中 Marathon 用来管理长期运行服务,如 Web 服务;Chronos 用来管理批量任务。Mesos 生态主要由 Mesosphere、Twitter 等公司力推。

(2) Kubernetes 生态:Google 公司发起的社区项目,涵盖容器集群资源管理调度,以及不同类型的应用管理组件,如副本可靠性管理、服务发现和负载均衡、灰度升级、配置管理等组件。

(3) Docker 生态:Docker 公司希望向容器生态系统上层发展,推出了 Swarm 容器资源管理调度组件,以及 Compose 应用编排组件。

5.4.1 Mesos 生态

现代企业的数据中心运行不同类型的分布式服务,如 Web 服务、NoSQL 数据库、大数据分析任务等,这些应用往往运行在彼此隔离的物理集群上,造成资源彼此无法共享,资源利用率下降。

Mesos 通过对数据中心资源的统一管理和分配,把整个数据中心抽象为一台大的计算机,使开发者不用关心资源的管理,只聚焦应用的开发,从而提高了应用的开发效率。同时,其打破了数据中心不同应用彼此独立的资源烟囱,实现了多应用框架共享 Mesos 统一管理的资源池,提升了资源利用率。

Mesos 生态的核心由 Mesos 资源管理分配框架,以及运行其上的不同的应用框架组成。

如图 5-5 所示,Mesos 资源管理和分配框架采用主—从(Master Slave)模式,其中 Master 节点(控制节点)负责集群资源信息的收集和分配,Slave 节点(工作节点)负责上报资源状态,并执行具体的计算任务。

Mesos 的两阶段资源调度实现了集群调度规模的可扩展性,以及应用框架资源调度策略和算法的灵活性。

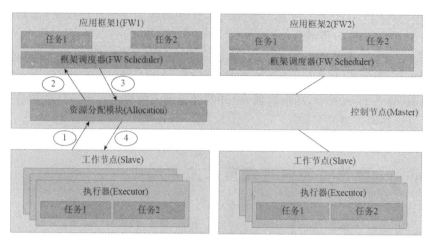

图 5-5　Mesos 资源管理和分配框架

5.4.2　Kubernetes 生态

Kubernetes 是 Google 公司在 2014 年 6 月宣布开源的容器资源管理和应用编排引擎。Google 公司内部大量使用了容器承载数据中心不同类型的应用负载,如搜索业务、Gmail、大数据等,积累了丰富的容器使用经验。Kubernetes 是由基于 Google 内部的容器集群管理系统 Borg 演变而来的,可以阅读 Google 发表的 Borg、Omega 以及相关论文,了解其功能定位和演进历史。

1. Kubernetes 架构

Kubernetes 是 Google 开源的容器集群管理系统,提供应用部署、维护、扩展机制等功能,利用 Kubernetes 能方便地管理跨机器运行容器化的应用。Kubernetes 的主要功能如图 5-6所示。

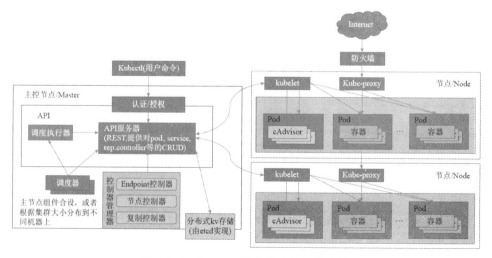

图 5-6　Kubernetes 架构核心组件的功能

（1）使用 Docker 对应用程序打包（Package）、实例化（Instantiate）、运行（Run）。

（2）以集群的方式运行、管理跨机器的容器。

（3）解决 Docker 跨机器容器之间的通信问题。

（4）Kubernetes 的自我修复机制使得容器集群总是运行在用户期望的状态。

架构设计上 Kubernetes 采用典型的主—从结构，希望构建为一个可插拔组件和层的集合，具有可替换的调度器、控制器、存储系统。

2. Kubernetes 对象模型

（1）集群（Cluster）：物理机或者 VM 的集合，是应用运行的载体。

（2）节点（Node）：可以用来创建容器集的一个特定的物理机或者 VM。

（3）容器集（Pod）：Kubernetes 中的最小资源分配单位，一个 Pod 是一组共生容器的集合。共生指一个 Pod 中的容器只能在同一个节点上。

（4）服务（Service）：一组 Pod 集合的抽象，比如一组 Web 服务器；服务具有一个固定的 IP 或者 DNS，从而使得服务的访问者不用关心服务后面具体 Pod 的 IP 地址。

（5）复制控制器（Replication Controller，RC）：Kubernetes 通过 RC 确保一个 Pod 在任何时候都维持在期望的副本数。当 Pod 期望的副本数和实际运行的副本数不符时，RC 调用 Kubernetes 接口创建或者删除 Pod。

（6）标签（Lable）、标签选择器（Label Selector）：与一个资源关联的键值对，方便用户管理和选择资源。资源可以是集群、节点、Pod、RC 等。

3. Kubernetes 容器调度

Kubernetes 调度器（图 5-7）是 Kubernetes 众多组件的一部分，独立于 API 服务器之外。调度器本身是可插拔的，任何理解调度器和 API 服务器之间调用关系的工程师都可以编写定制的调度器。

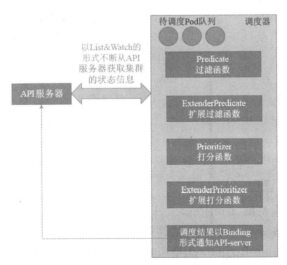

图 5-7　Kubernetes 调度器

Kubernetes 调度器和 API 服务器是异步工作的，它们之间通过 HTTP 通信。调度器通过和 API 服务器建立 List&Watch 连接来获取调度过程中需要使用的集群状态信息，如节点的状态、Service 的状态（用于 Service 内 Pod 的反亲和）、Controller 的状态、所有未调度和已经被调度的 Pod 的状态等。

目前，Kubernetes 的调度器支持多种维度的过滤和打分函数，考虑的因素包括但不限于：

（1）各个节点的 Label(Pod 可以通过 Label Selector 指定自己希望部署在具有哪些 Label 的节点上）。

（2）基于 Service 的反亲和,Pod 对指定节点的反亲和。

（3）持久化硬盘的挂载情况检查。

（4）节点的端口使用情况,指定节点名字的部署等。调度过程中还会考虑资源使用情况,注意这里的资源使用情况不是实时的资源使用情况,而是 Pod 中的各个 Container 的 Request 字段所指定的资源数量之和,调度器考虑候选节点能否满足该 Pod 的 Request 资源请求。

Kubernetes 支持用户自定义调度算法,即可以通过模板配置使用哪些过滤和打分函数。用户也可以根据自己的需求编写相应的过滤和打分函数作为调度函数库的一部分,并放到自定义调度算法中。除了自定义/编写调度算法,Kubernetes 还支持 Extender 机制来进一步扩展调度逻辑,用户可以在系统中另外启动一个 Scheduler Extender,其中可以包含其他自定义的过滤和打分函数,每当默认调度器的过滤和打分函数执行之后,调度器可以分别调用(HTTP 调用)Extender 中的过滤和打分函数形成最终的调度结果。

Kubernetes 调度器在调度过程中还会搜集调度的延时数据,为工程师提供数据支持,统计的延时数据包括以下几点:

（1）端到端调度延时:从待调度队列中取出到 Binding 生效的间隔。

（2）调度算法延时:从开始执行第一个过滤函数到计算得到最终部署节点的间隔。

（3）Binding 生效延时:从调度器向 API 服务器发送 Binding 请求到收到回复成功（即 Binding 生效)的间隔。

除了上面提到的在调度算法库中添加新的函数和使用 Extender 外,Kubernetes 还支持同时使用多个调度器来对不同类型的 Pod 进行调度。用户只需要在 Pod 的 Annotation 中填写 "scheduler. alpha. kubernetes. io/name:my-scheduler"便可以指定该 Pod 仅可以被名为"my-scheduler"的调度器调度,默认调度器或其他名字的调度器不会为 Pod 进行调度。

为了提高调度器的吞吐量,社区贡献者让调度器缓存一些集群信息来提高调度决策的速度,缓存的信息包括节点的资源信息、已部署 Pod 的信息等,另外充分利用 Go 语言的特性对过滤和打分过程进行并行处理。目前调度器可以达到至少支持数百个 Pod 每秒的调度吞吐量,具体数值和集群的规模和 Pod 数目有关。

未来,Kubernetes 还会添加 Re-scheduler 来进一步强化 Kubernetes 集群资源配置运行时的优化,与 Kubernetes 的调度器、QoS 分类等一起实现更加高效的容器集群资源管理。

4. Kubernetes 应用管理

除了容器资源管理和调度,Kubernetes 另外一个核心价值是提供了针对不同类型应用管理的 API 接口集合,这些 API 接口集合把针对不同类型应用的管理能力分配到 Kubernetes 平台中。以 Web 业务(Long-Running 类型应用)为例,提供了应用组件可靠性管理能力以及多副本管理能力、多副本之间的负载均衡能力、不同应用组件之间的服务发现能力、配置管理能力、灰度升级能力等,从而使得应用开发者直接使用上述能力开发应用时十分简单快捷,进而聚焦业务核心逻辑的开发。Kubernetes 提供了针对如下不同类型应用的管理能力。

（1）Long-Running 应用:一旦应用启动,会长时间运行,如 Web 业务。Long-Running 应用可以提供应用组件可靠性保障、副本数保障、灰度升级、多组件间负载均衡等能力。

（2）Daemon Set 类型应用:当用户部署一个 Daemon Set 类型的应用时,Kubernetes 在集群的每个节点上都部署一个 Pod。典型的例子如日志、监控的代理程序的部署。

（3）PetSet 类型应用：用来支持状态应用，比如一个 MySQL 集群。具体管理能力如允许 PetSet 类型应用的不同组件独立挂载容器存储卷，提供不同组件间的通信机制等。

上述不同类型的应用，对应一个不同类型的控制器管理器（Controller Manager）。用户可以根据自己的需求，开发特定类型的自定义控制器管理器。

5.4.3 Docker 生态

1. Swarm 介绍

Swarm 项目是 Docker 公司发布三剑客中的一员，用来提供容器集群服务，目的是更好地帮助用户管理多个 Docker Engine，方便用户使用，像使用 Docker Engine 一样使用容器集群服务。

Swarm 这个项目名称特别贴切。在维基百科的解释中，Swarmbehavior 是指动物的群集行为。比如我们常见的蜂群、鱼群、雁群，都可以称作 Swarmbehavior。Swarm 项目正是这样，通过把多个 Docker Engine 聚集在一起，形成一个大的 Docker Engine，对外提供容器的集群服务。同时这个集群对外提供 Swarm API，用户可以像使用 Docker Engine 一样使用 Docker 集群。

（1）Swarm 的特点。

① 对外以 Docker API 接口呈现，这样带来的好处是，如果现有系统使用 Docker Engine，则可以平滑地将 Docker Engine 切到 Swarm 上，无须改动现有系统。

② Swarm 对用户来说，之前使用 Docker 的经验可以继承过来，非常容易上手，学习成本和二次开发成本都比较低。同时 Swarm 本身专注于 Docker 集群管理，非常轻量，占用资源也非常少。

③ 插件化机制，Swarm 中的各个模块都抽象出了 API，可以根据自己的一些特点进行定制实现。

④ Swarm 自身对 Docker 命令参数支持的比较完善，Swarm 目前与 Docker 是同步发布的，Docker 的新功能都会第一时间在 Swarm 中体现。

（2）Swarm 架构。

Swarm 容器集群由两部分组成，分别是 Manage 和 Agent，Swarm 框架（图 5-8）的上半部分为 Swarm Manage，在每一个节点会运行一个 Swarm Agent。各个模块的具体作用如下。

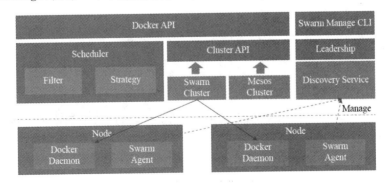

图 5-8　Swarm 框架

① API：Swarm 对外提供两种 API。一种是 Docker API，用于负责容器镜像的生命周期管理；另一种是 Swarm Manage CLI，用于集群管理。

② Scheduler 模块：主要实现调度功能，在通过 Swarm 创建容器时，会经过 Scheduler 模块选出一个最优节点，里面包含两个子模块，分别是 Filter 和 Strategy，Filter 用来过滤节点，找出满足条件的节点，Strategy 用来在过滤出的节点中根据策略选择一个最优的节点，当然用户可以定制 Filter/Strategy。

③ Cluster API：Swarm 对集群进行了抽象，抽象出了 Cluster API，Swarm 支持两种集群，一种是 Swarm 自身的集群，另一种是基于 Mesos 的集群。

④ Leadership 模块：用于 Swarm Manage 自身的 HA，通过主备方式实现。

⑤ Discovery Service 服务发现模块：用来提供节点发现功能。

⑥ Swarm Agent：在每一个节点上都会有一个 Agent 用于连接 Discovery Service，上报 Docker Daemon 的 IP 端口信息，Swarm Manage 会直接从服务发现模块中读取节点信息。

（3）Swarm 集群管理。

Swarm Manage CLI 用于集群管理，通过如下三步就可将集群创建起来。创建完集群后，就可以使用 Docker 命令进行容器的创建。

① 通过 swarm create 命令创建一个集群 ID。

② 通过 swarm join 命令将节点加入集群。

③ 通过 swarm manage 命令启动 swarm manage。

（4）Swarm 容器调度。

用户容器创建时，会经过调度模块选择一个最优节点。选择最优节点的过程分为两个阶段，即过滤和策略。

调度的第一个阶段是过滤，根据条件过滤出符合要求的节点，过滤器有以下几种：

① Constraint(约束过滤器)，可以根据当前操作系统类型、内核版本、存储类型等条件进行过滤，当然也可以自定义约束，在启动 Daemon 的时候，通过 Label 来指定当前主机所具有的特点。

② Affinity(亲和性过滤器)，支持容器亲和性和镜像亲和性，比如一个 Web 应用，将 DB 容器和 Web 容器放在一起就可以通过这个过滤器来实现。

③ Dependency(依赖过滤器)。如果在创建容器的时候使用了某个容器，则创建的容器会和依赖的容器在同一个节点上。

④ Healthfilter(健康过滤器)，根据节点状态进行过滤，去除故障节点。

⑤ Portsfilter(端口过滤器)，根据端口的使用情况过滤。

策略调度的第二个阶段是根据策略选择一个最优节点，其有以下三种策略：

① Binpack，在同等条件下，选择资源使用最多的节点，通过这个策略可以将容器聚集起来。

② Spread，在同等条件下，选择资源使用最少的节点，通过这个策略可以将容器均匀分布在每一个节点上。

③ Random，随机选择一个节点。

（5）Swarm 服务发现。

在 Swarm 中，服务发现主要用于节点发现，每一个节点上的 Agent 会将 Docker Engine 的 IP 端口注册到服务发现系统中。Manager 会从服务发现模块中读取节点信息。Swarm 中服务发现支持以下三种类型的后端：

① Hosted Discovery Service，是 Docker Hub 提供的服务发现服务，需要连接外网访问。

② KV 分布式存储系统，现在已支持 etcd、ZooKeeper、Consul 三种。

③ 静态 IP，可以使用本地文件或者直接指定节点 IP，这种方式不需要额外使用其他组件，一般在调试中会用到。

（6）SwarmHA 机制。

SwarmHA 主要由 Leadership 模块实现，为了防止 Swarm Manager 单点故障，引入了 HA 机制，Swarm Manager 自身是无状态的，所以很容易实现 HA。实现过程中采用主备方式，当出现主节点故障以后，会重新选主提供服务，选主过程中采用分布式锁实现，现在支持 etcd、ZooKeeper、Consul 三种类型的分布式存储，用来提供分布式锁。当备节点收到消息后，会将消息转发给主节点。

2. Compose 介绍

Docker Compose 的前身是 Fig 项目，Fig 是 Orchard 的一个产品，并很快成为 Docker 容器编排工具，采用 Python 编写，通过 Apache2.0 协议开源。Compose 2014 年被 Docker 公司收购并成为官方支持的解决方案。

Docker Compose 是 Docker 编排服务的三驾马车之一，Machine 负责安装部署 Docker，Swarm 负责容器集群的管理，Compose 负责容器应用的编排组织。Compose 是支持定义由多个容器组成的应用并运行启动的工具。应用所涉及的容器规格以及容器之间网络、存储的配置由 Compose 规范进行描述，以 YAML 文件编写。通过简单的命令行，用户可以创建并启动由该 YAML 描述的应用。

Compose 的代码实现中包括三种对象：container、service 和 project。其中，container 指的就是容器；service 是一组相同业务的 container；project 是对外提供服务的，由多个 service 通过 link 等关键字关联而成的功能单元。Compose 的使用方式非常简单。首先，在 dockercompose.yml 中，定义构成该应用的容器运行时是哪些，这些容器之间的依赖关系是什么。接着，通过执行 Docker-compose up 启动运行。之后通过 compose 命令行或者 API 对该应用的生命周期进行管理，包括应用的起、停、删、查等操作。

Compose 代码的核心是一个 YAML 模板的解析器，基本流程如图 5-9 所示。运行 docker-compose 命令，Compose 解析输入的 YAML 文件，并生成一系列的 Docker 指令。通过调用下层 Docker 或者 Swarm API，完成服务的创建以及关联，进而完成 App 的部署。Compose 提供一系列命令用来控制应用的整个生命周期管理，包括启、停、重启 service，查看 service 的运行状态等。

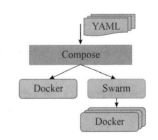

图 5-9 Compose 代码运行流程

通过 YAML 文件定义一个包含 4 个容器的应用：

第一个容器是一个 redis 容器，使用 redis:v1 镜像，并通过 volumes 参数将主机上的/var/lib/docker/volumes/magento-redis 目录挂载到容器内部的/data 目录下。

第二个容器是一个 mysql 容器，使用 magento_mysql:5v19 镜像，并通过 environment 参数给该容器注入了 BASE_URL:http://192.168.103.218:8000/这个环境变量，该变量最后会被上层 Web 应用读取，并用于拼接 url。

第三个容器是一个 php 容器,负责处理动态请求,该容器使用 redis 容器和 mysql 容器作为后端存储,因此该容器的启动顺序应该位于 redis 和 mysql 容器之后,这种启动顺序的关系通过 depends_on 参数来描述,同时因为该容器需要防伪 redis 和 mysql 容器提供的服务,所以需要打通它们之间的网络,这种网络关联关系通过 links 参数来描述。

第四个容器是一个 nginx 容器,负责处理静态请求,同时可以将动态请求转发到后端的 php 容器中,因此也使用了 depends_on 和 links 这两个参数来声明其与 php 容器之间的依赖关系,除此之外,由于该容器还需要对外提供服务,因此通过 ports 参数将主机的 8 000 端口映射到容器的 80 端口,从而使得外部请求可以通过访问主机的 8 000 端口来实现对本应用的访问。

5.5　Docker 容器与软件定义计算的集成

容器出现后,OpenStack 社区积极提供和容器集成不同的服务能力,让用户基于 Open-Stack 更加方便、自动化地使用容器服务,同时提供容器和虚拟机统一管理的存储和网络方案。本节介绍 OpenStack 开源社区中与容器相关的几个重点项目。

5.5.1　Magnum 介绍

Magnum(图 5-10)是 OpenStack 社区推出的用于部署和管理容器集群的项目。用户可以很方便地通过 Magnum 来部署和管理 Kubernetes、Swarm 和 Mesos。Magnum 由 Magnum API 和 Magnum Conductor 两个部件构成。Magnum API 负责处理用户的请求;一些繁重的任务,比如与 Heat 进行交互创建集群则由 Magnum Conductor 来执行。Magnum API 和 Magnum Conductor 之间通过消息队列进行通信。数据库中保存着 BayModel 和 Bay 的状态信息。Magnum 创建集群的过程是通过 Heat 模板来完成的,不同的集群对应着不同的模板。

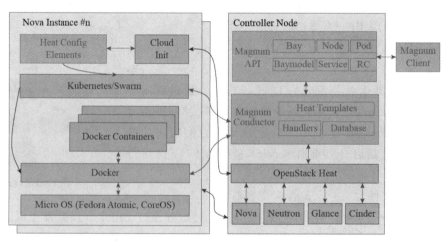

图 5-10　Magnum

Magnum 包括两个对象,即 BayModel 和 Bay。

(1) BayModel:BayModel 主要定义了容器集群的一些规格,例如这个集群有多少个控制节点、多少个计算节点,以及控制节点和计算节点使用的镜像和资源规格等。

（2）Bay:Bay 代表一个容器集群。目前可以通过 Magnum 创建 Kubernetes、Swarm、Mesos 三种类型的 Bay。每一个 Bay 关联着一个 BayModel。

Magnum 希望将 OpenStack 提供的 I 层能力与容器进行深度结合,为容器提供网络、存储等能力。Magnum 功能还在持续开发中,当前支持的主要功能如下:

（1）支持容器集群的自动伸缩。

（2）支持本地 Docker 镜像仓库。

（3）支持在容器集群中使用 Cinder 的卷和 neutron 的 LBaaS。

（4）Magnum 目前能部署 Kubernetes、Swarm、Mesos 三种类型的容器集群。

5.5.2　Murano 介绍

Murano 是 OpenStack 的 Application Catalog 服务,推崇 AaaS(Anything-as-a-Service)的概念,通过统一的框架和 API 实现应用程序快速部署和应用程序生命周期管理的功能,降低应用程序对底层平台(OpenStack 层和虚拟化层)的依赖。

Murano 包括以下几个部分:

（1）murano 核心服务:包含了 Murano API server、Murano Engine 和 Murano PL。

（2）murano-agent:运行在客户虚拟机上并执行部署计划。

（3）murano-dashboard:MuranoUI 提供了 OpenStack 的仪表板插件。

（4）murano-clientCLI:Murano 的客户端库和命令行。

Murano 使用 OpenStack 的服务,使用 RESTAPI 和 OpenStack 服务交互。

Murano 通过 AMQP 队列,远程操作部署在用户服务器上的 Murano Agent,确保基础设施和服务器被隔离。

Murano 的主要特性如下:

（1）应用程序目录以图标的方式显示应用程序,并支持拖放选择和部署;应用可以分类,可以定制配置界面;自动生成应用的网络拓扑图。

（2）应用程序目录管理上传应用提供了 UI 和命令行方式,支持本地 zip 文件、URL 和包名称多种方式;分类组织应用,可以更新应用的名称、描述和标签。

（3）应用程序生命周期管理简化配置和应用集成,可以定义应用之间的依赖关系,新的应用可以使用已经存在的服务;支持 HA 和自动缩放;相同环境的应用之间可以交互,不同租户之间的应用可以隔离。

5.5.3　Kuryr 介绍

Kuryr 实现了 Docker 网络组件 Libnetwork 的一个远程网络插件,Kuryr 通过把 Libnetwork 的调用映射到 OpenStack Neutron 网络上,实现了 Libnetwork CNM(容器网络模型)和 Neutron 网络模型之间的转换,从而让容器可以使用 OpenStack Neutron 网络。

Kuryr 一词来自捷克语,意思是"信使",旨在成为连接 Docker 和 Neutron 两个社区的信使和桥梁,从而弥补当前容器网络方案不成熟,快速利用 Neutron 能力提供容器网络方案。

当前容器生态中,如图 5-11 所示,Docker 和 Kubernetes 分别抽象了不同的网络模型,即 CNM(Container Network Model)网络模型和 CNI(Container Network Interface)网络模型。

图 5-11 Kuryr 介绍

Kuryr 分别提供了接入两种网络模型的能力。Kuryr 当前实现了 Libnetwork 网络插件和 IPAM(IP 地址管理)插件的接入,从而可以实现用 Kuryr 支持 Docker 或者 Docker Swarm 的网络能力。

Kuryr 正在开发接入 Kubernetes 网络的能力。Kuryr Raven 通过向 Kubernetes 中 API 服务订阅事件变化,获取网络相关的状态变化,并把这些状态变化转化成对 Neutron API 的调用,从而构建基于 Neutron 的虚拟网络。当获取 Neutron 响应后,Raven 负责把返回的信息添加到 Kubernetes 对象上,如把 IP、端口信息添加到 Kubernetes Pod 对象上。

Kuryr 同时实现了 Kubernetes CNI 驱动,从而实现为每个 Kubernetes 工作节点上面的 Pod 设置网络信息。

Kuryr 通过 Neutron Client 实现对 Neutron API 的调用。

Kuryr 通过 Keystone Client 调用 Keystone 实现请求认证。

5.5.4 Fuxi 介绍

Fuxi 项目旨在将 OpenStack Cinder 卷存储、Manila 文件存储、Swift/S3 提供给 Docker 容器使用,作为容器的持久化存储,使 Docker 可以重用 Cinder 和 Manila 提供的高级功能(如快照、备份)和丰富的第三方厂商设备接入,如图 5-12 所示。

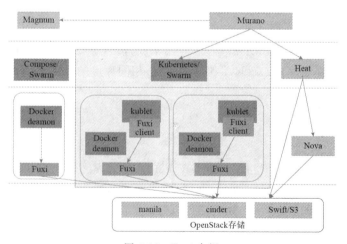

图 5-12 Fuxi 介绍

Fuxi 实现标准 Docker remote volume plugin API,便于 Docker deamon/Swarm 接入,同时提供 Fuxi Client 插件接入 Kubernetes

Fuxi 包括以下几个部分,如图 5-13 所示。

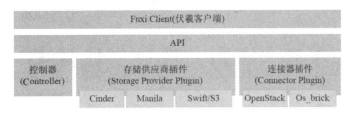

图 5-13 Fuxi 结构

(1) Controller:接受来自 API 的请求,执行存储的创卷、删除、mount 和 unmount 等能力,并调用用户设定的 Storage Provider Plugin 和 Connector Plugin 执行具体的动作。

(2) Storage Provider Plugin:提供标准 API 供用户接入插件,当前提供 Cinder、Manila、Swift/S3 插件,与 OpenStack 对象组件交互,为容器提供卷、文件、对象存储。

(3) Connector Plugin:提供存储挂载到 Docker Deamon 节点插件,提供 Cloud 挂载方式和裸机挂载方式。

第6章 华为云计算架构体系

6.1 软件定义存储概述

2011年8月21日,Netscape创始人马克·安德森(Marc Andreessen,硅谷著名投资人,投资了Facebook、Groupon、Skype、Twitter、Zynga和LinkedIn等高科技新秀),在华尔街日报上发表了《软件正在吞噬整个世界》,认为当今的软件应用无所不在,并且正在吞噬整个世界:"越来越多的大型企业及行业将离不开软件,网络服务将无所不在,从电影、农业到国防。许多赢家将是硅谷式的创新科技公司,他们侵入并推翻了已经建立起来的行业结构。未来十年,我预计将有更多的行业被软件瓦解。"安德森以亚马逊颠覆图书零售巨头Borders(已于2011年2月破产)、Netflix颠覆视频行业、苹果颠覆音乐行业、Skype颠覆电信行业、LinkedIn颠覆招聘、PayPal颠覆支付等为例,并指出基于互联网的服务将让新创建全球性软件初创公司变得容易。

2013年10月,Gartner发布的2014年十大战略技术中,重要组成部分就有:软件定义一切。Gartner认为,软件定义一切囊括了在基础设施可编程性标准提升下,不断增长的市场势头、由云计算内在自动化驱动的数据中心互通性、DevOps和快速的基础设施提供等。软件定义一切还包括各种举措,如OpenStack、OpenFlow、OpenComputeProject和OpenRack,共享相同的愿景。开放性将成为供应商的目标,SDN(Software Defined Network,软件定义网络)、SDDC(Software Defined Date Center,软件定义数据中心)、SDS(Software Defined Storage,软件定义存储)和SDI(Software Defined Infrastructure,软件定义基础架构)技术的供应商都力图成为所在领域的领导。

软件定义,究其本质,就是将原来高度耦合的一体化硬件,通过标准化、抽象化(虚拟化),解耦成不同的部件。围绕这些部件,建立起虚拟化软件层,以API的方式,实现原来硬件才提供的功能。再由管理控制软件,自动地进行硬件资源的部署、优化和管理,提供高度的灵活性,为应用提供服务。简而言之,就是更多地由软件来驱动并控制硬件资源。

需要注意的是,软件定义其实是一个过程,不是一蹴而就的目标,它分成不同阶段。软件定义逐渐将硬件与软件进行解耦,将硬件的可操控成分按需求通过API或者以服务的方式逐步暴露给应用,分阶段地满足应用对资源的不同程度、不同广度的灵活调用。

6.1.1　什么是软件定义存储

当我们讨论软件定义存储的时候,要先回顾一下软件定义这个词汇出现的历史。

在 IT 基础架构领域,最早出现的软件定义,是 SDN。SDN 起源于 2006 年斯坦福大学的 CleanSlate 研究课题。2009 年,Mckeown 教授正式提出了 SDN 概念。通过将网络设备的控制平面与数据平面分离开来,并实现可编程化控制,实现了网络流量的灵活控制,为核心网络及应用的创新提供了良好的平台。

随后,2012 年 8 月,VMware 在其 VMworld 2012 大会上首次提出软件定义数据中心,VMware 认为,软件定义数据中心,是 IT 演变的下一个阶段,是迄今为止最有效、恢复能力最强和最经济高效的云计算基础架构方法。SDDC 方法论将对存储、网络连接、安全和可用性应用抽象、池化和自动化,整个数据中心由软件自动控制。基础架构提供的服务将聚合起来,并与基于策略的智能调配、自动化和监控功能结合在一起使用。API 和其他连接器支持无缝延展到私有云、混合云和公有云平台。

总结一下,SDDC 概念的核心包括:

(1) 软件定义数据中心由软件自动控制。

(2) 软件定义包括三个阶段:抽象、池化和自动化。

(3) 软件定义数据中心包括五大组成部分:计算、存储、网络、管理和安全。

作为 VMware 软件定义数据中心五大组成部分之一,软件定义存储的概念也在全球范围内首次被提出。

VMware 认为:软件定义存储产品是一个将硬件抽象化的解决方案,可以轻松地将所有资源池化并通过一个友好的用户界面(UI)或 API 来提供给消费者。一个软件定义存储的解决方案使得可以在不增加任何工作量的情况下进行纵向扩展(Scale Up)或横向扩展(Scale Out)。

6.1.2　池化

对于存储而言,池化的概念并不陌生。可以说,存储池化概念的提出始于存储虚拟化技术,在存储从服务器直联存储到以 SAN 或者 NAS 为代表的网络存储的发展过程中,就提出了池化的概念。

借助池化,网络存储可以有效提升存储的利用率。因此,直联存储向网络存储的发展过程,从技术上看,就是一个磁盘池化的过程。JBOD 也好,RAID 也好,以及 SAN 和 NAS 都是借助池化来提升磁盘的利用率。如今,存储虚拟化技术不可避免地又提出了池化。为什么除网络存储池化之外,还需要一个存储虚拟化的池化呢? 换句话说,是不是 SAN 或者 NAS 的网络存储不够彻底?

对于多套网络存储系统并存,从企业发展的角度看,SAN 的出现就是企业需求的表现。如果纯粹从理论的角度来说,用一个 SAN 构建的网络存储系统支撑企业所有应用系统的存储需求,这是有可能的。但从实际情况看,这是非常困难的。目前很多企业都存在着多套 SAN 系统并存,不同的 SAN 系统利用率不同,但是又没有办法让多个 SAN 系统之间形成资源联动。作为用户,需要能够灵活调配存储资源的解决方案。

用一套 SAN 系统来整合企业存储,从技术上也有很大难度。一方面,SAN 存储目前还没有一个完全通用的标准,各家主流厂商所生产的 SAN 系统,虽有标准但所遵循的程度不一,没有做到完全的标准化。另一方面,各家管理平台不一样,因此用 SAN 来满足存储资源池化,实现存储资源的灵活调配几乎不可行,这也是存储虚拟化技术产生和发展的原因。

6.1.3 横向扩展和纵向扩展

横向扩展:指企业可以根据需求增加不同的服务器和存储应用,依靠多部服务器、存储协同运算,借助负载平衡及容错等功能来提高运算能力及可靠度。

纵向扩展:指企业后端大型服务器以增加处理器等运算资源进行升级来获得对应用性能的要求,但是更大更强的服务器同时也是更昂贵的,往往成本会大于部署大量相对便宜的服务器来实现性能的提升,这当中的代表当属 IBMzSeries 大型机。而且服务器性能所能提高的程度也有一定的上限。

在云计算高速推广的市场环境下,非结构化数据的疯狂增长,将传统 NAS 系统的局限性暴露出来,具有横向扩展能力的 NAS 在容量和性能的扩展性上对企业更具吸引力,可以应对大量非结构化数据存储的需要。据悉,由于横向扩展的使用会影响今后纵向扩展的采购,64% 的企业表示会用横向扩展系统来取代某些纵向扩展系统。

横向扩展 NAS 特点突出,具有模块化的结构,配置起来非常快捷,即使是一个几 TB 的大文件,其变更管理也十分简单。横向扩展 NAS 通过全局命名空间可以实现系统的灵活管理,管理一个具有 100 个节点的集群存储系统和管理一个只有两个节点的存储系统一样简单。对于可横向扩展的集群 NAS 系统来说,无论集群多么庞大,都可以将整个集群作为一个单一的逻辑系统来管理。

传统的 NAS 设备最吸引人的特点是简单。这种系统很容易安装、配置、管理和运营,特别是在小规模的环境下。这个级别的产品在升级的时候,只能使用性能和容量升级模式,即更换更快的处理器和更大容量的存储(即纵向扩展)。

纵向扩展的产品一般都是比较成熟的,在数据保护、业务连续性和存储效率方面具备丰富的功能和附加软件。比如快照、一到多和多到一的复制、远程复制和远程快照、自动精简配置、重复数据删除和数据压缩等。

传统的 NAS 系统在成本效益和可靠性上也具有一定的优势,特别是在中小规模企业(SMB)环境里。通过部署 NAS 设备可以实现文件服务的统一以及数据保护的集中。这些设备也可以与常见的商业应用软件和本地管理控制台紧密集成。

实际上,SDS 的定义仍没有统一的标准,VMware 的定义也只是一家之言。各家权威咨询机构、各大厂商,都对这一概念有着不同的定义或描述。下面我们再来看看 SNIA 对 SDS 的描述。SNIA 是 Storage Networking Industry Association 的简称,即全球网络存储工业协会,作为曾经制定过 SAN、NAS、对象存储、云存储等标准的第三方协会,SNIA 对 SDS 的看法比较权威,其内容也确实有助于大家更深刻地理解 SDS。

SNIA 在 SDS 的定义中提到,SDS 允许异构的或者专有的平台。这个平台必须满足的是,能够提供部署和管理其虚拟存储空间的自助服务接口。除此之外,SDS 应该包括:

(1)自动化:简化管理,降低维护存储架构的成本。

(2)标准接口:提供应用编程接口,用于管理、部署和维护存储设备和存储服务。

(3)虚拟数据路径:提供块、文件和对象的接口,支持应用通过这些接口写入数据。

（4）扩展性：无须中断应用，也能提供可靠性和性能的无缝扩展。

（5）透明性：提供存储消费者对存储使用状况及成本的监控和管理。

SNIA认为，存储服务的接口需要允许数据拥有者（存储用户）同时表达对于数据和所需服务水准的需求。数据的需求，就是SDS建立在数据路径（Data Path）的虚拟化，而控制路径（Control Path）也需要被抽象化成存储服务。云、数据中心和存储系统，或者数据管理员能够被用于部署这个服务（指控制路径）。

在SNIA对SDS的看法中，贡献最大，也是最有价值的部分，应该是SNIA关于数据路径和控制路径及手动传送数据请求和应用通过元数据来传送请求的对比描述。它帮助大家清晰地了解了两者的区别，并描绘了未来理想的SDS蓝图，为如何发展SDS指明了方向。

SDS包括数据路径和控制路径。数据路径由以往的标准接口（块、文件和对象）组成。在传统存储中，控制路径其实就是指存储管理员为数据提供部署的服务。在使用传统存储的大多数情况下，每一个数据服务有着各自的管理接口。变更数据服务会导致所有存放在相应虚拟存储空间的数据都受到影响。

6.2　软件定义的分布式存储

6.2.1　云计算环境下存储面临的问题

企业级存储中使用的传统SAN、NAS设备在云计算中面临了很多问题，主要问题如下：

1. 存储弹性问题

企业级存储无法满足多业务不同负载、动态的资源变化需求，在不同租户和不同应用对资源有不同要求的时候，很难方便地做出调整，包括性能和容量资源的弹性调配，而云计算中，多租户多业务负载下，资源的弹性是极其重要的核心要素。

2. 存储扩展问题

传统存储的扩展性面临着多个瓶颈，如机头、前后端网络、磁盘与CPU/MEM资源不同步扩展等，都是传统存储无法做到线性扩展的几个关键因素。

3. 形态和实施的成本、复杂性问题

传统存储在部署的时候，需要独立的存储网络，用于多主机互联，特别是针对性能较高的FC网络，在实施的时候成本较高、组网实施复杂，不利于大规模集群的简化部署实施。

4. 大规模集群下的容错和可靠性问题

在规模很大的云计算环境下，需要具备跨机房、跨机柜、跨服务器的数据保护机制，即使在机柜故障等场景下，数据仍然不丢失，仍然可访问。

5. 灵活的软件定义策略问题

在云计算环境下，不同的租户、不同的业务应用对存储有着不同的要求，需要底层存储具备灵活的软件定义策略支持，允许用户按需进行存储的策略配置（如定义多大的容量、多少IOPS、多大的SSDCache缓存、什么样的数据冗余和可靠性要求等），底层存储可以根据这些软件定义策略进行资源的调配，按需自动地满足上层业务和应用的需求。

云计算的存储虚拟化如图 6-1 所示,其中包含了传统存储虚拟化、分布式存储池化及软件定义存储策略控制三个部分。

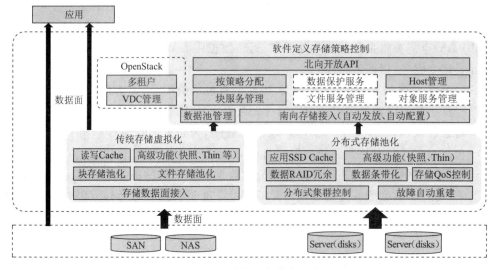

图 6-1 云计算的存储虚拟化

对于软件定义存储,IDC 给出的定义是:可以安装在商用资源(x86 硬件、虚拟机监控程序或者云)或者现有计算硬件上的任何存储软件堆栈。此外,基于软件的存储堆栈应该提供一套完整的存储服务,还有在基础的持续数据配置资源之间的联邦,使其租户的数据可以在这些资源之间流动。软件定义存储的需求模型如图 6-2 所示。

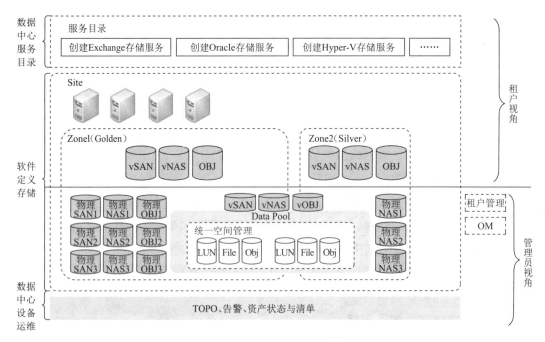

图 6-2 软件定义存储的需求模型

从租户视角,其典型操作包括:

(1)根据服务目录操作高级服务。

（2）查询卷、文件、对象存储的容量。

（3）卷、文件、对象存储的增、删、改、查。

（4）主机挂载、卸载卷和文件目录。

从管理员视角，其典型操作包括：

（1）查询 TOPO 接连关系。

（2）分配物理设备到租户视角的 Cell 以及 Zone。

（3）分配物理空间给数据池。

（4）存储设备与数据池 OM。

（5）主机安装 Agent。

（6）服务目录管理。

（7）租户权限管理。

在功能上，软件定义存储对租户屏蔽物理存储设备、对管理员提供将物理设备映射到逻辑概念的手段。在架构上，对上提供补充存储类服务操作到数据中心服务目录，对下集成设备管理信息。软件定义存储有以下特点：

（1）完全通过软件实现存储的高级特性：快照、克隆、瘦分配、高速缓存等都不依赖于存储设备。

（2）策略驱动的设计：传统存储无法与应用配合，性能低下，基于策略的存储能够为不同的应用提供不同的 QoS。

（3）简化存储管理：可以实现一次配置，多次使用，计算管理员只需在系统初始配置或者扩容时需要存储管理员的参与，后续应用需要存储资源时，能够做到及时分配。

随着企业面临的竞争环境越来越激烈、新业务上线时间要求越来越短，其 IT 系统需要从传统的成本中心转变为提升企业竞争力的利器，帮助企业提升竞争力并取得成功。作为存放企业数据资产的存储系统，不但要满足业务所需要的高性能、高可靠等基本诉求，更要满足未来业务的发展、提升业务的敏捷性、帮助业务更快更好地适应竞争环境的需要。

计算与存储在过去 20 年一直在非均衡地发展。摩尔定律设想单位面积晶体管数量每 18 个月增加 1 倍，对应单位价格的计算性能将提高 2 倍以上。回顾过去 20 年，处理器和网络带宽分别提升了 3 000 倍和 1 000 倍，但磁盘和内存带宽仅提升了 120 倍，远落后于摩尔定律。阿姆达尔定律认为，计算系统中对某一部件采用更快执行方式所能获得的系统性能改进程度，取决于这种执行方式被使用的频率或所占总执行时间的比例。对于多数应用而言，基本均属于 CPU 计算与内/外部存储（Mem/Disk）的串联模型。换言之，系统中最慢部分（存储）的效率将决定和制约整个系统的效率。

在云计算集中化数据中心资源池环境中，由于 GE 以太网络的延伸作用，远端 RAM/SSD 的容量与本地存储相差不超过 1 个数量级，数据访问时延是本地 HDD 的 1/30，带宽降低一半。

从 20 世纪 80 年代到 21 世纪的前 10 年，计算与存储经历了一次分离的变革（图 6-3）。这次分离是由计算与存储的性能发展差距导致的。基于晶体管的计算与基于机械硬盘介质的处理性能差距越来越大，以及存储数据的重要性不断增加，为便于提升资源利用率，最终导致了计算、存储的架构分离，各自进行资源最优配置。通过多个计算实例共享相同存储，在计算节点发生故障后，无须耗时的外存储数据迁移。计算处理逻辑与应用数据分离，使得计算节点的更新（软硬件升级）不影响数据的可获得性。

计算与存储各自独立组成水平资源池，存储资源池按需向计算应用实例供给存储资源。其形态变化如图 6-4 所示。

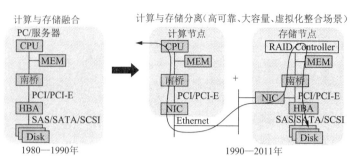

图 6-3　计算与存储经历分离的变革

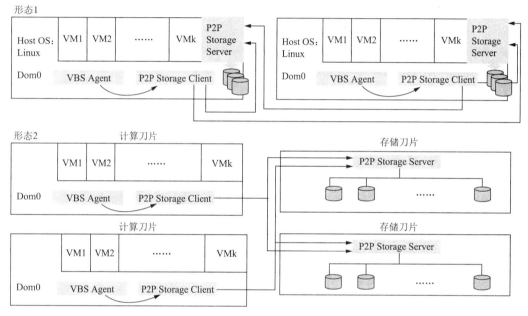

图 6-4　形态变化

随着企业业务的不断发展,特别是互联网突飞猛进的发展,这种计算/存储分离架构面临的挑战和问题越来越突出,具体表现在以下几个方面:

(1)计算与存储物理架构上的人为分割,导致系统成本居高不下,目前业界主流的磁盘阵列软硬件普遍价格高昂,且磁盘阵列自身的策略管理配置非常复杂,维护成本居高不下,尤其是在缺乏 IT 专业人员的场景(如行业分支机构、SME 等)下,由人工误操作导致的业务中断风险较高。SAN 机头成为可能制约系统扩展性的单点瓶颈:随着计算集群规模的不断扩展,由于存储资源池集中式控制机头的存在,使得共享存储系统的可扩展性及可靠性受到制约;如采用多个 SAN 系统,则会导致各独立 SAN 系统之间存储无法共享。

(2)SSD 存储介质的引入,使得 SAN 控制机头可能成为系统性能瓶颈,SSD 与归属计算节点 CPU/MEM 之间的最高效连接方式应为 PCI-E,如果将 SSD 按照传统存储模式集中部署,则控制机头有可能成为 CPU 与 SSD 间高吞吐 I/O 带宽的瓶颈,并且系统复杂度更高。

(3)集中式 SAN 控制机头可能成为影响系统整体可靠性的单点故障风险点。在虚拟化服务器整合环境下,成百上千的 VM 共享同一存储资源池,一旦磁盘阵列控制器发生故障,将导致整体存储资源池不可用。尽管 SAN 控制机头自身具有主备机制,但依然存在异常条件下主备同时故障的可能性。

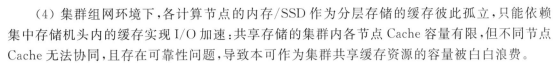

（4）集群组网环境下，各计算节点的内存/SSD作为分层存储的缓存彼此孤立，只能依赖集中存储机头内的缓存实现I/O加速；共享存储的集群内各节点Cache容量有限，但不同节点Cache无法协同，且存在可靠性问题，导致本可作为集群共享缓存资源的容量被白白浪费。

虚拟化技术迅猛发展，虚拟机技术给服务器带来更高的资源利用率，给业务带来更便捷的部署，降低了TCO，因而在众多行业得到了广泛的应用。与此同时，虚拟机应用给存储带来以下挑战：

（1）相比传统的物理服务器方式，单个存储系统承载了更多的业务，存储系统需要更强劲的性能来支撑。

（2）采用共享存储方式部署虚拟机，单个卷上可能承载几十或上百个虚拟机，导致卷I/O呈现更多的随机特征，这对传统的Cache技术提出挑战。

（3）单个卷承载多个虚拟机业务，要求存储系统可协调虚拟机访问竞争，保证对QoS要求高的虚拟机获取资源，实现性能目标。

（4）单个卷上承载较多的虚拟机，需要卷具有很高的I/O性能，这对传统受限于固定硬盘的RAID技术提出挑战。

（5）虚拟机的广泛使用，需要更加高效的技术来提高虚拟机的部署效率，加快新业务的上线时间。

面对这些挑战，"合久必分，分久必合"的哲学规律在IT领域同样上演。针对大多数企业事务型IT应用而言，关注核心在于信息数据的"即时处理"而非"存储/归档"，因此存储向计算的融合再次符合企业业务应用的根本诉求。通过引入横向扩展存储机制，可实现服务器集群环境下DAS直连硬盘的资源池化和虚拟化，推动计算与存储从"物理分离"架构向"物理"融合与"逻辑"分离相结合架构的演进，实现以大一统融合架构形态对典型企业IT应用整合及性价比最优化支撑。

在这种横向扩展架构与计算和网络融合后，便形成了一种更加高效的一体化分布式存储与分布式计算架构，如图6-5所示。

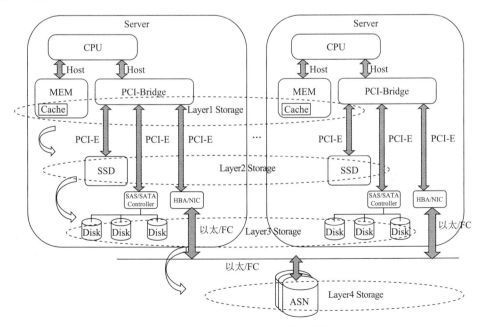

图6-5 分布式存储与分布式计算架构

一体化分布式存储架构具有以下鲜明特点：

一体化系统内设置 Layer1～Layer3 共三层信息存储，基于分布式存储软件引擎完全水平拉通，且支持基于强一致的跨服务器数据可靠型。

（1）Layer1 Storage(内存)：时延 100 ns(本地)～100 μs(远地)。

（2）Layer2 Storage(SSD)：时延 10(本地)～300 μs(远地)。

（3）Layer3 Storage(DAS)：时延 5(本地)～10 ms(远地)。

（4）Layer4 Storage(SAN)：时延 5(本地)～10 ms(远地)。

通过上述各层 Storage 的热点数据读写推至更上一层 Storage，实现数据 I/O 吞吐及整个系统性能的大幅提升。

Layer1 Storage(内存)尽管吞吐率及时延优势明显，但容量和功耗成本过高，因此对于多数应用只能作为 Cache，必须基于 Cache 算法(FIFO、LRU、LFU 等)管理内存与下一级存储(SSD/DAS/SAN)之间的读写数据刷新。

Layer2 Storage(SSD)既可以作为 Cache(针对数据量超出分布式 Cache 容量的场景)，又可以作为最终存储(纯 SSD，针对数据容量不大的场景)。为提升容量效率，未来需考虑进一步引入硬加速的块级去重引擎。Layer2 Storage(SSD)作为最终存储介质，因 SSD 不存在机械损坏故障风险，所以关键在于如何通过优化的 Cache 算法，将随机写 I/O 串行化，从而有效降低 SSD 写放大率，提升 SSD 的使用寿命，用于中高端数据库等业务。

Layer3 Storage(DAS)相比 Layer4 Storage，时延基本相同，因此作为 Cache 意义不大，但可以作为 Layer4 Storage(SAN)的替代或补充(部分数据放置在外置 SAN，部分数据放置在 Layer3 Storage)，从而达到降低用户购置及维护外置存储的 TCO。Layer3 Storage(DAS)作为最终存储介质，与 Layer4 Storage 一样，需面对硬盘机械振动、磨损、环境影响等特殊因素的制约，因此可以充分借鉴和共享 Layer4 Storage 在硬盘故障检测与修复方面的长期经验与成果积累。

针对新建私有云/公有云的场景，推荐采用 Layer3 Storage；针对 IT 平台替换或改造项目，可考虑借助存储虚拟化，充分重用现有的外置 Layer4 Storage，同时将新产生的业务数据部署在 Layer3 Storage 上，也可在外置存储退网前将其数据向 Layer3 逐步无缝平滑迁移。

基于内存/SSD 网格的计算近端 I/O 加速：SSD 应用加速需要靠近服务器和应用侧，这已经成为业界共识。业界最具代表性的 SSD 加速产品大多是单机版，不支持分布式缓存一致性，很多应用场景下无法使用。例如，无法支持共享磁盘环境的 active/active 集群；无法支持虚拟机集群的动态资源调度和虚拟机迁移功能。而分布式存储引擎利用最先进的分布式集群技术，可以很好地解决传统架构中热点容量不足的问题。同时，其也可与 IP SAN 配合，形成高速缓存和外置低速的互补。

基于横向扩展计算、存储融合架构的 I/O 性能提升：针对随机 IOPS 读写，基于分布式存储软件，各服务器内存 Cache 总容量相比，集中式 SAN 机头的 Cache 容量增加可达 5 倍以上，从而使热点数据访问命中率与读写效率提升 3～5 倍；分布式存储可以采用大容量低成本 SATA 硬盘提供与 SAS/FC 硬盘持平的性能，而且有效容量更大；在针对大文件对象的顺序读写方面，分布式存储为 App 实例或 VM 提供并发读写服务，使得突发 MBPS 提升 3～5 倍。

一体化分布式存储架构与 Google 的 Data Centerasa Computer 的区别是，后者是面向海量搜索业务的计算/存储垂直整合数据中心，前者是面向企业 IT 核心业务及电信业务的计算存储垂直整合的高性能、高可扩展的 IT 平台。

业界典型的分布式存储技术主要有分布式文件系统存储、分布式对象存储和分布式块设备存储等几种形式。分布式存储技术及其软件产品已经日趋成熟,并在 IT 行业得到了广泛的使用和验证,例如,互联网搜索引擎中使用的分布式文件存储、商业化公有云中使用的分布式块存储等。分布式存储软件系统具有以下特点:

(1) 高性能:分布式哈希数据路由,数据分散存放,实现全局负载均衡,不存在集中的数据热点和大容量分布式缓存。

(2) 高可靠性:采用集群管理方式,不存在单点故障,灵活配置多数据副本,不同数据副本存放在不同的机架、服务器和硬盘上,单个物理设备故障不影响业务的使用,系统检测到设备故障后可以自动重建数据副本。

(3) 高扩展性:没有集中式机头,支持平滑扩容,容量几乎不受限制。

(4) 易管理:存储软件直接部署在服务器上,没有单独的存储专用硬件设备,通过 WebUI 的方式进行软件管理,配置简单。

分布式软件定义存储基于通用的 x86 服务器,通过分布式的存储软件来构建存储系统,开放丰富灵活的软件定义策略和接口,允许管理员和租户进行自动化的系统管理和资源调度发放。业界的分布式软件定义存储有多种形态,包括块存储、文件存储、对象存储。

6.2.2 分布式块存储

分布式块存储包括以下内容:

(1) 企业应用存储资源池:一般用于运营商、金融、石油、各大中型企业建立自己的私有云资源池,其典型特点是性能线性扩展、容量共享精简分配、多应用性能共享分时复用、成本性价比要求高。

(2) 公有云存储服务:一般用于运营商建立公有云系统,作为公有云中的弹性块存储系统(如 AmazonEBS),其典型特点是多租户不同 SLA 等级要求、多应用混合负载、性能和扩展性强、成本性价比要求高。

分布式块存储系统把所有服务器的本地硬盘组织成若干个资源池,基于资源池提供创建/删除应用卷(Volume)、创建/删除快照等接口,为上层软件提供卷设备功能。

分布式块存储系统资源池(图 6-6)具有如下特点:

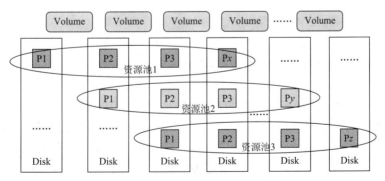

图 6-6 分布式块存储系统资源池

(1) 每块硬盘分为若干个数据分片(Partition),每个 Partition 只属于一个资源池,Partition 是数据多副本的基本单位,也就是说多个数据副本指的是多个 Partition。

（2）系统自动保证多个数据副本尽可能分布在不同的服务器上（服务器数大于数据副本数时）。

（3）系统自动保证多个数据副本之间的数据强一致性。

（4）Partition 中的数据以 Key-Value 的方式存储。

（5）对上层应用提供卷设备，没有 LUN 的概念，使用简单。

（6）系统自动保证每个硬盘上的主用 Partition 和备用 Partition 数量是相当的，避免出现集中的热点。

（7）所有硬盘都可以用作资源池的热备盘，单个资源池最大支持成百上千块硬盘。

块存储主要是将裸磁盘空间整个映射给主机使用的，就是说如果磁盘阵列里面有 5 块硬盘（为方便说明，假设每块硬盘 1 GB），然后可以通过划分逻辑盘、做 Raid 或者 LVM（逻辑卷）等多种方式划分出 N 块逻辑盘（假设划分完的逻辑盘也是 5 块，每块也是 1 GB，但是这 5 块 1 GB 的逻辑盘已经与原来的 5 块物理硬盘意义完全不同了。假设一块逻辑硬盘里面，可能第一块 200 MB 来自物理硬盘 1，第二块 200 MB 来自物理硬盘 2，所以逻辑硬盘是由多块物理硬盘逻辑虚构出来的硬盘）。接着块存储会采用映射的方式将这几个逻辑盘映射给主机，主机上面的操作系统会识别到有 5 块硬盘，但是操作系统是区分不出到底是逻辑盘还是物理盘的，它一概认为只是 5 块裸的物理硬盘而已，跟直接拿一个物理硬盘挂载到操作系统没有区别，至少操作系统感知上没有区别。

此种方式下，操作系统还需要对挂载的裸硬盘进行分区、格式化后才能使用，与平常主机内置硬盘的方式完全无异。

优点如下：

（1）通过 Raid 与 LVM 等手段，对数据提供了保护。

（2）可以将多块廉价的硬盘组合为一个大容量的逻辑盘，对外提供服务，提高了容量。

（3）写入数据的时候，由于是多个磁盘组合出来的逻辑盘，因此几个磁盘可以并行写入，提升了读写效率。

（4）很多时候块存储采用 SAN 架构组网，由于传输速率以及封装协议的原因，使得传输速度与读写速率得到提升。

缺点如下：

（1）采用 SAN 架构组网时，需要额外为主机购买光纤通道卡，还要购买光纤交换机，造价较高。

（2）主机之间的数据无法共享，在服务器不做集群的情况下，块存储裸盘映射给主机，再格式化使用后，对于主机来说相当于本地盘，那么主机 A 的本地盘根本不能给主机 B 使用，无法共享数据。

（3）不利于不同操作系统主机间的数据共享，另一个原因是操作系统使用不同的文件系统，格式化后，不同文件系统间的数据是共享不了的。例如一台机器装了 WIN7/XP，文件系统是 FAT32/NTFS，而 Linux 是 EXT4，EXT4 是无法识别 NTFS 文件系统的，就像一个 NTFS 格式的 U 盘插进 Linux 的笔记本，根本无法识别出来，所以不利于文件共享。

6.2.3　分布式文件存储

为了克服上述文件无法共享的问题，有了分布式文件存储。文件存储也有软硬一体化的设备,一台机器只要装上合适的操作系统与软件,就可以架设 FTP 与 NFS 服务,架上该类服务之后的机器就是文件存储的一种了。主机可以直接对文件存储进行文件的上传下载,与块存储不同,主机是不需要再对文件存储进行格式化的,因为文件管理功能已经由文件存储自己搞定了。

分布式文件存储包括以下内容:

(1) 企业应用文件存储:包括媒资、大数据、HPC、企业办公等;一般要求海量大规模,性能线性扩展。

(2) 公有云文件服务:一般用于公有云中的弹性文件服务(如 Amazon EFS),提供给各个租户按需收费的文件存储服务,其典型特点是高扩展能力、跨 AZ/DC 的共享访问、按需弹性。

优点如下:

(1) 造价较低:随便一台机器就可以,另外普通以太网就可以,根本不需要专用的 SAN 网络。

(2) 方便文件共享:例如,主机 A(WIN7、NTFS 文件系统),主机 B(Linux、EXT4 文件系统),想互拷一部电影,本来不行,加了个主机 C(NFS 服务器),然后可以先从主机 A 拷到主机 C,再从主机 C 拷到主机 B 就可以了。

缺点主要是:读写速率慢,传输速率慢。以太网上传下载速度较慢,另外所有读写都要由 1 台服务器里面的硬盘来承担,相比起磁盘阵列动不动就几十上百块硬盘同时读写,速率慢了许多。

6.2.4 分布式对象存储

企业中使用分布式对象存储的不是很多,因为对象的访问接口随着公有云的兴起而逐步成为事实标准,一般在企业中也主要用作海量文件、资料的归档备份;在公有云中,分布式对象存储一般作为一个典型的存储服务(如 Amazon S3),可以用作虚拟主机的镜像存储、租户应用的数据存储等。其典型特点是低成本、跨 AZ(区域)容灾、无限扩展。

分布式对象存储,通常指基于通用的 x86/ARM 服务器的本地硬盘,通过分布式存储软件构建起来,一般采用 HTTP/REST 接口进行访问操作的存储系统,如 Amazon S3、OpenStack Swift 等。

对象存储有两个基本概念:桶(Bucket)和对象(Object)。桶是对象的容器,每个用户可以创建很多个桶,桶名不能重复。桶可以用于计费、权限控制等功能。对象是要存储的数据内容,每个对象可以指定一个唯一标识,应用可以很方便地根据标识进行对象的读、写、删,对象的数据内容长度可以从几个字节到几个 TB,对象存储在桶中。

相比文件存储而言,对象存储比较简单方便,结构层次扁平,只有桶和对象两层;操作也简单,只有 put、get、delete、list 等基本操作。这种扁平的层次和简单的操作,更容易构建高扩展的集群存储系统。

集群文件系统是指运行在多台计算机之上,通过某种方式相互通信,从而将集群内所有存储空间资源整合、虚拟化,并对外提供文件访问服务的文件系统。其与 NTFS、EXT 等本地文件系统的目的不同,前者是为了扩展性,后者运行在单机环境,纯粹管理块和文件之间的映射以及文件属性。

集群文件系统分为多类,按照对存储空间的访问方式,可分为共享存储型集群文件系统和分布式集群文件系统,前者是多台计算机识别到同样的存储空间,并相互协调共同管理其上的文件,又被称为共享文件系统;后者则是每台计算机各自提供自己的存储空间,并各自协调管理所有计算机节点中的文件。Veritas 的 VxFS/VCS,昆腾的 Stornext,中科蓝鲸的 BWFS,EMC 的 MPFS,属于共享存储型集群文件系统。而 HDFS、Gluster、Ceph、Swift 等互联网常用的大规模集群文件系统无一例外都属于分布式集群文件系统。分布式集群文件系统的可扩展性更强。

按照元数据的管理方式,可分为对称式集群文件系统和非对称式集群文件系统。前者每个节点的角色均等,共同管理文件元数据,节点间通过高速网络进行信息同步和互斥锁等操作,典型代表是 Veritas 的 VCS。而非对称式集群文件系统中,有专门的一个或者多个节点负责管理元数据,其他节点需要频繁与元数据节点通信以获取最新的元数据,比如目录列表文件属性等,后者的典型代表有 HDFS、GFS、BWFS、Stornext 等。对于集群文件系统,其可以是分布式+对称式、分布式+非对称式、共享式+对称式、共享式+非对称式的两两任意组合。

按照文件访问方式来分类,集群文件系统可分为串行访问式和并行访问式,后者俗称并行文件系统。串行访问是指客户端只能从集群中的某个节点来访问集群内的文件资源,而并行访问则是指客户端可以直接从集群中任意一个或者多个节点同时收发数据,做到并行数据存取,加快速度。HDFS、GFS 等集群文件系统,都支持并行访问,需要安装专用客户端,传统的 NFS/CIFS 客户端不支持并行访问。

1. 分布式对象存储的特点

(1) 大规模线性扩展。

OpenStack Swift、Amazon S3 底层存储引擎,都基于 DHT(Distributed Hash Table,分布式哈希表)算法来构建,扩展能力强,可以从几台服务器扩展到成千上万台服务器的规模。

可伸缩的 DHT 环(图 6-7):在具体应用 DHT 算法过程中,不同的系统会有不同的扩展实现机制,有的是按照物理节点进行 DHT,有的是按照虚拟逻辑节点(也可称为 Partition)进行 DHT。按照物理节点进行 DHT 的,在节点扩容的时候,会对邻近节点有较大的数据重均衡影响;用虚拟节点进行 DHT 的,可以预先设置固定的虚拟节点数量,在物理节点扩容的时候,对各个物理节点的数据重均衡影响比较均匀。但是不管哪种具体的实现方法,采用 DHT 技术,根据对象的标识计算出该对象所在的存储节点,直接进行对象的存取,可以避免空间管理上元数据的查找,也不会随着系统存储规模的增大而导致空间管理的元数据增多,可以做到线性扩展。

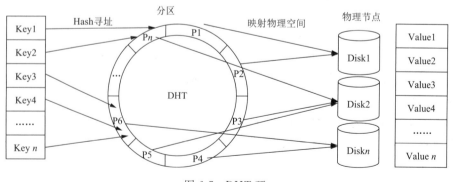

图 6-7 DHT 环

（2）无状态的接入控制节点，处理海量用户请求（图6-8）。

对象存储系统是基于互联网HTTP/REST的对象接口协议，海量的存储节点，需要能够处理大量HTTP/REST读写请求的前端接入控制节点，一般在这类大规模系统构建的时候，前端都会采用无状态服务的方式，服务请求可以通过负荷分担机制由任何一个接入控制节点提供服务，任何一个接入控制节点都可以直接访问到后端任何存储节点的对象数据。

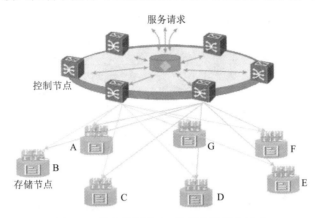

图6-8　接入控制节点，处理海量用户请求

（3）跨站点的数据同步与访问（图6-9）。

分布式对象存储系统需要具备跨站点的数据同步能力，一方面是为了随时随地的数据访问，用户在数据中心1上传的数据可以在数据中心2下载；另一方面是为了数据的持久度，即便一个站点出现故障后，数据仍然是安全的。其不管在公有云还是私有云中都是比较普遍的需求。

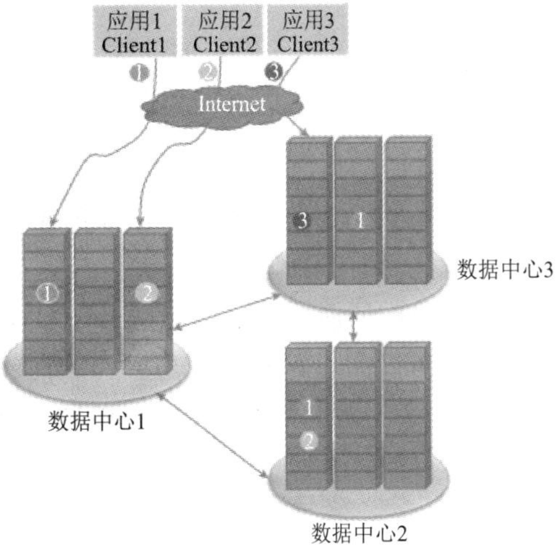

（4）低成本。

分布式对象存储主要用作海量内容的存储，对成本比较敏感。对象存储系统一般都会采用Erasure Code（$N+M$）的方式进行数据冗余保护，有效提升空间利用率。

随着工业界硬盘技术的发展，更大容量的硬盘和新型硬盘（如SMR盘）会陆续出现，也可以在一定程度上降低系统构建的成本。

图6-9　跨站点的数据同步与访问

（5）安全加密。

对象存储基于HTTP/REST协议进行访问，在数据传输过程中需要支持采用SSL（Secure Sockets Layer）加密，另外也需要支持ACL（Access Control List）、BucketPolicy、IAM（Identityand Access Management）Policy等多种方式管理权限，提升数据的安全性。

分布式对象存储有着广泛的应用场景，如备份归档、内容存储、大数据存储和分析等，也可以作为大型企业内多种应用的对象存储池。

2. 分布式对象存储的应用场景

（1）海量对象资源池。

分布式对象存储可以提供海量对象资源池解决方案，面向种类繁多的上层业务，为客户提供存储多种类型业务数据的需求，帮助客户解决海量数据存储、匹配高可靠的问题，同时帮助客户避免维护多套不同的存储设备和网络，降低 TCO，摆脱复杂的管理工作，聚焦在业务本身，创造更大的价值。分布式对象存储应用场景如图 6-10 所示。

图 6-10　分布式对象存储应用场景

（2）备份归档。

备份一直是数据保护的一种重要手段，被广泛应用于各种应用场景和多个垂直行业，备份介质形态也各有不同，从传统的磁带、虚拟磁带库到光盘、磁盘阵列，人们在享受备份对数据高可靠性保障的同时，也深受现有备份产品的困扰。

传统备份面临如下问题：

① 恢复数据不方便：恢复数据只能够更新到上次磁带备份的程度。

② 容量低：磁带库容量有限，虚拟磁带库更明显。

③ 扩展难：磁带库和虚拟磁带库扩展有上限，除非新购买设备。

采用分布式对象存储作为备份存储，可以很好地处理上述问题。归档面向数据中心应用，能够把主存储中不常用的数据迁移到安全、价廉的二级存储平台，从而充分发挥存储效率，降低 TCO。

（3）个人/企业网盘。

网盘解决方案基于 IP 网络，利用对象存储技术为终端用户提供在线存储服务。该方案满足海量低成本、弹性扩展、大范围整合能力等需求，通过丰富的在线存储业务打造以用户为中心，安全、方便、高速、大容量的个人数据中心，为企业用户提供安全可靠、经济易用、快速部署的生产、办公协同的网盘服务。

对象存储最常用的方案，就是多台服务器内置大容量硬盘，再装上对象存储软件，然后再额外加几台服务器作为管理节点，安装上对象存储管理软件。管理节点可以管理其他服务器，对外提供读写访问功能。之所以出现对象存储，是为了克服块存储与文件存储各自的缺点，发扬其各自的优点。简单来说，块存储读写快，不利于共享；文件存储读写慢，利于共享；对象存储读写快,利于共享。

以往,像 FAT32 这种文件系统,是直接将一份文件的数据与元数据一起存储的,存储过程先将文件按照文件系统的最小块大小来打散(如 4 MB 的文件,假设文件系统要求一个块 4 KB,那么就将文件打散成为 1 000 个小块),再写进硬盘,过程中没有区分数据与元数据。而每个块读取完会告知你下一个要读取的块的地址,一直这样按顺序地按图索骥,最后完成整份文件的所有块的读取。这种情况下读写速率很慢,因为即使有 100 个机械手臂在读写,但是由于只有读取到第一个块,才能知道下一个块在哪里,其实相当于只能有 1 个机械手臂在实际工作。而对象存储则将元数据独立了出来,控制节点叫作元数据服务器(服务器+对象存储管理软件),里面主要负责存储对象的属性(主要是对象的数据被打散存放到了哪几台分布式服务器中的信息),而其他负责存储数据的分布式服务器叫作 OSD,主要负责存储文件的数据部分。当用户访问对象时,会先访问元数据服务器,元数据服务器只负责反馈对象存储在哪些 OSD,假设反馈文件 A 存储在 B、C、D 三台 OSD,那么用户就会再次直接访问三台 OSD 服务器去读取数据。这时候由于是三台 OSD 同时对外传输数据,因此传输的速度就加快了。OSD 服务器数量越多,这种读写速度的提升就越大,通过此种方式可以实现读写快的目的。

此外,对象存储软件是有专门的文件系统的,所以 OSD 对外又相当于文件服务器,解决了文件共享方面的问题。对象存储的出现很好地结合了块存储与文件存储的优点。

6.3 分布式存储增值技术

与目前常见的集中式存储技术不同,分布式存储技术并不是将数据存储在某个或多个特定的节点上,而是通过网络使用企业中每台机器上的磁盘空间,并将这些分散的存储资源构成一个虚拟的存储设备,数据分散地存储在企业的各个角落。所谓结构化数据,是一种用户定义的数据类型,它包含了一系列的属性,每一个属性都有一个数据类型存储在关系数据库中,可以用二维表结构来表达实现的数据。大多数系统都有大量的结构化数据,一般存储在 Oracle 或 MySQL 等的关系型数据库中,当系统规模大到单一节点的数据库无法支撑时,一般采用两种方法:垂直扩展与水平扩展。

6.3.1 分布式存储性能提升

1.性能卓越

分布式存储系统通过创新的架构把分散的、低速的 SATA/SAS 机械硬盘组织成一个高效的类 SAN 存储池设备,提供比 SAN 设备更高的 I/O,将性能发挥到极致。

分布式存储系统一般支持使用 SSD 替代 HDD 作为高速存储设备,支持使用 InfiniBand 网络代替 GE/10 GE 网络提供更高的带宽,为对性能要求极高的大数据量实时处理场景提供完美的支持。

分布式存储系统采用无状态的分布式软件机头,机头部署在各个服务器上,无集中式机头的单个服务器上软件机头只占用较少的 CPU 资源,却能提供比集中式机头更高的 IOPS。其实现了计算和存储的融合,缓存和带宽都均匀分布在各个服务器节点上。分布式存储系统集群内各服务器节点的硬盘使用独立的 I/O 带宽,不存在独立存储系统中大量磁盘共享计算设备和存储设备之间有限带宽的问题。其将服务器部分内存用作读缓存,NVDIMM用作写缓存,数据缓存均匀分布到各个节点上,所有服务器的缓存总容量远大于采用外置独立存储的方案。即使采用大容量低成本的 SATA 硬盘,分布式存储系统仍然可以发挥很高的 I/O 性能,整体性能提升 1~3 倍,同时提供更大的有效容量。

2. 全局负载均衡

分布式存储系统的实现机制保证了上层应用数据的 I/O 操作均匀分布在不同服务器的不同硬盘上,不会出现局部的热点,实现全局负载均衡。

(1)系统自动将数据块打散存储在不同服务器的不同硬盘上,冷热不均的数据会均匀分布在不同的服务器上,不会出现集中的热点。

(2)数据分片分配算法保证了主用副本和备用副本在不同服务器和不同硬盘上的均匀分布,换句话说,每块硬盘上的主用副本和备用副本的数量是均匀的。

(3)扩容节点或者故障减容节点时,数据恢复重建算法保证了重建后系统中各节点负载的均衡性。

3. 分布式 SSD 存储

分布式存储系统通过支持高性能应用设计的 SSD 存储系统,如图 6-11 所示,可以拥有比传统的机械硬盘(SATA/SAS)更高的读写性能。特别是 PCI-E 卡形式的 SSD,会带来更高的带宽和 I/O,采用 PCI-E2.0x8 接口,可以提供高达 3.0 GB 的读/写带宽。SSD 的 I/O 性能可以达到 4 KB 数据块,100% 随机,提供高达 600 KB 的持续随机读 IOPS 和 220 KB 的持续随机写 IOPS。

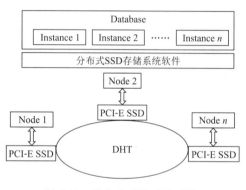

图 6-11　分布式 SSD 存储系统

SSD 存在的一个普遍问题,是写寿命问题,在采用 SSD 的时候,分布式 SSD 存储系统通过以下措施增强了可靠性。

内嵌的 ECC 检错/纠错引擎和 RAID5 引擎,数据通道间形成二维的检错/纠错机制。

内置 DATA Scrubbing 引擎定时检测存储数据,提前预防数据错误的产生。

通道间使用 Dynamic RAID 算法,实现通道间的资源共享,确保在芯片坏块过多甚至是多个芯片故障的情况下均能正常工作。

内部实现冷热数据分类与管理,配合先进的磨损算法,最大限度地提升回收效率,降低写磨损,从而提升 SSD 的使用寿命。

4. 高性能拍照

分布式存储系统提供了快照机制,将用户的逻辑卷数据在某个时间点的状态保存下来,后续可以作为导出数据、恢复数据之用。分布式存储系统快照数据基于 DHT 机制,快照不会引起原卷性能下降。针对一个容量为 2 TB 的硬盘,完全在内存中构建索引需要几十 MB 空间,通过一次 Hash 查找即可判断有没有做过快照,以及最新快照的存储位置,因此效率很高。

5. 高性能链接克隆

分布式存储系统可以基于增量快照提供链接克隆机制,基于一个快照创建出多个克隆卷,各个克隆卷刚创建出来时的数据内容与快照中的数据内容一致,后续对于克隆卷的修改不会影响原始的快照和其他克隆卷,如图 6-12 所示。分布式存储系统通过支持批量修改进行虚拟机卷部署,可以在秒级批量创建上百个虚拟机卷。克隆卷可支持创建快照、从快照恢复以及再次作为母卷进行克隆操作。

6. 高速 InfiniBand 网络

为消除分布式存储环境中存储交换瓶颈,分布式存储系统可以部署为高带宽应用设计的 InfiniBand 网络。InfiniBand 网络可以为分布式存储系统带来以下特性:

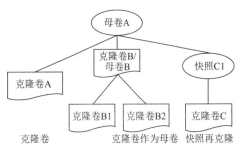

图 6-12　高性能链接克隆结构

(1) 56 Gbps FDR InfiniBand,超高速互联。

(2) 标准成熟多级胖树组网,平滑容量扩容。

(3) 近似无阻塞通信网络,数据交换无瓶颈。

(4) 纳秒级通信时延,计算存储信息及时传递。

(5) 无损网络 QoS,数据传送无丢失。

(6) 主备端口多平面通信,冗余通信无忧。

(7) 单口 56 Gbps 带宽,完美配合极速 SSD 存储吞吐,性能无限。

6.3.2　简化管理技术

分布式存储系统采用的是分布式集群架构,天然支持无性能损耗的弹性扩展。

DHT 数据路由:分布式存储系统采用 DHT 路由数据算法。每个存储节点负责存储一小部分数据,基于 DHT 实现整个系统的寻址和存储。

DHT 算法具有以下特点:

(1) 均衡性(Balance):数据能尽可能地分布到所有的节点中,这样可以使得所有节点负载均衡。

(2) 单调性(Monotonicity):当有新节点加入系统中时,系统会对原来的数据存储位置重新进行分配。

(3) 由于分布式存储系统存储路由采用分布式哈希算法,使得存储系统具有如下特点:

① 快速达到负载均衡:新加入节点只需要搬移很少部分数据分片即可达到负载均衡。

② 数据高可靠:灵活配置的分区分配算法,避免多个数据副本位于同一个服务器、同一个磁盘上。

1. 平滑扩容节点

分布式存储系统的分布式架构具有良好的可扩展性,支持超大容量的存储。扩展计算节点可以同步扩容存储空间,新扩展节点和原有节点可构成统一的资源池进行使用。

分布式存储系统的带宽和 Cache 均匀分布在各个节点上,带宽和 Cache 不会随着节点的扩容而减少。

2. 资源按需使用

分布式存储系统提供了精简配置机制,为用户提供比实际物理存储更多的虚拟存储资源。相比直接分配物理存储资源,可以显著提高存储空间的利用率。

采用分布式哈希技术,天然支持分布式自动精简配置(Thin Provisioning),无须预先分配空间。精简配置无任何性能下降（IPSAN 扩展空间时需要耗费额外的性能）。传统配置和自动精简配置如图 6-13 所示。

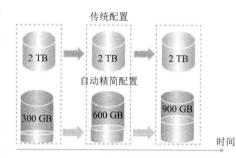

图 6-13　传统配置和自动精简配置

3. 统一的 Web 管理界面

分布式存储环境在大规模场景下涉及设备众多，各组件的运行维护需要通过自动化形式完成，尽量减少人工干预。用户从 Portal 界面可以查看系统监控（KPI 指标）、告警事件和存储池状态等，操作维护简单，有力地帮助分布式系统在传统企业落地部署。

4. 广泛兼容能力

其一般要求分布式存储系统采用通用 x86 服务器平台，在软件上支持通用的操作系统、数据库系统及虚拟化软件。

6.3.3　安全可靠性增强技术

1. 集群管理

分布式存储系统的分布式存储软件采用集群管理方式，规避单点故障，一个节点或者一个硬盘故障自动从集群内隔离出来，不影响整个系统业务的使用。集群内选举进程 Leader 负责数据存储逻辑的处理，当 Leader 出现故障时，系统自动选举其他进程成为新的 Leader。

2. 多数据副本

分布式存储系统中没有使用传统的 RAID 模式来保证数据的可靠性，而是采用了多副本备份机制，即同一份数据可以复制保存多个副本。在数据存储前对数据进行分片，分片后的数据按照一定的规则保存在集群节点上。

对于服务器 1 的磁盘 1 上的数据块 P1，它的数据备份为服务器 2 的磁盘 2 上 P1′，P1 和 P1′构成了同一个数据块的两个副本，如图 6-14 所示。

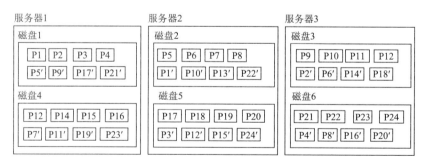

图 6-14　多数据副本

3. 数据一致性

数据一致性的要求是：当应用程序成功写入一份数据时，后端的几个数据副本必然是一致的，当应用程序再次读取时，无论在哪个副本上读取，都是之前写入的数据，这种方式也是绝大部分应用程序所希望的。

分布式存储系统采用强一致性复制技术确保各个数据副本的一致性,一个副本写入,多个副本读取。分布式存储系统还支持 ReadRepair 机制。ReadRepair 机制是指在读数据失败时,会判断错误类型,如果是磁盘扇区读取错误,可以通过从其他副本读取数据,然后重新写入该副本的方法进行恢复,从而保证数据副本总数不减少。

4.快速数据重建

分布式存储系统内部需要具备强大的数据保护机制。在硬件发生故障导致数据不一致时,分布式存储系统通过内部的自检机制,比较不同节点上的副本分片,自动发现数据故障。发现故障后启动数据修复机制,在后台修复数据。由于数据被分散到多个不同的存储节点上保存,数据修复时,在不同的节点上同时启动修复,每个节点上只需修复一小部分数据,多个节点并行工作,有效避免了单个节点修复大量数据所产生的性能瓶颈,对上层业务的影响做到最小化。

分布式存储系统需要支持并行、快速故障处理和重建。数据分片在资源池内被打散,硬盘出现故障后,可在资源池范围内自动并行重建。数据分布上支持跨服务器或跨机柜,不会因某个服务器故障而导致数据不可访问。扩容时可以自动进行负载均衡,应用无须调整即可获得更大的容量和性能。

5.掉电保护

分布式存储系统运行过程中可能会出现服务器突然掉电的情况,内存中的元数据和缓存数据会随着掉电而丢失,需要使用 NVDIMM 非易失内存来保存和恢复元数据和缓存数据。部署分布式存储系统软件的每一台服务器要求配备 NVDIMM 内存条,服务器掉电时会把元数据和缓存数据写入 NVDIMM 的 Flash 中,上电后又会把 Flash 中的数据还原到内存中。分布式存储系统能够识别出系统中的 NVDIMM 内存,并把需要保护的数据按照内部规则存放在 NVDIMM 中,以便提供掉电保护功能。

第7章 数据中心网络技术

云计算数据中心的特点是按需生成、按需扩展、按需缩减、按需计费、自动生成、及时交付。它的关键技术是虚拟化和自动化。这意味着数据中心网络将是一个数据网和存储网融合的网络;将是一个扁平的支持跨数据中心的大二层技术的网络,满足横向流量和虚拟机迁移需求;将是一个标准的,支持边缘虚拟交换的网络,满足将虚拟机流量牵引到硬件网络,实现基于硬件的虚拟机交换和增值服务的需求;将是一个支持多租户和按需服务、按需安全的网络,满足云计算环境下用户的隔离和安全需求;将是一个开放的、可编程的网络,可以实现网络即服务(NaaS),满足网络策略随虚拟机而动的需求,同时实现上层应用和中间件对网络基础设施的调用。

7.1 网络虚拟化技术

7.1.1 网络虚拟化的驱动力

1.数据中心的起源

很早以前,个人电脑和商用电脑还被定位成奢侈品,那时企业的信息化水平还处在萌芽阶段,即便有几台服务器,也只是提供基本的文件备份、财务管理等服务。那时服务器的"驻地"叫作机房。

一台空调、一组 UPS、数台服务器应该是机房的通用模式。随着互联网的兴起,企业的信息化水平逐步提高,越来越多的企业将纸质文档转换成电子数据。电子邮箱、ERP、SAP、OA等服务成为每个企业的信息支柱系统,它们每时每刻都会产生大量的数据交换。这些数据不但对存储速度有着苛刻的要求,而且需要满足高安全性和高可靠性,网络环境的稳定、通信线路的冗余、精密空调的支撑、消防与监控的保障、管理平台的高可用……众多苛刻的条件,传统机房已无法应付。

上述算是"内忧",还有"外患"。

企业规模的扩张,多个地域分散着分公司、平级工厂,它们的信息系统需要共存、共用,并且数据在近端和远端也需要无差别地传输,企业的信息应用不仅面向内部员工,对于公众用户还要通过 Web 与企业进行资源互动和信息交流。传统机房的应对能力日渐减弱,数据中心(Data Center)的概念应运而生。

2. 数据中心概述

如图 7-1 所示,数据中心不再是服务器的集合,而是一套完整的、复杂的、大集合的系统,它不仅包括计算机系统和其他与之配套的设备(例如通信和存储系统),还包含冗余的数据通信连接、环境控制设备、监控设备以及各种安全装置。数据中心的作用是为了实现对数据信息的集中处理、存储、传输、交换和管理。

图 7-1　数据中心

如今,无纸化办公逐渐替代纸张、油墨等易耗品,较高配置的刀片服务器和与之配套的存储与通信系统能满足信息系统的运转,但是依靠服务器和存储并不能为企业带来高可用性保障,从基础设施到应用层面的部署都需要细致的规划与设计。此外,数量庞大的服务器和存储必然会给数据中心带来大量的热负荷,普通空调完全不能满足如此大的热能转换,于是精密空调、冷热通道、围栏技术、背板水冷等技术成为数据中心冷却系统的重要环节。

在电力的供应环节,UPS 自然是首选,但这远远不够,冗余的 UPS 可以在一定程度上提高可用性,这应该算是最基础的措施。提高可用性还需要在数据中心部署柴油发电机,它的设计容量是 N+1,并且需要配备双路市电输入,因为高负载、多线路的电力资源不允许中断。

静电对电子设备的影响相信大家都不陌生,防静电地板在数据中心算是首层防护工具,对于其他异常电量控制还需要多角度考虑。举个简单的例子,面对瞬间数万伏的闪电只依靠建筑墙体的避雷系统或许有隐患,一旦闪电进入数据中心内部必会击穿电子器件,故安全的防雷和接地系统必不可少。

这些只是数据中心的一个缩影,诸如避免火灾的气体消防系统、监视诸多电子设备的数字安保系统同样是数据中心的建设内容。

总结一下,数据中心包括以下组成部分:

(1)基础环境:主要指数据中心机房及建筑物布线等设施,包括电力、制冷、消防、门禁、监控、装修等。

(2)硬件设备:主要包括核心网络设备、网络安全设备、服务器、存储、灾备设备、机柜及配套设施。

(3)基础软件:服务器操作系统软件、虚拟化软件、IaaS 服务管理软件、数据库软件、防病毒软件等。

(4)应用支撑平台:一般来讲是具有行业特点的统一软件平台,整合异构系统,互通数据资源;剩下的是具体应用软件,多数应该做成与硬件无关的。

所以,我们对数据中心的考量不再是某个个体,而是将数据中心的各个环节全部整合到一起,有针对性、计划性、全面性地评估和部署数据中心。数据中心管理的难度和强度在不断增加,但是对于数据中心管理人员来说,这似乎更为有趣。

3. 数据中心的分类

(1)根据企业的组织机构不同划分。

根据企业的组织机构不同,将数据中心分为单级数据中心和多级数据中心。

① 单级数据中心是指企业或组织将业务系统集中化管理,只设立一个数据中心,不管是本部,还是分支机构的客户端都通过相关通道连接内部服务。单级数据中心多应用于中小型企业。

② 多级数据中心是指企业或组织以多层次、分布式的模式建设的数据中心,总部部署一级数据中心,下级单位建立二级数据中心、三级数据中心等。多级数据中心则多应用于大型企业、科研机构等。

(2)根据服务对象的不同划分。

根据服务对象的不同,将数据中心分为企业数据中心和互联网数据中心。

① 企业数据中心是由企业或组织自行构建,为企业内部员工、关联客户、合作伙伴提供数据处理、数据访问等信息服务,它可以是单级数据中心或多级数据中心,也可租用 IDC(Internet Data Center,互联网数据中心)机房,将 IT 运营运维外包给专业公司。

② 互联网数据中心归服务提供商所有,通过 Internet 向客户提供有偿信息服务。由于面向的服务对象更广,这类数据中心的规模一般较大,设备和平台也较为高端。其典型应用如MSN、QQ 等类似服务,或者电信面里提供的容量空间给中小企业,中小企业通过备份软件方式将本地数据集中备份在数据中心等。

4. 数据中心的演变

(1)20 世纪 90 年代早期:CS(Client Server)结构计算模型。

30 年前,微计算机产业迎来了一片繁荣的景象。老一代的 PC 已经褪去了光辉,取而代之的是连接的网络设备,尤其是 CS 技术模型的出现,使得主机代管和外部数据中心逐渐显现。

(2)20 世纪 90 年代中期:互联网。

20 世纪 90 年代中期,互联网开始对市场产生巨大影响,也为接下来的数据中心的部署提供了更多选择。随着公司对互联网业务应用的支撑需求,网络连接和协作服务成为企业部署IT 服务的必备选择。网络提供商和主机托管商在成百上千的数据中心创建中得到广泛发展,数据中心作为一种服务模式已经为大多数公司所接受。

(3)2007 年:模块化数据中心出现。

模块化数据中心将通常数据中心的设备都部署在集装箱里面,因此又称为集装箱数据中心。最有名的包括 Sun Blackbox,该集装箱数据中心的 280 个服务器都被部署在 20 in(英寸,1 in=2.54 cm)柜的集装箱里面,并可被运往世界各地。

(4)2010 年以后:云数据中心。

亚马逊 AWS 以网络服务的形式向企业提供 IT 基础设施服务,现在通常被称为云计算。2012 年调查显示,38% 的企业已经使用云,28% 的企业计划开始使用或扩建云。

我们大致可以将数据中心的发展历程分为四个大的阶段:大型机时代、小型机时代、互联网时代和云时代,如图 7-2 所示。

1945—1971	1971—1995	1995—2005	2005—
第一阶段 大型机时代	第二阶段 小型机时代	第三阶段 互联网时代	第四阶段 云时代

图 7-2　数据中心发展历程

大型机时代和小型机时代,更多地称为数据机房,随着数据的膨胀、技术的变革,数据机房逐渐演变为数据中心,这不仅仅是概念上的变化,在功能性、规范性、规模性上都与互联网数据中心和云数据中心有着巨大的差别。

TB 级的 IDC 尚能应付,但是随着 PB(1 PB=1 024 TB)级,乃至 EB(1 EB=1 024 PB)级的数据相继出现,IDC 的承载压力可想而知。1 U 或者数 U 的机架式服务器、刀片式服务器成为硬件先行者,虚拟化、海量数据存储作为技术保障,分布式、模块化数据中心正逐渐接管市场。

5.传统数据中心网络的演进趋势

随着大数据时代的到来,企业数据中心承载的业务越来越多,新业务上线越来越快。为了满足业务的需要,传统数据中心网络将逐渐向具备弹性、简单和开放特征的新一代数据中心网络演进。弹性是指网络能够实现灵活、平滑扩展以适应业务不断发展的需要。弹性扩展包括设备级、系统级和数据中心级的扩展。

(1)设备级弹性扩展:网络设备需要具备持续的平滑扩容能力。例如,接入交换机可以提供 25 GE/40 GE 的接入能力,核心交换机能提供百 TB 以上的交换容量,高密度的 100 GE/400 GE 接口等。

(2)系统级弹性扩展:数据中心网络需要支持更大规模的二层网络。例如,提供数万台 10 GE 服务器接入的能力。

(3)数据中心级弹性扩展:数据中心互联网络要能够支持多个数据中心的资源整合,实现更大规模虚拟机跨数据中心迁移。

传统网络的管理维护是封闭的,独立于计算、存储等 IT 资源。网络开放以后,可以打破原有的封闭环境,使网络设备可以与更多的 SDN 控制器、第三方管理插件、虚拟化平台等协同工作,从而打造更灵活的端到端数据中心的解决方案。简单地说,就在于要能够让网络更好地为业务服务,能够根据业务来调度网络资源,如要能够实现网络资源和 IT 资源的统一呈现与管理,能够实现从业务到逻辑网络再到物理网络的平滑转换等。

6.未来云数据中心的网络形态

随着服务器虚拟化和存储虚拟化技术的迅速发展,服务器内开始集成各种虚拟化软件。一台物理服务器内可以同时运行多个虚拟机实例,以最大限度地利用计算资源。同时,随着云服务被越来越广泛地使用,用户可以方便地从云服务提供者处直接获取虚拟机的租用服务,大大节省了自建和运维成本。用户可以不用关注虚拟机所在物理服务器的具体型号、具体位置,甚至如何实现,而转为关注用户自身业务的快速部署和上线应用。

传统的网络虚拟化技术已经越来越难以满足云时代下用户的需求。例如,被广泛使用的 VLAN(Virutal Local Area Network,虚拟局域网)技术,虽然可以在物理交换机上通过划分多个 VLAN 来隔离,并虚拟出多个逻辑网络,但是其设计和配置,通常基于固定的规划,以及网络和服务器的位置不会频繁变更的假设。云化的数据中心,大量虚拟机的动态的生命周期变化,以及弹性漂移和伸缩的特点,对网络提出了更高的按需配置和随动的需求。通过传统的静态方式的 VLAN 规划和配置,已经越来越难以满足诉求。

7.1.2 对网络虚拟化的关键需求

通过网络能力的软件化,满足业务系统的敏捷、自动化、效率提升,成为虚拟化和云时代下对网络虚拟化的关键诉求。首先,由于敏捷和业务快速上线的诉求,网络不能成为阻碍 IT 业务的绊脚石,要支撑业务系统的快速创新和上线;其次,网络业务的下发和配置,要改变基于手工或静态配置的方式,支撑业务系统实时、按需、动态化的部署网络业务,从静态网络演进为动态网络,从单点部署演进为整体部署,从人机接口演进为机机接口;最后,要提升网络资源的利用率,从设备和连接为中心的模式,转化为以应用和服务为中心的模式,最大化利用网络资源,同时细分用户的业务流量,提供不同 SLA 的保障。具体来说,自下而上,对网络的需求包括如下几点:

1. 与物理层解耦

网络虚拟化的目标是接管所有的网络服务、特性和应用的虚拟网络必要配置(VLAN、虚拟路由转发、防火墙规则、负载均衡池、IP 地址管理、路由、隔离、多租户等)。从复杂的物理网络中抽取出简化的逻辑网络设备和服务,将这些逻辑对象映射给分布式虚拟化层,通过网络控制器和云管理平台的接口来消费这些虚拟网络服务。应用只需和虚拟化网络层打交道,复杂的网络硬件本身作为底层实现,对用户的网络控制面屏蔽。

2. 共享物理网络,支持多租户平面及安全隔离

计算虚拟化使多种业务或不同租户资源共享同一个数据中心资源,网络资源也同样需要共享,在同一个物理网络平面,需要为多租户提供逻辑的、安全隔离的网络平面。

3. 网络按需自动化配置

一个完整的、功能丰富的虚拟网络可以自由定义任何约束在物理交换基础上的设施功能、拓扑或资源。通过网络虚拟化,每个应用的虚拟网络和安全拓扑就拥有了移动性,同时实现了和流动的计算层的绑定,并且可通过 API 自动部署,又确保了和专有物理硬件解耦。

4. 网络服务抽象

虚拟网络层可以提供逻辑端口、逻辑交换机和路由器、分布式虚拟防火墙、虚拟负载均衡器等,并可同时确保这些网络设备和服务的监控、QoS 和安全。这些逻辑网络对象就像服务器虚拟化虚拟出来的 vCPU(虚拟 CPU)和内存一样,可以提供给用户,实现任意转发策略、安全策略的自由组合,构筑任意拓扑的虚拟网络。

7.1.3 大二层技术

云计算背景下的数据流量特征与传统网络大不相同。在传统数据中心,超过 80% 的流量是服务器与外部网络的南北向流量,流量可以平滑地沿着南北向部署的接入层、汇聚层、核心层的传统架构出入数据中心。但是在云计算的大背景下,在云数据中心超过 70% 的流量是东西向(又称为横向)流量。

传统的分层架构网络明显已经不再适合云数据中心,所以迫切需要一种新的、更加扁平化、更加照顾东西向流量的网络架构。对于接入的虚拟机和物理机而言,以太网作为一个广泛应用的网络架构,其二层交换能力更适合大规模的东西向流量。但是传统的以太网二层网络有其局限性,于是致力于突破传统二层网络局限性的大二层网络架构应运而生。

广义上来讲,所有突破传统二层网络规模的技术都叫大二层技术。

传统的二层以太网络,由于存在大量的广播报文和泛洪现象,使得数据帧在整个二层范围内泛洪,占用大量的带宽和硬件资源并且会引发潜在的环路,因此在部署二层网络时需要控制广播域的范围和使用破环技术破除二层环路。

传统网络在前期规划以及破环技术的使用上都直接或者间接地限制了二层网络的规模。这使得传统的二层网络的范围被限制在一定的设备数量内。特别是以 xSTP 技术为代表的破环技术实际上是通过阻塞潜在环路的方式实现防环,但同时也降低了线路/带宽的利用率。

构建大二层网络势必要从解决限制广播域范围与增加二层设备数量之间的矛盾和二层破环技术与对线路带宽利用率的矛盾两方面入手。

1. 数据中心为什么需要大二层网络

在开始之前,首先要明确一点,大二层网络基本都是针对数据中心场景的,因为它实际上就是为了解决数据中心的服务器虚拟化之后的虚拟机动态迁移这一特定需求而出现的。对于普通的园区网之类的网络而言,大二层网络并没有特殊的价值和意义(除了某些特殊场景,例如 Wi-Fi 漫游等)。所以,我们现在所说的大二层网络,一般都是指数据中心的大二层网络。

2. 传统数据中心网络架构

传统的数据中心网络通常都是二层+三层网络架构,如图 7-3 所示。

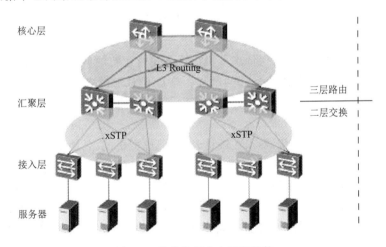

图 7-3 传统数据中心网络架构

这种网络架构其实和园区网等网络架构是一样的,相当于零售行业的加盟店形式,而与之相对应的三层到边缘架构,以及我们下面要谈到的大二层架构,就相当于直营店形式。之所以采用这种网络架构,是因为这种架构非常成熟,相关的二、三层网络技术(二层 VLAN+xSTP、三层路由)都是成熟的技术,可以很容易地进行部署,也符合数据中心分区分模块的业务特点。

3.服务器虚拟化趋势

由于传统的数据中心服务器利用率太低,平均只有 $10\%\sim15\%$,浪费了大量的电力能源和机房资源,因此出现了服务器虚拟化技术。

服务器虚拟化技术是把一台物理服务器虚拟化成多台逻辑服务器,这种逻辑服务器被称为虚拟机(VM),每个 VM 都可以独立运行,有自己的 OS、App,当前也有自己独立的 MAC 地址和 IP 地址,它们通过服务器内部的虚拟交换机(vSwitch)与外部实体网络连接,如图 7-4 所示。

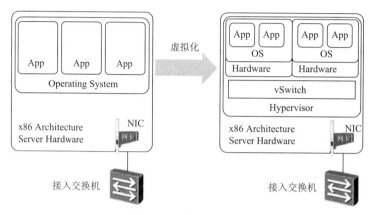

图 7-4   服务器虚拟化

通过服务器虚拟化,可以有效地提高服务器的利用率,降低能源消耗,降低客户的运维成本,所以虚拟化技术目前得到了广泛的应用。

4.虚拟机动态迁移对网络的影响

服务器虚拟化之后,带来了一项伴生技术,虚拟机动态迁移,这就给传统的数据中心网络带来了很大的麻烦。

所谓虚拟机动态迁移,就是在保证虚拟机上服务正常运行的同时,将一个虚拟机系统从一个物理服务器移动到另一个物理服务器的过程。该过程对于最终用户来说是无感知的,从而使得管理员能够在不影响用户正常使用的情况下,灵活调配服务器资源,或者对物理服务器进行维修和升级。

为了保证迁移时业务不中断,要求在迁移时,不但虚拟机的 IP 地址不变,而且虚拟机的运行状态也必须保持原状(例如 TCP 会话状态),所以虚拟机的动态迁移只能在同一个二层域中进行,而不能跨二层域迁移。而传统的二、三层网络架构限制了虚拟机的动态迁移只能在一个较小的局部范围内进行,应用受到了极大的限制。为了打破这种限制,实现虚拟机的大范围甚至跨地域的动态迁移,就要求把 VM 迁移可能涉及的所有服务器都纳入同一个二层网络域,这样才能实现 VM 的大范围无障碍迁移。

7.1.4   实现大二层网络的三类关键技术

1.网络设备虚拟化技术

所谓网络设备虚拟化技术,就是将相互冗余的两台或多台物理网络设备组合在一起,虚拟化成一台逻辑网络设备,在整个网络中只呈现为一个节点。如图 7-5 所示,网络设备虚拟化再配合链路聚合技术,就可以把原来的多节点、多链路的结构变成逻辑上单节点、单链路的结构,环路问题也就没有了。而且虚拟化技术和链路聚合技术都具备冗余备份功能,单台物理设备或者链路故障时,可以自动切换到其他物理设备和链路来进行数据转发,保证网络的可靠性。

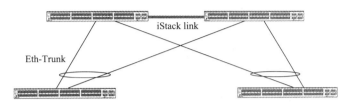

图 7-5　网络设备虚拟化与链路聚合

以网络设备虚拟化＋链路聚合技术构建的二层网络天然没有环路,其规模仅受限于虚拟网络设备所能支持的接入能力,只要虚拟网络设备允许,二层网络就可以想做多大就做多大。

网络设备虚拟化的主要技术大致可以分为三类:框式设备的堆叠技术、盒式设备的堆叠技术、框盒/盒盒之间的混堆技术。有华为的 CSS、iStack、SVF,CISCO 的 VSS、FEX,H3C 的 IRF 等。

但是网络设备虚拟化方案也有一定的缺点:

(1) 这些协议都是厂家私有的,因此只能使用同一厂家的设备来组网。

(2) 受限于堆叠系统本身的规模限制,目前最大规模的堆叠/集群大概可以支持接入 1～20 000 台主机,对于超大型的数据中心来说,有时候就显得力不从心了。但是对于一般的数据中心来说,还是显得游刃有余的。

2.借用三层路由方式控制二层网络转发

二层以太网的帧交换不能有环路,冗余链路必须阻塞掉。但是三层转发网络可以利用冗余链路做 ECMP(多路径负载均衡)。因此可以使用三层网络的思想,用冗余的潜在环路路径分担数据传输的路径。

通过在二层报文前插入额外的帧头,并且采用路由计算的方式控制整网数据的转发,不仅可以在冗余链路下防止广播风暴,还可以做 ECMP。这样可以将二层网络的规模扩展到整张网络,而不会受核心交换机数量的限制。当然这需要交换机改变传统的基于 MAC 的二层转发行为,而采用新的协议机制来进行二层报文的转发。

通过路由计算方式进行二层报文的转发,需要定义新的协议机制。这些新的协议包括 TRILL、FabricPath、SPB 等。

TRILL 是 IETF 推出的标准协议,而 FabricPath 则是 CISCO 在 TRILL 推出之前推向市场的 Pre-Standard 技术,内容与 TRILL 类似,包含一些私有的增强性功能和特性。

TRILL 协议在原始以太帧外封装一个 TRILL 帧头,再封装一个新的外层以太帧来实现对原始以太帧的透明传输,TRILL 交换机可通过 TRILL 帧头里的 Nickname 标识来进行转发,而 Nickname 就像路由一样,可通过 IS-IS 路由协议进行收集、同步和更新。

SPB 是 IEEE 推出的标准,算是 TRILL 的强有力竞争者。要说 SPB,需要先从 PBB(Provider Backbone Bridging)说起,PBB 是 IEEE 于 2008 年完成的 802.1ah 标准,为运营商城域以太网定义了一整套 MAC 的转发机制。但 PBB 只定义了转发平面的封装内容,当报文封装上外层 Ethernet 报头在运营商骨干区域二层网络中时,仍然需要依靠传统的 STP 进行环路避免和转发控制。

从实现上来看,SPB 同样是采用了 IS-IS 作为其控制平面协议进行拓扑学习计算,而用 MAC-in-MAC 封装方式在 SPB 区域内部进行报文传输。所以这个实现和 TRILL 还是非常相似的。

像 TRILL 和 SPB 这些技术是 CT 厂商主推的大二层网络技术方案。为什么 CT 厂商会钟情于这些技术,其实也很容易理解,因为这些技术的部署和实施都是在网络设备上进行的,与服务器等 IT 设施无关,CT 厂商可以全盘控制,因此 CT 厂商更青睐这种技术。

3. Overlay 技术

Overlay 技术(图 7-6)就是通过用隧道封装的方式,将源主机发出的原始二层报文封装后在现有网络中进行透明传输,到达目的地之后再解封装,得到原始报文,转发给目标主机,从而实现主机之间的二层通信。

图 7-6 Overlay 技术

Overlay 技术的核心就是通过点到多点的隧道封装协议,完全忽略中间网络的结构和细节,把整个中间网络虚拟成一台巨大无比的二层交换机,每一台主机都是直接连在这台巨大交换机的一个端口上。而基础网络内如何转发都是这台巨大交换机内部的事情,主机完全无须关心。

Overlay 的典型技术主要有 VXLAN(Virtual Extensible LAN)、NVGRE、STT 等。

VXLAN 是 VMWare 和 CISCO 提出的 Overlay 技术方案。VXLAN 的阵营中还包括 Arista、Broadcom、Citrix 和 Red Hat 等厂商。

VXLAN 采用 Mac in UDP 的封装方式,虚拟机发出的数据包在 VXLAN 接入点(被称为 VTEP),加上 VXLAN 帧头后再被封装在 UDP 报头中,并使用承载网络的 IP/MAC 地址作为外层头进行封装,承载网络只需要按照普通的二、三层转发流程进行转发即可。帧结构如图 7-7 所示。

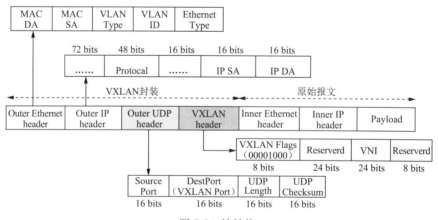

图 7-7 帧结构

VXLAN 在 VXLAN 帧头中引入了类似 VLAN ID 的网络标识,称为 VXLAN 网络标识 VNI,由 24 bits 组成,支持多达 16 M 的 VXLAN 段,从而满足了大量的网络标识需求。

VTEP 通过(目的 MAC 地址、目的 VNI、目的 VTEP 的 IP 地址)映射表来实现报文封装,对于不认识的 MAC 地址,通过组播方式在网络内进行查询(当然,如果有统一的控制器,就可以单播向控制器进行查询)。

VXLAN 和 NVGRE 等技术是服务器虚拟化的 IT 厂商主推的大二层网络技术方案,这也很好理解,对于 VXLAN 和 NVGRE 技术来说,报文的封装/解封装都是在服务器内部的虚拟交换机 vSwitch 上进行的,外部网络只对封装后的报文进行普通的二层交换和三层转发,所以技术控制权都在 IT 厂商手里。

7.2 SDN 技术

1. SDN 架构的迫切需求

传统网络架构存在以下缺点:

(1) 创新困难,创新周期长。

传统 TCP/IP 网络设备结构是控制平面和转发平面深度耦合的结构。简单来说,控制平面就是一台网络设备的大脑,设备收到一个报文,应该怎么处理,是丢弃,还是转发,从哪个接口转发出去,这些都是控制平面需要决定的。而转发平面就很简单,控制平面会告诉设备怎么处理。如果一个大型网络有几十甚至几百台网络设备,如何保证这些网络设备能够良好地配合完成任务呢?显而易见,所有的网络设备都必须遵循一定的标准,从而保证网络能够动作统一。但是一个网络中的设备不一定都是一个厂家的,厂家间也会有分歧,于是大家就推选了一些权威的组织(IETF、IEEE 等组织)负责制定这些标准,这就是所谓的标准协议,如 OSPF、BGP。当需要部署一个新业务时,就必须先去商讨这些标准,商讨完后再进行开发、验证。由于网络中每台设备都需要了解这些标准,因此需要在每台设备上都进行更新。完成全部流程至少需要三五年时间。

(2) 协议复杂,运维难度大,运维成本高。

现在的标准协议越来越多,每年仅 IETF 发布的关于网络设备的标准协议就有上千条,而且还在以每年接近翻倍的速度增加。

(3) 路径规划能力弱。

在一个网络中,为了使所有设备通力配合,一般来说,所有设备都需要遵循一定的标准协议。体现在网络最重要的功能路径选择上的就是一系列的路由协议了。我们先来看一个应用场景:如图 7-8 所示,现在有业务 A(10 G)、业务 B(5 G)两个业务流量都希望能从路径 A 转发到路径 D,显而易见,有两条路可以选择,路径 A→路径 C→路径 D 和路径 A→路径 B→路径 C→路径 D,如果这 4 台路由器都运行了 OSPF 路由协议,那么由于 OSPF 协议是基于最短路径算法的,协议会选择带宽较大的那条路径,即路径 A→路径 C→路径 D 这条路径,这条路径就会变得拥挤不堪,10 G 的带宽无法完全承载 A 和 B 两个业务。

图 7-8 应用场景

因此,云时代下的数据中心网络迫切需要一个能够直接自动化的调节网络流量、直接干预流量路径的技术。2006 年,美国斯坦福大学在 GENI 项目的资助下启动了 Clean Slate 课题的研究,斯坦福大学 Nick McKeown 教授为首的研究团队提出了 OpenFlow 的概念用于校园网络的试验创新,后续基于 OpenFlow 给网络带来可编程的特性,SDN 的概念应运而生。2011年,在 Nick McKeown 教授的倡导下,由 Deutsche Telekom、Facebook、Google、Microsoft、Verizon 和 Yahoo! 创立了开放网络基金会(ONF)。基金会是非营利性组织,宗旨就是加速 SDN 的实际部署。基金会一经成立,立刻吸引了新兴的 IT 厂商和运营商的加入。一时之间,SDN 风头无两,各种研究也在如火如荼地进行中。

2.SDN 的核心思想:转控分离,集中控制

SDN 最基本的特点就是它的转控分离网络架构。传统网络设备分为控制平面和转发平面。控制平面负责指挥,转发平面负责执行。SDN 网络新增了一个网络部件——SDN 控制器,这个控制器完全由软件实现,它就如同网络的大脑,可以指挥网络中的所有设备。相应地,其他的网络设备就不再需要自己的控制平面了,只需要听从控制器的命令进行转发就可以了,我们称之为转发器。

如图 7-9 所示,所有我们常见的路由器、交换机等转发设备都变成了统一的转发器,而所有的转发器都直接接受控制器的指挥。我们可以把 SDN 网络和城市的交通路网做一下对比,转发器相当于交叉路口负责指挥的交警,而控制器就如同交通调度中心,交通调度中心了解整个城市的交通状况,根据每条路的路况合理地安排车流量(数据流量)。

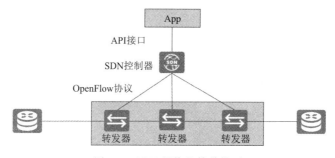

图 7-9　SDN 网络的简单模型

7.2.1　现阶段 SDN 技术

数据中心 Fabric 网络是连接所有数据中心 IT 组件的唯一通用实体,是数据中心功能实现的重要基础设施,构建坚实、高效的网络基础设施将为数据中心业务管理与运维提供保障。

在云数据中心时代,随着计算虚拟化技术的广泛应用,物理服务器通过虚拟化技术虚拟成多台 VM 虚拟机,通过虚机交换机 vSwitch 接入物理交换机,因此计算与网络的边界延伸到了物理服务器内部,Fabric 不再仅包含物理设备,还需要考虑 vSwitch 等依靠软件实现的虚拟网络设备。同时,由于虚拟化技术的出现,为了提高资源的利用率与保障业务的高可用性,虚拟机可以在一个较大范围内进行迁移,如果依靠传统网络技术静态手工配置,需要在虚拟主机迁移前后进行大量配置,显然不能满足网络随业务而变的需求。

新一代数据中心 SDN 方案中使用 VXLAN 技术构建 Overlay 网络,实现业务网络按需部署。数据中心网络从功能上划分为承载网络(Underlay)和业务逻辑网络(Overlay)。

1. 硬件 Underlay SDN 网络

数据中心分区内 Underlay 网络采用成熟的 Spine-Leaf 架构,如图 7-10 所示,支持横向按需扩容,提高分区的接入能力。Spine 与 Leaf 全连接,等价多路径提高了网络的可用性。

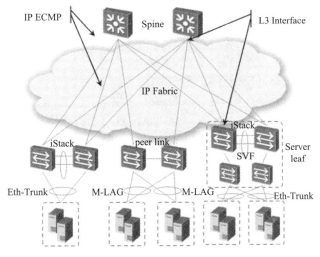

图 7-10　Spine-Leaf 架构

Spine 节点:一般部署两台大容量交换设备,Spine 节点同 Leaf 节点相连的以太网口配置为三层路由接口,构建 IP Fabric 网络。

Leaf 节点:推荐部署 CE6800 系列交换机,同每个 Spine 节点相连,构建全连接拓扑;同时 Leaf 节点作为 Underlay 网络的 L2/L3 分界,同 Spine 节点相连的以太网口配置为三层路由接口。Leaf 节点的 ToR 设备数量较多,可以通过 ZTP 自举的方式部署 ToR 设备,降低部署的复杂度。

Leaf 节点支持多种灵活组网,适应不同服务器接入需求,如单机方案、iStack 堆叠方案、M-Lag、SVF 等。

Underlay 承载网络中,路由一般选择部署 OSPF 动态路由协议,Spine-Leaf 间可以形成 IP ECMP 等价路径;Leaf 设备到 Spine 设备的流量进行 ECMP 负载分担,可以实现无阻塞转发和故障快速收敛。

2. 基于 VXLAN 的 Overlay 业务网络

VXLAN 是应用于数据中心虚拟化的一种 NVo3 技术,主要解决多租户接入扩展和 VM 迁移等场景应用。VXLAN 是一个在 L3 层网络叠加到 L2 层网络的方案,采用 MAC-in-UDP 封装来延伸 L2 层网络,UDP 报文作为隧道承载层,而原有的二层数据报文内容作为隧道净荷来传输。由于外层采用了 UDP 作为传输手段,可以让净荷数据轻而易举地在三层网络中传送,达到了在三层网络上延伸二层网络的目的。每个被叠加的 L2 层称为一个 VXLAN 段,通过一个被称为 VXLAN 网络标识符(VNI)的 24 位段 ID 来标识,从而可以提供多达 16 M 的 VXLAN 段。

DCN SDN 网络中使用 VXLAN 技术构建 Fabric 网络:

(1) 使用 VXLAN 封装实现 MAC over IP 或者 IP over IP 的隔离承载,通过不同 VXLAN 来进行业务隔离,通过不同外层隧道实现路径选择。

（2）业务报文在 VXLAN 网络中通过 VXLAN 隧道转发，VTEP 是 VXLAN 隧道端点，封装在 NVE 中，用于 VXLAN 报文的封装和解封装。VTEP 与物理网络相连，分配物理网络的 IP 地址，该地址与虚拟网络无关。VXLAN 报文中源 IP 地址为本节点的 VTEP 地址，VX-LAN 报文中目的 IP 地址为端节点的 VTEP 地址，一对 VTEP 地址就对应着一个 VXLAN 隧道。

数据中心分区 Overlay 网络使用 VXLAN 技术构建大二层网络环境，按照 VTEP 与 VX-LAN L3 GW 由物理交换机还是软件 vSwitch 实现，当前 VXLAN 方案可以划分为硬件（网络）Overlay 组网、软件（主机）Overlay 组网和混合 Overlay 组网三种主要方案：

（1）硬件（网络）Overlay 组网方案：NVE 部署在物理交换机上。这是当前敏捷数据中心 SDN 主要采用的方案。新建物理网络通过 VXLAN Overlay 网络实现自动化业务发放。

（2）软件（主机）Overlay 组网方案：NVE 部署在软件 vSwitch 交换机上。不改造现有物理设备，与具体厂商硬件设备解耦，无须配置物理网络，实现大规模逻辑二层网络的自动创建。

（3）混合 Overlay 组网方案：Nve 同时部署在硬件交换机和软件 vSwitch 交换机上。通过 SDN 实现对虚拟网络及物理网络的配置管理和自动化业务发放。

具体差异见表 7-1：

表 7-1　各方案间的差异

方案分类	VXLAN L3 GW 设备类型	是否需要南北汇聚网关	南北汇聚网关类型	VXLAN L3 GW 部署	VXLAN Bridge 类型	方案适用场景
硬件 Overlay 组网	CE 硬件交换机	否	集中部署	CE 硬件交换机（ToR）		需要硬件设备高性能解封装及 L4～L7 处理能力
软件 Overlay 组网	vSwitch	是	vSwitch	分布式部署：根据 VM 上线位置就近部署在 vSwitch 上	vSwitch	网络内有多个厂商网络设备，需要 SDN 方案做到对硬件网络设备的厂商无关性
混合 Overlay 组网	vSwitch	是	CE 硬件交换机	分布式部署：根据 VM 上线位置就近部署在 vSwitch 上	vSwitch	同时有虚拟服务器及物理服务器接入网络；SDN 网络与传统网络互联互通

3. 虚拟网络管理

（1）物理和虚拟化资源的统一管控。

云管理平台通过对各种物理资源、虚拟化资源数据统一建模，将资源以用户可见的资源池形式提供给上层应用，在接入不同的物理设备和虚拟化资源环境时，上层应用不感知。统一资源管理，支持发现其管辖范围内的物理设备（包括机框、服务器、存储设备、交换机、防火墙和负载均衡器等）以及它们的组网关系。支持将这些物理设备进行池化和集中管理，提供给上层应用管理使用，实现资源的高效共享。

虚拟化资源管理可以统一管理不同厂商的虚拟化平台系统，如 OpenStack、华为 Fusion-

Sphere、VMware vSphere、微软 Hyper-V、思杰 Xen Server 等虚拟化平台,提供不同资源的生命周期管理功能,包括虚拟机资源、虚拟网络资源、虚拟存储资源管理等。

通过资源池管理,可提高基础设施资源的利用率和灵活性,提供统一的虚拟化资源管理能力,对上层应用发放屏蔽差异,实现虚拟资源的集中管理,提升管理效率,降低运维成本。采用南向插件机制,使云管理可以快速、便捷、可定制地实现不同硬件和虚拟化系统的对接。

网络资源基础管理,提供对路由器、交换机、负载均衡器、防火墙、IP 地址、虚拟网络设备等网络设备及资源的查询和配置管理,网络资源包括资源编号、对应网络设备的基本信息、网络设备的管理和配置接口信息。将多个网络资源整合为一个整体,对外提供统一的网络资源分配和集中式管理。网络资源池应包括网络资源池编号、网络资源类型(比如 IP 地址、交换机、路由器、负载均衡器、防火墙等)、网络资源池组成信息、网络资源池容量信息、资源池操作方式、资源池访问接口、系统域 ID 等。

典型的云管理平台对网络资源的管理能力包括以下几点:

① 支持对网络设备的自动发现。

② 支持设备拓扑图。

③ 支持对网络设备(包括虚拟网络设备)的配置和管理,包括网络带宽容量、VLAN 等资源的配置、查询、导出功能,支持通过全网资源统计,观测全网网络资源使用的状况。

④ 支持网络资源(池)的容量管理,包括总容量、已使用的资源容量、可用资源容量等信息的管理和查询,对网络设备实时监测。

⑤ 提供对网络资源(池)的生命周期管理(包括创建、修改、查询和删除)。

⑥ 提供对网络资源(池)的操作和配置接口。

⑦ 网络设备管理,查看交换机信息,管理 IP 地址、型号、类型和状态等信息;查看交换机端口连接状态,查看交换机每个端口的编号、状态、发送速率、接收速率、发送丢包率、接收丢包率、发送错误率和接收错误率等信息。

⑧ 网络配置管理,对系统网络进行配置和管理,包括外部网络、组织网络和服务器 BMC IP 池等。

⑨ 云管理平台对虚拟化网络资源、VPC 业务的管理包括子网管理、VLAN 池管理、VPC 管理和虚拟防火墙。

⑩ 云平台的子网管理,支持子网下虚拟机的二层隔离。当组网模式采用二层、三层时均可根据用户需要配置 VLAN 池,在组网模式为三层组网时添加的 VLAN 池只用于隔离二层网络。VPC 为应用发放提供了一个独占并且完全隔离的网络容器,可以在 VPC 内添加虚拟防火墙和各种类型的网络。

(2) 现阶段的网络云化。

与计算虚拟化相比,网络虚拟化以及网络云化的历史并不算久,世界各地大规模商用的案例还比较少。在现阶段,以虚拟交换机、分布式虚拟交换机、虚拟路由器、虚拟防火墙、虚拟负载均衡器为代表的软件 Overlay SDN 方案,对现有网络硬件设备基本没有改动,而是通过服务器虚拟化层运行的虚拟化与云计算软件完成网络虚拟化功能。这种方案在公有云和数据中心私有云中具有成本低、推广阻力小、对网络硬件要求低等特点,会随着公有云和私有云的建设而变得普遍化。

第8章 OpenStack架构体系

我们知道，一个发电厂建设好后，还需要架设长途电缆、建设变电站、在居民楼设置变压器、在每家每户铺设电线、安置插座和开关、设置电表，这样才能够将电力传送到千家万户。同样地，利用前面讲到的计算虚拟化、存储虚拟化和网络虚拟化技术，我们已经将分布在不同地方的数据中心进行虚拟化，构筑一个可以提供云服务的、庞大的 IT 资源池，就是说，"IT 电厂"已经建成。但是，对于最终用户，要获得并使用 IT 资源，就要解决如何高效访问云计算系统以获取所需的 IT 资源，并获得满意的访问体验的问题，这就是云接入。

8.1 桌面云接入的关键特征

8.1.1 什么是桌面云接入

桌面云接入是指从单一平台实现桌面和应用的虚拟化，提供固定和移动终端融合接入的统一工作空间，帮助客户对固定办公和移动办公环境下的桌面、应用和数据进行统一管理、发布和聚合。它是一种基于云计算的终端用户计算模式。在这种模式中，所有的应用程序都在云数据中心运行，应用程序无须在终端上安装。用户通过终端云接入协议连接云数据中心，并运行在云数据中心的程序，以获取程序运行结果。

随着企业信息化进程的不断深入，企业中增加了各种各样的电子设备。由于传统 IT 的束缚，企业 IT 团队依然要维护大量的传统 PC，这不但需要大量的人力物力，而且在进行外网接入以及异地登录的时候无法很好地保障企业数据安全。全球可连接互联网设备的出货情况显示，PC 所占份额越来越少。云接入很好地解决了这些问题，不仅可以快速搭建企业 IT 基础架构，还可以快速对员工账户进行管理，实现跨平台作业。桌面云是对云接入这一侧重点的专门阐述。

8.1.2 云接入的作用和意义

1.数据上移，信息安全

传统桌面环境下，由于用户数据都保存在本地 PC，因此内部泄密途径众多，且容易受到各种网络攻击，从而导致数据丢失。云接入桌面环境下，终端与数据分离，本地终端只显示设备，无本地存储，所有的桌面数据都集中存储在企业数据中心，无须担心企业的数据泄露。除此之外,TC的认证接入、加密传输等安全机制,保证了云接入桌面系统的安全可靠。

2.高效维护,自动管控

传统桌面系统故障率高,据统计,平均每400台PC就需要一名专职IT人员进行管理维护,且每台PC维护流程(故障申报→安排人员维护→故障定位→进行维护)需要2~4 h。在云接入桌面环境下,可实现资源自动管控,维护方便简单,节省IT投资。

云接入桌面不需要前端维护,强大的一键式维护工具让自助维护更加方便,提高企业运营效率。使用云接入桌面后,每位IT人员可管理超过2 000台虚拟桌面,维护效率提高4倍以上。白天可自动监控资源负载情况,保证物理服务器负载均衡;夜间可根据虚拟机资源占用情况关闭不使用的物理服务器,节能降耗。

3.应用上移,业务可靠

在传统桌面环境下,所有的业务和应用都在本地PC上进行处理,稳定性仅99.5%,年宕机时间约21 h。在云接入桌面方案中,所有的业务和应用都在数据中心进行处理,强大的机房保障系统能确保全局业务年度平均可用度达99.9%,充分保障业务的连续性。各类应用的稳定运行,有效降低了办公环境的管理维护成本。

4.无缝切换,移动办公

在传统桌面环境下,用户只能通过单一的专用设备访问其个性化桌面,极大地限制了用户办公的灵活性。采用云接入桌面,由于数据和桌面都集中运行和保存在数据中心,用户可以不中断应用运行,实现无缝切换办公地点。

5.降温去噪,绿色办公

节能、无噪的TC部署,有效地解决了密集办公环境的温度和噪音问题。TC让办公室噪音从50 dB降低到10 dB,办公环境变得更加安静。TC和液晶显示器的总功耗大约60 W,终端低能耗可以有效地减少降温费用。

6.资源弹性,复用共享

在云接入桌面环境下,所有资源都集中在数据中心,可实现资源的集中管控、弹性调度。资源的集中共享提高了资源利用率。传统PC的CPU平均利用率为5%~20%,在云接入桌面环境下,云数据中心的CPU利用率可控制在60%左右,提升了整体的资源利用率。

7.安装便捷,部署快速

云接入桌面解决方案具有安装便捷、部署快速的特点。到客户现场后,只需服务器上电,进行云接入桌面软件的向导式安装,接通网络并进行相关业务配置即可进行业务发放,大幅度提高了部署效率。

8.1.3 桌面云接入的挑战和需求

桌面云接入的挑战和需求,主要集中在如何应用虚拟化技术为终端用户提供资源访问的便利性、安全性以及用户体验上,通过分析这些典型技术的特点,可以发现它们仍然存在如下一些难以解决的问题。

1.外设兼容性

在桌面云接入虚拟化项目中对外设的支持是非常普遍的,绝大多数虚拟桌面基础架构项目中都会遇到用户对外设的需求,但有时也非常棘手。众所周知,外设在云终端上接入,在后端做桌面识别,这就涉及将具有电器特性的硬件设备通过网络传输到后端的桌面中,并且设备本身的驱动是在前端还是后端都需要桌面云厂家考虑,加上国内外设的多样性和不标准性,要在桌面云中支持具有多样性、复杂性的外设需要厂家有独特的外设支持技术。

2.视频体验

桌面云接入的计算和存储全都在数据中心,终端只负责键盘鼠标的 I/O 和显示的输出,此时桌面云的传输协议就显得尤为重要。普通办公桌面的传输没有什么问题,但是实际上用户可能有各种各样的业务需求,例如视频,这类业务在终端桌面就可能出现画面不流畅,终端画面出现马赛克等问题,更别提播放三维动画了,尤其随着桌面互联网的发展,很多桌面虚拟化方案需要基于互联网部署,而基于互联网的传输效果更是大打折扣。这要求桌面云厂家在桌面传输协议上有独特的通道设计,通过不同的通道来处理不同的桌面显示,并且在带宽上能优化处理。

3.3D 应用

虚拟化桌面固然有其诱人之处,但是目前主流的桌面虚拟化技术在 3D 图形设计方面很难满足客户的需求,这也使得传统虚拟化方案在制造行业、数字内容创作等行业遇到了难以逾越的瓶颈,再好的解决方案如果不能满足用户的实际需求也是空谈。

4.网络负载压力

局域网传输一般不会存在太大的问题,但是如果通过互联网就会出现很多技术难题,由于桌面虚拟化技术的实时性很强,如何降低这些传输压力是很重要的一环。虽然千兆以太网对数据中心来说是一项标准,但还没有广泛部署到桌面,目前还达不到虚拟化桌面对高带宽的要求。如果用户使用的网络出现问题,桌面虚拟化发布的应用程序不能运行,则会直接影响应用程序的使用,其对用户的影响也是无法估计的。

5.移动办公的主要挑战

安全、部署效率和用户体验是移动办公的主要挑战,如图 8-1 所示。

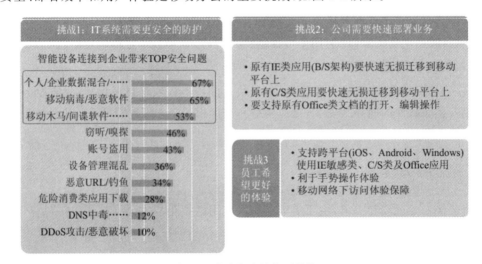

图 8-1　移动办公的主要挑战

6.云接入的关键需求

随着企业的发展,分支机构、办事处、连锁店等企业扩大经营造成员工分布广,需要一种便捷、灵活和具有跨地域性的办公方案,使员工无论身在何处,都能实现员工与员工之间、企业与业务伙伴之间的相互交流和沟通。各级政府机构服务观念不断提高,也希望通过移动化的方式提高办公效率,降低管理成本,提升服务质量。

随时随地办公,通过公网访问企业内部核心信息资源,就面临着非法访问、信息窃取等外部的安全威胁,必须有相应的信息安全策略,在严格防止企业信息资源被非法窃取的同时,对合法的访问要提供方便。

移动性对后PC时代的成功至关重要。在IT组织希望满足终端用户对使用各种设备在家、旅途中和办公室的一致体验要求的同时,IT基础设施必须确保业务计算环境安全、易于管理并具备持续合规性。

云接入解决方案既要能提高终端用户的自由,又不能削弱IT系统控制力,必须以下面三条关键原则为基础。

(1)简化:将终端用户资产(包括操作系统、应用和数据)从计算小环境转变为集中式IT托管服务。

(2)管理:为IT创建一个中心点,用于跨公有云和私有云实现终端用户对IT服务的访问,并能够控制终端用户具有访问权限及相应的安全级别。

(3)连接:改善终端用户与IT服务及其他终端用户的连接性,且终端用户能够为手上的任务自由选择最合适的设备和应用。

8.2　桌面云接入架构

桌面云接入架构如图8-2所示,包括终端侧、接入侧和云数据中心侧。

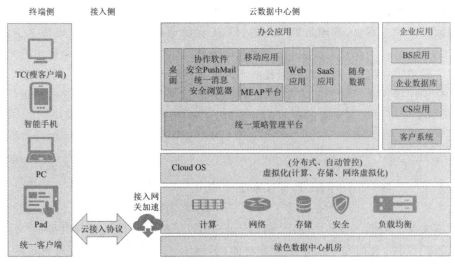

图8-2　桌面云接入架构

(1)终端侧:运行各种终端,在任何设备上随时随地访问用户应用、桌面、数据。

（2）接入侧：云接入协议，实现从终端到云端的安全接入、加密传输、负载均衡、流量控制。

（3）云数据中心侧：云接入统一策略管理，提供用户、应用、桌面、数据及策略管理和分发，并包含后台资源和软件的管理及配置。云接入网关提供云接入安全控制，使协议加速，分为办公应用和企业应用。常用的办公应用如 Windows 办公桌面、统一通信协作软件、Web 浏览器。企业应用支持企业日常业务运行的后台应用，如 CRM/ERP/数据库。

8.3 桌面云应用

8.3.1 桌面云的概念和价值

云接入的典型应用就是我们最常见到的桌面云。桌面云的定义是：可以通过瘦客户端或者其他任何与网络相连的设备来访问跨平台的应用程序以及整个客户桌面。也就是说，我们只需要一个瘦客户端设备，或者其他任何可以连接网络的设备，通过专用程序或者浏览器，就可以访问驻留在服务器端的个人桌面以及各种应用，并且用户体验和我们使用传统的个人电脑是一模一样的。

桌面云的业务价值很多，除了上面提到的随时随地访问桌面以外，还有下面一些重要的业务价值。

1. 集中化管理

在使用传统桌面的整体成本中，管理维护成本在其整个生命周期中占很大的一部分，管理成本包括操作系统安装配置、升级、修复的成本，硬件安装配置、升级、维修的成本，数据恢复、备份的成本，以及各种应用程序安装配置、升级、维修的成本。在传统桌面应用中，这些工作基本需要在每个桌面上做一次，工作量非常大。对于那些需要频繁替换、更新桌面的行业来说，工作量就更大了。例如，对于培训行业来说，他们经常需要配置不同的操作系统和运行程序来满足不同培训课程的需要，这个工作量已经非常大了，而且这种工作内容还会经常变化。

在桌面云解决方案里，管理是集中化的，IT 工程师通过控制中心管理成百上千的虚拟桌面，所有的更新、打补丁都只需要更新一个"基础镜像"。对于上面提到的培训中心来说，管理维护就非常简单了：我们只需要根据课程的不同配置几个基础镜像，然后不同的培训课程的学员就可以分别连接这些不同的基础镜像，而我们只需在这几个基础镜像上进行修改，只要重启虚拟桌面，学员就可以看到所有的更新，大大节约了管理成本。

2. 安全性提高

安全是 IT 工作中一个非常重要的方面。对于企业来说，数据、知识产权就是他们的生命，例如银行系统中的客户信用卡账号、保险系统中的用户详细信息、软件企业中的源代码等。如何保护这些机密数据不被外泄是许多公司 IT 部门经常面临的一个挑战。为此他们采取了各种安全措施来保证数据不被非法使用，例如禁止使用 USB 设备，禁止使用外面的电子邮件等。对于政府部门来说，数据安全也是非常重要的，英国不久前就发生了某政府官员的笔记本丢失，结果保密文件被记者得到，这个官员不得不引咎辞职的事件。在桌面云解决方案里，首先，所有的数据以及运算都在服务器端进行，客户端只显示其变化的影像，所以不需要担心在客户端出现非法窃取资料的行为；其次，IT 部门根据安全挑战制作出各种各样的新规则，这些新规则可以迅速地作用于每个桌面。

3. 应用更环保

如何保护我们的有限资源,怎样才能消耗更少的能源,这是各国科学家都在不断探索的问题。因为地球上的资源是有限的,不加以保护的话很快会陷入无资源可用的困境。现在全世界都在想办法减少碳排放量,为此也采取了很多措施,例如利用风能等更清洁的能源。一般来说,每台传统 PC 的功耗在 200 W 左右,即使处于空闲状态时,耗电量也至少在 100 W 左右,按照每天 10 h,每年工作 240 天来计算,每台 PC 的耗电量在 480 kW·h 左右,一个具有 1 万台 PC 的中型企业,仅 PC 年耗电量就会达到 480 万 kW·h。除此之外,为了冷却这些计算机在使用中产生的热量,我们还必须使用一定的空调设备,这些能量的消耗也是非常大的。采用桌面云解决方案以后,每个瘦客户端的电量消耗在 16 W 左右,只有原来传统 PC 的 8%,所产生的热量也将大大减少。

4. 总拥有成本减少

IT 资产成本包括很多方面,初期购买成本只是其中的一小部分,其他还包括整个生命周期里的管理、维护、能量消耗等方面的成本,硬件更新升级的成本。从上面的描述中我们可以看到相比传统个人桌面而言,桌面云在整个生命周期里的管理、维护、能量消耗等方面的成本大大降低了。关于硬件成本,桌面云在初期硬件上的投资是比较大的,因为我们要购买新的服务器来运行云服务,但是由于传统桌面的更新周期是 3 年,而服务器的更新周期是 5 年,因此在硬件上的成本基本相当。由于软成本的大大降低,而且软成本在 TCO 中占有非常大的比重,所以采用云桌面方案总体 TCO 大大减少了。根据 Gartner 公司的预计,云桌面的 TCO 相比传统桌面可以减少 40%。

8.3.2 桌面云的逻辑架构

桌面云解决方案包括 8 个逻辑部分:云终端、接入控制、桌面会话管理、云资源管理及调度、虚拟化平台、硬件、运维管理系统和现有 IT 系统,如图 8-3 所示。

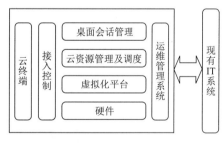

图 8-3 桌面云解决方案

1. 云终端

云终端是在远端用于访问桌面云中虚拟桌面的特定的终端设备,包括瘦终端、软终端和各种手持终端等。

2. 接入控制

接入控制用于对终端的接入访问进行有效控制,包括接入网关、防火墙、负载均衡器等设备。接入控制设备不是桌面云解决方案所必需的组成部分,可以根据客户的实际需求进行裁减。

3. 桌面会话管理

桌面会话管理负责对虚拟桌面使用者的权限进行认证,保证虚拟桌面的使用安全,并对系统中所有的虚拟桌面会话进行管理。

4. 云资源管理及调度

云资源管理是指根据虚拟桌面的要求,把桌面云中各种资源分配给申请资源的虚拟桌面,分配的资源包括计算资源、存储资源和网络资源等。

云资源调度是指根据桌面云系统的运行情况,把虚拟桌面从负载比较高的物理资源迁移到负载比较低的物理资源上,保证整个系统物理资源的均衡使用。

5. 虚拟化平台

虚拟化平台是指根据虚拟桌面对资源的需求,把桌面云中各种物理资源虚拟化成多种虚拟资源的过程,这些虚拟资源可以供虚拟桌面使用,包括计算资源、存储资源和网络资源等。

6. 硬件

硬件是指组成桌面云系统相关的硬件基础设施,包括服务器、存储设备、交换设备、机架、安全设备、防火墙、配电设备等。

7. 运维管理系统

运维管理系统包括桌面云的业务运营管理和系统维护管理两部分,其中业务运营管理完成桌面云的开户、销户等业务发放过程,系统维护管理完成对桌面云系统各种资源的操作维护功能。

8. 现有 IT 系统

现有 IT 系统指已经部署在现有网络中,对桌面云有集成需求的企业 IT 系统,包括 AD(Active Directory)、DHCP、DNS 等。

8.3.3 桌面云典型应用场景

1. 办公桌面云解决方案

办公桌面云是指企业使用桌面云来进行正常的办公活动(如处理邮件、编辑文档等),同时提供多种安全方案,保证办公环境的信息安全,其结构如图 8-4 所示。

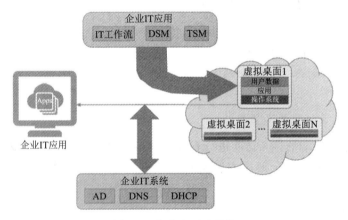

图 8-4　办公桌面云结构

办公桌面云的主要特点为:桌面云支持与企业已有的 IT 系统对接,充分利用已有的 IT 应用。比如,利用已有的 AD 系统进行桌面云用户鉴权;在桌面云上使用已有的 IT 工作流;通过 DHCP 给虚拟桌面分配 IP 地址;通过企业的 DNS 来进行桌面云的域名解析等。

办公桌面云的优势主要在于:一是减少投资,平滑过渡,充分利用已有的 IT 系统设备与 IT 应用,减少重复投资,做到平滑过渡;二是可靠的信息安全机制,桌面云提供多种认证鉴权与管理机制,保证办公环境的信息安全。

2．绿色座席解决方案

绿色座席解决方案如图 8-5 所示。

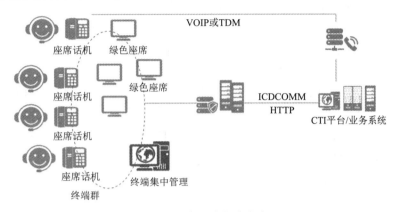

图 8-5　绿色座席解决方案

绿色座席解决方案的主要特点为:多数企业用户部署的呼叫中心越来越多地由 TDM 方式的语音解决方案演进到采用 IP 语音解决方案。

绿色座席解决方案具有以下优势:

(1) 支持平滑迁移,完善的呼叫中心平台和桌面云的集成方案,平滑迁移客户原有的呼叫中心。

(2) 快速应用,优质语音,提供桌面云应用的快速响应和优质的语音体验。

(3) 成本优化,同类应用的共享部署模式大大节省了虚拟桌面实例的资源占用,方便维护、升级。采用 TC 终端替代传统 PC,降低呼叫中心的噪音、电力消耗,为客户打造绿色呼叫中心。

3．营业厅解决方案

企业营业厅系统划分为服务人员使用的桌面系统、业务办理客户使用的自助系统,如图 8-6 所示。

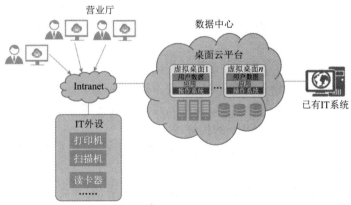

图 8-6　企业营业厅系统

营业厅解决方案针对营业厅分布地域广泛、网络连接质量差异大的特点,改进了桌面云系统的调度和连接优化配置,可以有效地克服网络闪断、网络速率抖动等恶劣条件,保证企业营业厅系统的高质量服务。

营业厅解决方案提供即插即用的外设终端接入方案,并通过预置的具备广泛兼容性的驱动插件支持常见的串口、并口、USB 口外设,极大地降低了企业客户部署的难度。根据企业营业厅的业务特点,其支持多种桌面系统认证方式。对于客户自助系统的桌面,其还可以支持免认证登录桌面系统、即时打印服务清单等功能。

营业厅解决方案是针对各种营业厅推出的解决方案,具有以下优势:

(1)利用原有 IT 外设:无须采购新的 IT 外设,兼容常见接口外设,并可对外设驱动进行统一部署和管理,保证即插即用的客户体验。

(2)快速软件安装部署:运营软件通过云平台集中推送,做到大规模快速软件安装部署,便于企业统一新业务上线。

(3)支持客户自助系统:支持客户自助系统在桌面云的部署,可免认证使用企业为客户提供的系统,可即时打印服务清单等。

4.网管维护解决方案

网管维护解决方案如图 8-7 所示。

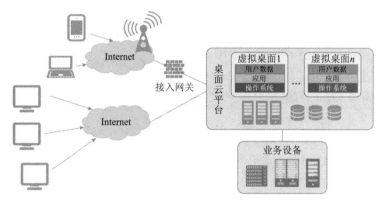

图 8-7　网管维护解决方案

网管维护解决方案针对网络管理的特点,定制了多种接入终端的接入程序,方便随时随地接入,进行网络状态分析与网络故障定位,对于重大问题充分发挥企业网管专家的经验优势。

网管维护解决方案集成多种网管适配解决方案,无须既有网管系统改造,即可实现统一管理。

网管维护解决方案是针对各类网管推出的解决方案,具有以下优势:

(1)无缝接入:支持各种接入终端,包括多种手持终端(Android 类、Windows Mobile 类、iPhone OS 类,iPad OS 类,Embedded Linux 类),可以实现无缝地、随时随地地接入以及远程维护和监控,有利于企业发挥维护专家的优势。

(2)广泛支持多种类型的网管系统:支持远程维护非 C/S、B/S 架构的网管系统,使用近端观测程序,极大地减少了现场维护需求。

(3)整合零散的网管系统:企业现有网管系统无须改造,通过桌面云系统即可实现网络的全集中管理,提高了网管维护效率。

8.4　桌面云关键技术

8.4.1　桌面云协议简介

目前云接入领域的关键技术主要是桌面云的接入协议技术,比较知名的有微软的 RDP 协议、思杰的 ICA、红帽的 Spice 协议、华为 HDP 协议(我们指的接入协议关键技术并非仅指通信协议本身,还包含协议服务器端的实现与客户端的实现)。桌面云协议包括具体的高效远程显示、远程视频、远程音频、远程外设等关键技术,而这些技术的实现具有很大的难度,所以我们认为桌面云协议是云接入最为关键的技术。

8.4.2　桌面云协议关键技术——高效远程显示

从表面上来看,桌面云高效远程显示为一个较为简单的技术,如图 8-8 和图 8-9 所示。通过操作系统接口来抓取屏幕内容,再经过一定的压缩处理即可在客户端显示服务器端的屏幕内容。例如我们常用的 VNC 就属于这一类型的实现,VNC 也可以降低带宽,但是我们发现,如果与 Citrix ICA、Microsoft RDP 进行比较,VNC 在带宽方面的劣势非常明显。这些高性能的桌面云协议在实现的架构上比较类似,都是基于普通计算机的显示原理。

注:由于目前桌面云主要应用的操作系统基本都是微软的 Windows 操作系统,本文将直接描述 Windows 平台的实现。

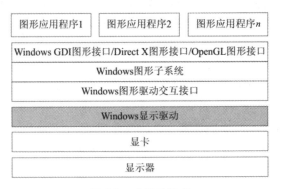

图 8-8　桌面云技术

图 8-9　高效远程显示

我们需要远程看到显示的内容,就好像将机器的显示器拉到远端一样。操作系统的软件层通过操作系统,可以完全获取显示内容以及和硬件交互的"Windows 显示驱动程序"。如果将 Windows 显示驱动程序发往显卡的数据传输至远程瘦终端的显卡上,即可以达到远程显示的效果。

目前,通常会为运行在虚拟化平台中的虚拟机安装一个远程虚拟显示驱动,通过虚拟显示驱动来高性能地获取显示的图形指令数据,并将这些数据传送到远程客户机进行显示。

通常应用程序会通过 Windows 平台提供接口来绘图,这些图形接口调用会通过 Windows 图形子系统的转换来调用到虚拟显示驱动中(这些图形接口调用我们暂且称为图形指令),图形指令内部的参数描述了图形程序的具体显示,这些数据可以被传输到远程客户端进行重新绘制显示。

1.2D 基本图形显示桌面

目前,大多数的图形应用程序都是 2D 基本图形显示程序,如 Word、Excel、Outlook、Notepad、杀毒软件等。所以桌面云的主要场景为 2D 显示场景,如果显示驱动仅仅支持 2D 显示,遵从微软的显示驱动架构,可以实现微软定义的 XPDM(Windows XP Display Driver Model)显示驱动来满足需要。

XPDM 架构是微软为 Windows Vista 之前的 Windows 版本定义的显示驱动(Vista、WIN7 可兼容),目前在桌面云场景下,协议服务器端一般也会实现一个 XPDM 驱动,即图中显示驱动与视频微型端口驱动两部分,该驱动并非用来驱动本地显卡,而是获取 Windows 图形引擎向显卡发送的图形指令数据,并传输到客户端进行重新渲染显示。通常在桌面协议里面我们仅用 XPDM 驱动方式来支持 2D 应用,对于需要 3D 加速的应用无能为力(可以用软件实现的 3D 渲染来辅助支持 3D 应用,但是性能有限)。服务器端获取的这些图形指令需要的数据量非常大,100 M 网卡是不够的,所以需要加入许多优化的处理,通常的优化手段如下:

(1)图像数据压缩:利用各种图像压缩算法对图像内容进行有损或者无损的压缩来降低带宽。

(2)指令合并:图形指令的数量有时候会非常多,通过合并技术可以显著降低指令数量与总体数据量。

(3)缓存:通过缓存技术减少服务器与客户端之间的冗余数据交互。

当然,实际厂商的技术可能会有不同,且优化手段更多,通过这些类型的优化手段,可以将网络带宽降低至原来的 1/100,甚至更多。

2.高性能图形支持

高性能图形支持(图 8-10)指的是需要显卡辅助支持的程序,通常是 DirectX 或者 OpenGL 程序。在目前的桌面云场景下,一般仅支持普通办公,没有大量部署高性能图形的能力,主要原因是桌面云的部署还处于初始阶段,企业未大量更新到桌面云,高性能图形的桌面云虚拟机成本也较高,导致桌面云总体的技术研发投入有限,在普通办公场景下的技术基本成熟,但是高性能图形方面的高级技术还有待进一步发展。最近各厂商加大了研发投入,如 VMware 的 vSGA、Citrix 的 OpenGL 加速组件、NVidia 的 VGX 等 GPU 虚拟化技术都已推出。当然目前在高性能图形方面,直通方式更加通用,拥有更好的兼容性与性能,但是成本较高。

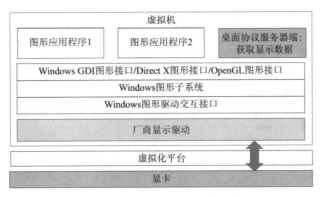

图 8-10　高性能图形支持

通过虚拟化平台的直通技术可以将显卡直接给虚拟机使用,与物理机接入显卡的效果基本一致,在虚拟机上只要安装了对应显卡的显示驱动,显卡就可以为这个虚拟机提供高性能图形支持的能力。桌面云服务器端程序将捕获桌面图像数据来支持远程客户端的显示。这个方式的桌面图像处理方式与前面介绍的 2D 桌面处理方式有些不同。

简单来说,GPU 虚拟化/共享能够将一个物理存在的显卡分享给多个虚拟机使用,每个虚拟机将获得高性能图形处理的能力。

前面简单地介绍了 2D 桌面支持时经常使用 XPDM 方式显示驱动架构来实现桌面云图像的处理,但是实际上微软在 Windows Vista 以后采用了新的显示驱动架构 WDDM(Windows Vista Display Driver Model)。

WDDM 显示驱动架构(图 8-11)由为 DirectX 服务的用户模式显示驱动、为 OpenGL 接口服务的 OpenGL ICD 驱动(由于微软主推 DirectX 接口,OpenGL 只是可选组件)以及显示微端口驱动(工作在内核态负责与硬件交互)三部分组成。如果需要支持 GPU 虚拟化技术(图8-12),通常需要实现一个虚拟的 WDDM 显示驱动来获取 Windows 对显示驱动产生的接口调用数据,并将这些接口调用重定向到一个 GPU 共享组件上来进行处理,该 GPU 共享组件一般会存在于虚拟化平台内部(也有可能是存在于其他处)。处理后将得到渲染后的桌面图像数据,这些数据将被桌面服务器端通过处理发送给客户端,可能直接将图像编码为 H.264 码流,也可能是其他图像编码方式。

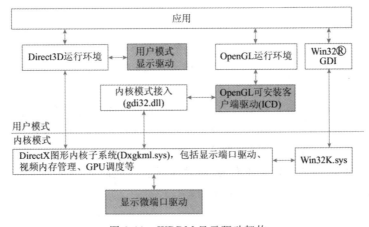

图 8-11　WDDM 显示驱动架构

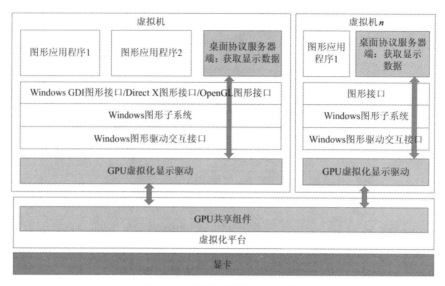

图 8-12　GPU 虚拟化技术支持

不采用与 2D 图形处理方式一致的图形指令重定向方式将图形指令重定向到客户端进行渲染显示,仅在客户端安装一个相对低性能的显卡,是因为 2D 图形指令进行一系列的优化处理,带宽可以降至原来的 1/100,甚至更多,仅仅 1 Mbps 以内的带宽即可以满足普通办公的场景需求,但是采用 3D 应用去支持则难度很大,目前还没有技术可以将 3D 图形指令重定向带宽降低到如此低的程度。

8.4.3　桌面云协议关键技术——低资源消耗的多媒体视频

多媒体视频播放器对桌面云来说是一个挑战,如用户体验、音视频同步、带宽等。目前,桌面云支持多媒体视频一般有两种方式:一种是将服务器端的多媒体视频播放器的图像进行重新视频编码,将视频编码传输到客户端进行解码显示;另一种为视频重定向方式,一般通过捕获播放器需要播放的视频编码流,直接将视频编码流发送到客户端进行解码显示。很明显,第二种视频重定向方式看上去效率更高,服务器少了视频解码与重新编码的资源消耗,但是实际上这种方式非常受限,无法得到广泛的支持。

第一种方式由于在桌面虚拟机的播放器中将视频进行了解码,会有较大的解码 CPU 资源消耗,在对视频区域进行编码时消耗更大,这样将降低一个服务器能够支持虚拟机数量的密度。另外,对视频区域的识别也是一个重要的技术点,通常会通过刷新频率超过一定帧率的图像变更区域来识别。

第二种方式由于仅在服务器端截获待解码的视频码流并传输到客户端进行解码显示,服务器端的开销较小,目前比较流行的技术为针对 Media Player 支持的多媒体重定向技术。但是该技术在国内的实用性并不高,毕竟国内很少使用 Media Player 播放多媒体文件,所以第二种方式实际比较受限。当然技术在发展,对其他播放器能够支持的多媒体重定向技术相信后续也会出现,这将降低对服务器端的资源消耗。

8.4.4　桌面云协议关键技术——低时延音频

桌面云协议对音频的支持与前面介绍的 2D 图形支持实现比较类似。通常桌面协议服务器端可以在虚拟机里实现一个音频驱动,音频驱动会与 Windows 的音频子系统(音频引擎)进行交互。如图 8-13 所示,在放音阶段,音频驱动将收到 Windows 音频子系统发送过来的音频数据,经过压缩处理后传输到桌面云客户端,客户端进行解码并进行放音;在录音阶段,客户端将获取本地的录音数据,并将数据进行压缩后传输

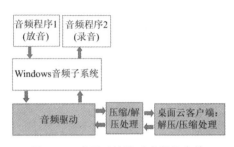

图 8-13　桌面云协议对音频的支持

到服务器端,服务器端进行解码后由音频驱动返回给 Windows 音频子系统。由于音频对时延非常敏感,整个过程要关注对时延的控制。

8.4.5　桌面云协议关键技术——兼容多种外设

在通用系统上,常用的外设种类有 USB 外设、并口外设、串口外设等,目前来看,USB 外设占据主流,解决 USB 外设的支持即可满足目前最为流行的外设硬件支持。实现该部分关键技术需要先认识目前传统 USB 外设的工作原理。

如图 8-14 所示,一个应用需要使用 USB 外设,必须与 USB 设备驱动进行交互,而设备驱动的工作完全依赖 USB 总线驱动来交互 USB 设备数据,与硬件的交互都是由总线驱动来代理完成的。从我们的理解来看,从 USB 总线驱动入手是软件层面最合适的方式,将 USB 总线驱动与本地硬件的交互远程化,转化为本地 USB 总线驱动与远程客户机 USB 硬件总线的交互。

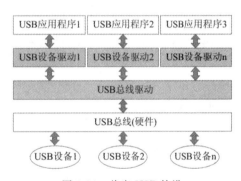

图 8-14　兼容 USB 外设

通过在虚拟机内部实现虚拟 USB 总线驱动与客户端的硬件设备进行通信交互,交互也不是直接的通信,而需要在客户端上开发一个虚拟 USB 设备驱动,通过虚拟 USB 设备驱动与客户机的 USB 总线驱动进行交互,如图 8-15 所示。当有一个设备插入时,客户机的 USB 总线会发现一个新设备插入,此时将启动一份虚拟化 USB 设备驱动的实例,如果有多个设备需要同时被重定向时,需要多份虚拟 USB 设备驱动实例运行在客户端。而设备对应的真实 USB 设备驱动安装并运行在虚拟机中,与虚拟 USB 总线驱动进行交互,这样对虚拟机中的 USB 设备驱动来说并没有太大感知,对应用程序也没有太大感知,因为远程的这种数据交互会带来时延,有些设备驱动在设计的时候考虑了一些超时的处理。

这种方式表面上看能够很好地支持各种 USB 外设,但是实际上也有可能存在一些问题,一是很难非常好地做到对设备的兼容,二是一些设备重定向后带宽非常大而无法被使用,所以一些设备无法正常地使用 USB 总线方式来实现设备的重定向,比如摄像头,如果总线重定向的方式,带宽有数十兆甚至更多,基本无法实际部署。针对这一类型的设备,一般会单独为它优化来使其可以满足实际商用。如针对摄像头,我们可以采用图 8-16 所示的方式实现优化。

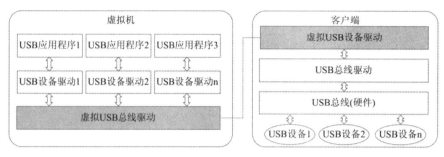

图 8-15　虚拟 USB 总线驱动

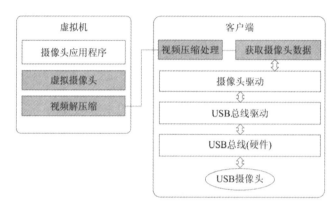

图 8-16　摄像头优化

我们可以在客户端通过应用程序级别的接口来获取摄像头数据(一般为位图数据或者 YUV 数据),再将数据通过视频压缩算法(如 H.264)进行压缩处理,发送到服务器端,服务器端解码摄像头视频数据后,通过虚拟摄像头提供给应用程序使用。有了视频压缩技术支持,这种基于摄像头的重定向技术带宽下降至基于 USB 总线的重定向技术带宽的几十分之一。除了摄像头类型的设备,其他类型的设备也有可能进行特定的重定向处理,这取决于单独实现针对这类型设备重定向的价值。

8.4.6　桌面云协议总结与其他实现

前面介绍了桌面云协议的一些重要的关键技术实现,这些技术主要运行于虚拟机内部,包括显示(2D、3D、多媒体)、音频、USB 外设、键盘、鼠标,除了这些还存在其他的一些关键技术,随着桌面云(图 8-17)技术的发展,肯定会推出新的技术。

目前的关键技术实现都是运行于虚拟机内部的,也就是说这些技术与虚拟化平台没有关系,通常桌面云协议服务器端也可以安装在物理机器上(例如 RDP 就可以远程连接虚拟机或者物理机)。这个实现架构有与虚拟化平台或者硬件平台无关的优势,也有其缺点,如整体实现完全需要基于操作系统来实现,支持 Windows 的实现与支持 Linux 的实现存在很大的不同。当然目前 Windows 是绝对主流,所以各桌面云商业厂商主要都在支持 Windows 操作系统。红帽的 Spice 采用了另外一套实现架构,这种实现架构能够做到绝大部分与操作系统无关,也就是说它可以更好地支持多种操作系统。

Spice 架构(图 8-18)中大部分的实现都在虚拟化层,而不是在虚拟机中,所以 Spice 提供了对 Linux 桌面云的支持。Spice 在虚拟机中还提供了一个虚拟显示驱动,原因是如果不提供显示驱动,它的性能会很差,就像一台电脑安装了显卡,但是不安装显卡对应的驱动,实际上无法使用这个显卡一样。同样,如果没有显示驱动的加速 Spice 虚拟显卡,仅仅工作在 VGA 模式下,则无法获取图形指令,无法高性能地处理重定向图形显示。

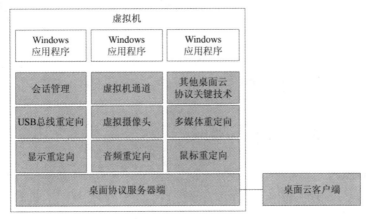

图 8-17　桌面云

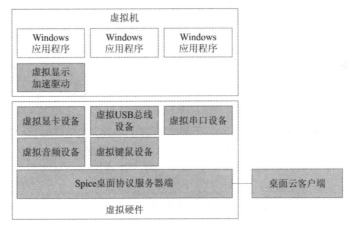

图 8-18　Spice 架构

Spice 架构还有其他独特的优势,由于工作在虚拟硬件上,不同于操作系统内部,它还可以不依赖虚拟机内部的网络与客户端进行通信,这样可以防止很多用户自己对网络进行更改,造成桌面云主机无法使用的情况,它还可以在开机启动过程中看到整个系统启动的过程(虚拟机内部的桌面协议要等待操作系统启动后才能连接)。

Spice 架构也有一些明显的缺点,它和 KVM 虚拟化平台强绑定,目前官方无法支持其他虚拟化平台,无法支持物理主机接入,由于它的主要实现实体在虚拟硬件层,一些针对 Windows 的桌面协议优化无法支持(或者支持付出的代价更大),如多媒体重定向、摄像头重定向等,也无法像 RDP 一样可以支持 Windows Server 操作系统多用户的接入。两种实现方式各有优缺点,目前来看,主流实现以基于 Windows 操作系统层实现的桌面协议为主。

无论是基于 Windows 操作系统层实现各种驱动,还是基于 Spice 在虚拟硬件层实现各种虚拟硬件,其实都是希望在底层将原本属于本地的交互转换为远程的交互,而屏幕显示的效果与本地交互相同。这种转换涉及显示重定向——用户视觉、音频重定向——用户听觉、键鼠重定向——用户触觉、外设重定向——各种外设的使用,目的是利用一个简单的桌面云终端替代

PC 物理机为用户服务，并且需要非常高的用户体验，包括用户操作时延、桌面云显示质量、视频质量与流畅度、音频时延与质量、传输带宽大小等。整个桌面云的实现技术涉及类别非常多，包括各种虚拟驱动/虚拟硬件（显示、音频、键鼠、USB）、图形算法、音频算法、视频算法、带宽优化、数据去重等，所以桌面云协议的技术难度较大、门槛较高，可提供商用解决方案的也仅仅几家公司。

8.5　FusionAccess 安装部署

8.5.1　制作 Windows 虚拟机模板

1. 创建 Windows 虚拟机

创建 Windows 虚拟机，如图 8-19 所示，安装 OS。

操作系统	体系结构	修改日期
Windows Server 2012 R2 Standard(服务器核心安装)	x64	2013/8/23
Windows Server 2012 R2 Standard(带有 GUI 的服务器)	x64	2013/8/23

图 8-19　创建 Windows 虚拟机

2. 禁用防火墙

（1）在裸虚拟机的 VNC 窗口中，在"运行"中输入"gpedit.msc"，按"Enter"键。打开"本地组策略编辑器"窗口。

（2）在"本地组策略编辑器"窗口中，在左侧导航树中选择"计算机配置→管理模板→网络→网络连接→Windows 防火墙"，如图 8-20 所示，将"标准配置文件"与"域配置文件"中"Windows 防火墙:保护所有网络连接"的状态设置为"已禁用"。

图 8-20　禁用防火墙

（3）关闭"本地组策略编辑器"窗口。在"运行"中输入"services.msc"，打开 "Application Layer Gateway Service 的属性(本地计算机)"对话框，在"启动类型"中选择"禁用"，如图 8-21 所示。

（4）参考上一步，禁用"Windows Firewall"服务。

图 8-21 禁用"Application Layer Gateway Service"服务

（5）关闭"服务"窗口。

3. 安装 PV Driver

（1）在"FusionCompute"中，在待操作的虚拟机所在的行单击"更多→挂载 tools"，连续两次单击"确定"按钮。

（2）在虚拟机的 VNC 窗口，进入虚拟机虚拟光驱目录，右键单击"Setup"，并选择"以管理员身份运行"，根据界面提示按照默认设置完成软件安装，并重启虚拟机。

（3）卸载 tools。

4. 安装 .NET Framework 3.5

（1）将操作系统 ISO 文件"WindowsServer2012R2_standard_ch.iso"挂载至虚拟机，勾选"立即重启虚拟机，安装操作系统"后，单击"确定"按钮。

（2）打开"服务器管理器"窗口，如图 8-22 所示。

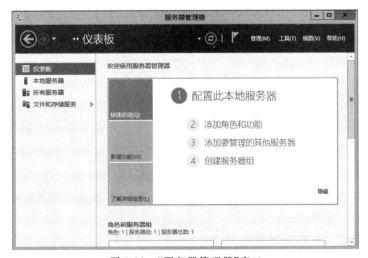

图 8-22 "服务器管理器"窗口

（3）在页面中间，单击"添加角色和功能"，弹出"添加角色和功能向导"对话框。

（4）连续四次单击"下一步"。

（5）在页面中间的对话框中，勾选". NET Framework 3.5 功能"，并单击"下一步"，如图 8-23 所示。

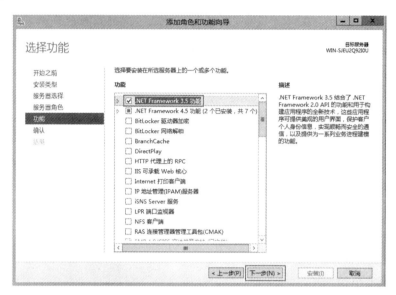

图 8-23　. NET Framework 3.5 功能

（6）单击"指定备用源路径"，如图 8-24 所示。

图 8-24　指定备用源路径

（7）在弹出的对话框中，修改"路径"为"Windows Server 2012 R2 的 ISO 路径盘符：\Sources\SxS"。例如，Windows Server 2012 R2 的 ISO 放在 D 盘中，则"路径"为"D：\Sources\SxS"。单击"确定"按钮。

（8）单击"安装"。进度条显示安装进度，当提示"安装成功"，表示安装完成，如图 8-25 所示。

图 8-25　安装界面

（9）单击"关闭"按钮。关闭"添加角色和功能向导"对话框，关闭"服务器管理器"窗口，卸载光驱。

5. 安装监控代理

（1）挂载 FusionAccess_Windows_Installer_V100R006C00SPCxxx. iso 文件，取消勾选"立即重启虚拟机，安装操作系统"，单击"确定"按钮。

（2）在虚拟机中，双击打开光盘。双击"run. bat"。

（3）单击"扩展部署"，显示"部署"界面。

（4）选择"监控代理"，单击"安装"，如图 8-26 所示，根据提示完成监控代理的安装。卸载光驱。

图 8-26　安装监控代理

6. 封装模板

（1）进入"C：\Windows\System32\Sysprep"路径，双击"sysprep. exe"，封装模板，如

图 8-27 所示。

（2）单击"确定"按钮，弹出"Sysprep 正在工作"提示框。封装完成后系统将自动关机。

（3）单击"虚拟机和模板"页面中的"虚拟机"，显示"虚拟机和模板"列表。

（4）在模板虚拟机所在行选择"更多→转为模板"，根据提示完成操作。当"模板"页签下显示该虚拟机时，表示虚拟机已转为模板。

图 8-27　封装模板

8.5.2　创建和配置 Linux 基础架构虚拟机

1. 创建 Linux 基础架构虚拟机

（1）登录 FusionCompute。单击"虚拟机和模板→创建虚拟机"。

（2）操作系统选择 Novell SUSE Linux Enterprise Server 11 SP3 64 bits；CPU：4 个；内存：12 G；磁盘：40 G。

（3）创建成功后，光驱选择 FusionAccess_Linux_Installer_V100R006C00SPCxxx. iso。

（4）虚拟机重启成功后，当进入"Welcome to UVP!"界面时，在 30 s 内选择"Install"，按"Enter"键。系统开始自动加载。加载大约耗时 3 min，加载成功后，进入"Main Installation Window"界面，如图 8-28 所示。

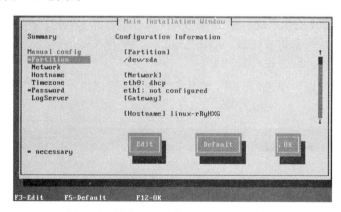

图 8-28　"Main Installation Window"界面

（5）按"↓"键将光标调到左侧导航中的"Network"，按"Enter"键，在弹出的"IP Configuration for eth0"界面中选择"Manual address configuration"，设置"IP Address"：业务平面 IP 地址；"Netmask"：子网掩码，并保存设置。

（6）在"Network Configuration"界面配置业务平面所在网段对应的网关信息，并保存设置。

（7）在左侧导航中，选中"Hostname"，按"Enter"键，在"Hostname Configuration"界面中设置实际规划的虚拟机主机名称，并保存设置。

（8）在左侧导航中，选中"Timezone"，按"Enter"键，在"Time Zone Selection"界面修改时区和时间，并保存设置。

（9）在左侧导航中，选中"Password"，按"Enter"键，在"Root Password Configuration"界

面中输入 root 账号的密码,并保存设置。

(10) 按"F12"键,弹出确认对话框,连续两次按"Enter"键,系统进入"Package Installation"界面,开始安装 Linux 操作系统。

(11) 安装成功后,虚拟机自动重启。

2.配置 Linux 基础架构虚拟机

(1) 安装 PV Driver。在"FusionCompute"中,在待操作的虚拟机所在的行,单击"更多→挂载 tools",连续两次单击"Enter"键。

(2) 使用 root 账号登录刚安装操作系统的虚拟机。

将光标调到左侧导航中的"PV Driver",按"Enter"键,如图 8-29 所示,根据界面提示完成"PV Driver"的安装。当显示"PV Driver installed successfully."提示时,代表 PV Driver 安装成功。按"F8"键重启虚拟机。

图 8-29 "FusionAccess"界面

(3) 通过 VNC 方式,使用 root 账号登录主用 ITA/GaussDB/HDC/WI/License 服务器。

(4) 输入 startTools,弹出"FusionAccess"界面。

(5) 依次选择"Software→Install all(Microsoft AD)",按"Enter"键,弹出"Install all"界面,如图 8-30 所示。

图 8-30 "Install all"界面

(6) 选择"Create a new node",按"Enter"键,弹出"Install all(Create a new node)"界面,如图 8-31 所示。

图 8-31 "Install all(Create a new node)"界面

(7) 根据实际情况选择安装模式,按"Enter"键。

(8) 在弹出的对话框中,设置"Local Service IP"为本服务器的业务平面 IP 地址,如图 8-32 所示。

(9) 连续按两次"Enter"键,开始安装并配置组件,耗时约 3 min,显示"Install all components successfully"提示时,说明安装成功。

图 8-32 "Local Service IP"界面

8.5.3 创建和配置 Windows 基础架构虚拟机

1. 创建 Windows 基础架构虚拟机

（1）在 FC 上创建一台 Windows Server 2008 或 2012 的虚拟机，选用 4CPU、4 G 内存。

（2）在光驱管理中，把对应的 Windows Server 镜像挂载，重启虚拟机。

（3）按照 Windows Server 的安装流程完成安装，并且登录该虚拟机。

2. 配置 Windows 基础架构虚拟机

（1）关闭防火墙，配置静态 IP 地址。

（2）安装 PV Driver，重启虚拟机。

（3）添加角色，并添加域服务，如图 8-33 和图 8-34 所示。

图 8-33 添加角色

图 8-34 添加域服务

（4）保持界面默认值，根据界面向导进入图 8-35 所示的界面，设置域名。

（5）增加 DNS 选项，如图 8-36 所示。

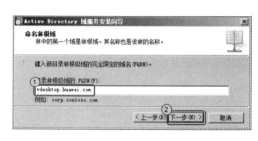

图 8-35 设置域名

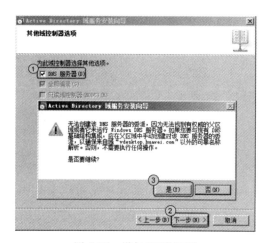

图 8-36 增加 DNS 选项

（6）配置 DNS 反向解析，新建区域，如图 8-37 所示。

（7）保持界面默认值，根据界面向导提示，进入"反向查找区域名称"界面，如图 8-38 所示。

图 8-37 新建区域

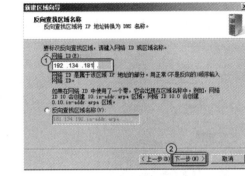

图 8-38 反向查找区域名称

（8）安装配置 DHCP 服务器。添加 DHCP 服务器，如图 8-39 所示。

（9）配置主备 DNS 服务器的业务平面 IP 地址，如图 8-40 所示。

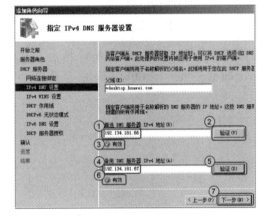

图 8-39 添加 DHCP 服务器

图 8-40 配置 IP 地址

（10）在添加或编辑 DHCP 作用域中添加 DHCP 作用域，如图 8-41 所示。

（11）创建域账户。创建用户 OU，如图 8-42 所示。

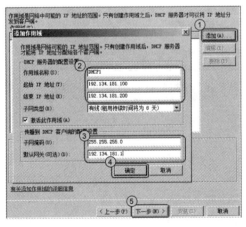

图 8-41 添加 DHCP 作用域

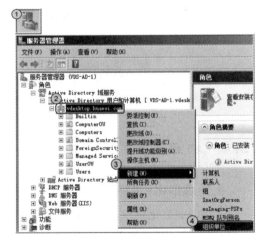

图 8-42 创建用户 OU

（12）新建用户，如图 8-43 所示。

（13）填写用户名和登录名，如图 8-44 所示。

图 8-43　新建用户

图 8-44　填写用户名和登录名

（14）填写用户账户密码，如图 8-45 所示。

（15）添加至 Domain Admins 群组，如图 8-46 所示。

图 8-45　填写用户账户密码

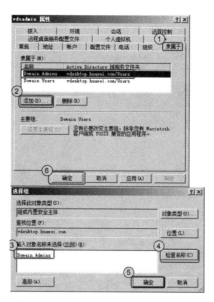

图 8-46　添加至 Domain Admins 群组

8.5.4　初始配置

1.配置虚拟化环境

（1）新增虚拟化环境，如图 8-47 所示。

（2）增加域信息，如图 8-48 所示。

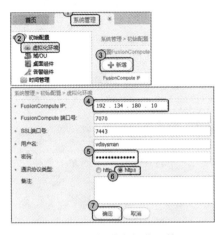

图 8-47　新增虚拟化环境　　　　　　　图 8-48　增加域信息

2.配置桌面组件

（1）配置数据库信息，如图 8-49 所示。

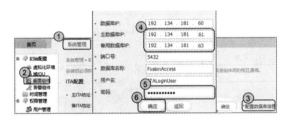

图 8-49　配置数据库信息

（2）配置 ITA 信息，如图 8-50 所示。日志服务器的 FTP 服务账户密码默认为 Huawei123♯。

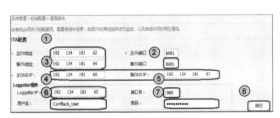

图 8-50　配置 ITA 信息

（3）配置 License，如图 8-51 所示。SSH 账户对应的密码默认为 Huawei@123。

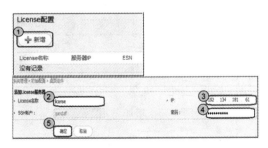

图 8-51　配置 License

（4）增加 Desktop 配置，如图 8-52 所示。HDC 数据库实例的用户名密码默认为 Huawei @123，SSH 账户对应的密码默认为 Huawei@123。

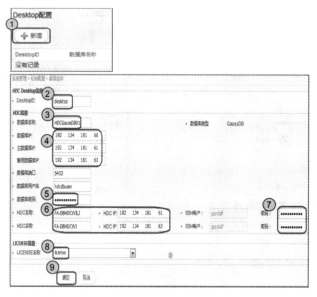

图 8-52　增加 Desktop 配置

（5）增加 WI 配置，如图 8-53 所示。

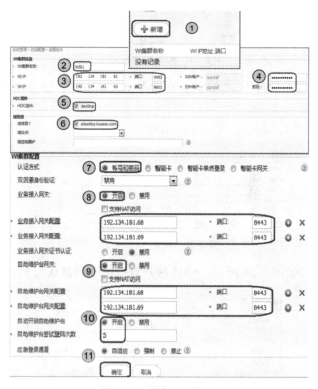

图 8-53　增加 WI 配置

完成此操作后，就完成了 FusionAccess 的基本组件安装。

第 9 章 OpenStack架构体系

9.1 OpenStack 简介

9.1.1 OpenStack 的起源

OpenStack 是一个开源的云计算管理平台项目,由 NASA(美国国家航空航天局)和 Rackspace 合作研发并发起的,以 Apache 许可证授权的自由软件和开放源代码项目,由几个主要的组件组合起来完成具体工作。OpenStack 支持几乎所有类型的云环境,项目目标是提供实施简单、可大规模扩展、丰富、标准统一的云计算管理平台。OpenStack 通过各种互补的服务提供了基础设施即服务的解决方案,每个服务提供 API 以进行集成。

OpenStack 是一个旨在为公有云及私有云的建设与管理提供软件的开源项目。它的社区拥有超过 130 家企业及 1 350 位开发者,这些机构与个人都将 OpenStack 作为基础设施即服务资源的通用前端。OpenStack 项目的首要任务是简化云的部署过程并为其带来良好的可扩展性。本章希望通过提供必要的指导信息,帮助大家利用 OpenStack 前端来设置及管理自己的公有云或私有云。

OpenStack 云计算平台帮助服务商和企业内部实现类似于 Amazon EC2 和 S3 的云基础架构服务 IaaS。OpenStack 包含 Nova 和 Swift 两个主要模块,前者是 NASA 开发的虚拟服务器部署和业务计算模块,后者是 Rackspace 开发的分布式云存储模块,两者可以一起用,也可以分开单独用。OpenStack 除了有 Rackspace 和 NASA 的大力支持外,还有包括 Dell、Citrix、Cisco、Canonical 等重量级公司的支持,发展速度非常快,有取代另一个业界领先开源云平台 Eucalyptus 的态势。

9.1.2 OpenStack 的发展

OpenStack 是 IaaS 组件,任何人都可以自行建立和提供云端运算服务,也用作建立防火墙内的私有云,供机构或企业内各部门共享资源。

OpenStack 是美国国家航空航天局的 Nebula 运算平台。

微软在 2010 年 10 月表示支持 OpenStack 与 Windows Server 2008 R2 的整合。

2011 年 2 月,思科系统正式加入 OpenStack 项目,重点研制 OpenStack 的网络服务,Ubuntu 未来在堆栈方面的云网络化方案。

2012 年 4 月,IBM 宣布加入 OpenStack 项目,并作为主要赞助商。

2012 年 10 月,Viacloud 互联云平台加入 OpenStack 项目,研制 OpenStack 公有云平台和私有云平台。

IBM 在 2013 年举行的 IBM Pulse 大会上宣布将基于 OpenStack 提供私有云服务以及相关应用。

OpenStack 作为一个云平台,目前其完善的插件机制允许各家厂商向 OpenStack 提交自己的实现,或者整合自己的服务,在 OpenStack 几乎每一个重要的组件都有若干家专业公司提供相关的软件或服务。

云计算产业分为三层:设备层(IaaS)、平台层(PaaS)和应用层(SaaS)。

云计算产业链中,作为平台层和应用层基石的设备层自然最先启动,而且因为云计算自身的优点,设备层受益明显,也有推动云计算发展的动力。

平台层的迅速发展建立在设备层达到一定的规模之上。最为理想的情况是云计算产业保持较高增速,同时设备层集中度较低,使得平台层对设备层有较好的议价能力。

应用层公司受益于云计算主要来自成本的降低。降低的成本主要来自三个方面:

(1) 购置或租用服务器、存储空间等的投入。

(2) 云计算按使用计价,使得原本对硬件使用波动较大的公司减少因应付访问峰值的投入。

(3) 底层设备运营维护人员的费用。可以看到,大公司使用云计算并不一定能带来成本的降低,而小公司,特别是业务与平台层、设备层不太相关的公司受益更大。

另外,因为 OpenStack 实在太庞大,以至于极少数团队能够完全驾驭。因此,客户需要有一个完整的生态链云提供服务来支持 OpenStack 落地。这里列出的几类,如数据库、计费、分布式存储等,均有对应的创业公司在做,他们成为 OpenStack 生态圈最重要的一环。

9.1.3 OpenStack 的组成

OpenStack 覆盖了网络、虚拟化、操作系统、服务器等各个方面。它是一个正在开发中的云计算平台项目,根据成熟及重要程度的不同,被分解成核心项目、孵化项目,以及支持项目和相关项目。每个项目都有自己的委员会和项目技术主管,而且每个项目都不是一成不变的,孵化项目可以根据发展的成熟度和重要性转变为核心项目。截止到 Icehouse 版本,下面列出了 10 个核心项目(即 OpenStack 服务)。

(1) 计算(Compute):Nova。一套控制器,用于为单个用户或使用群组管理虚拟机实例的整个生命周期,根据用户需求来提供虚拟服务。负责虚拟机创建、开机、关机、挂起、暂停、调整、迁移、重启、销毁等操作,配置 CPU、内存等信息规格。自 Austin 版本集成到项目中。

(2) 对象存储(Object Storage):Swift。一套用于在大规模可扩展系统中通过内置冗余及高容错机制实现对象存储的系统,允许进行存储或者检索文件。可为 Glance 提供镜像存储,为 Cinder 提供卷备份服务。自 Austin 版本集成到项目中。

(3) 镜像服务(Image Service):Glance。一套虚拟机镜像查找及检索系统,支持多种虚拟机镜像格式（AKI、AMI、ARI、ISO、QCOW2、Raw、VDI、VHD、VMDK），有创建镜像、上传镜像、删除镜像、编辑镜像基本信息的功能。自 Bexar 版本集成到项目中。

（4）身份服务（Identity Service）：Keystone。为 OpenStack 其他服务提供身份验证、服务规则和服务令牌的功能，管理 Domains、Projects、Users、Groups、Roles。自 Essex 版本集成到项目中。

（5）网络&地址管理（Network）：Neutron。提供云计算的网络虚拟化技术，为 OpenStack 其他服务提供网络连接服务。为用户提供接口，可以定义 Network、Subnet、Router，配置 DHCP、DNS、负载均衡、L3 服务，网络支持 GRE、VLAN。插件架构支持许多主流的网络厂家和技术，如 OpenvSwitch。自 Folsom 版本集成到项目中。

（6）块存储（Block Storage）：Cinder。为运行实例提供稳定的数据块存储服务，它的插件驱动架构有利于块设备的创建和管理，如创建卷、删除卷，在实例上挂载和卸载卷。自 Folsom 版本集成到项目中。

（7）UI 界面（Dashboard）：Horizon。OpenStack 中各种服务的 Web 管理门户，用于简化用户对服务的操作，例如，启动实例、分配 IP 地址、配置访问控制等。自 Essex 版本集成到项目中。

（8）测量（Metering）：Ceilometer。像一个漏斗一样，能把 OpenStack 内部发生的几乎所有的事件都收集起来，然后为计费和监控以及其他服务提供数据支撑。自 Havana 版本集成到项目中。

（9）部署编排（Orchestration）：Heat。提供了一种通过模板定义的协同部署方式，实现云基础设施软件运行环境（计算、存储和网络资源）的自动化部署。自 Havana 版本集成到项目中。

（10）数据库服务（Database Service）：Trove。为用户在 OpenStack 环境下提供可扩展和可靠的关系和非关系数据库引擎服务。自 Icehouse 版本集成到项目中。

9.2　OpenStack 基本架构

OpenStack（图 9-1）提供了一个部署云的操作平台或工具集，其宗旨在于帮助组织运行为虚拟计算或存储服务的云，为公有云、私有云提供可扩展的、灵活的云计算。

OpenStack 开源项目由社区维护，包括 OpenStack 计算（代号为 Nova）、OpenStack 对象存储（代号为 Swift）和 OpenStack 镜像服务（代号 Glance）的集合。

整个 OpenStack 由控制节点、网络节点、计算节点、存储节点四大部分组成，如图 9-2 所示。这四个节点也可以安装在一台机器上，单机部署。其中，控制节点负责对其余节点的控制，包含虚拟机建立、迁移、网络分配、存储分配等；计算节点负责虚拟机运行；网络节点负责对外网络与内网络之间的通信；存储节点负责对虚拟机的额外存储管理等。

1. 控制节点

控制节点包括管理支持服务、基础管理服务和扩展管理服务。

管理支持服务包含 MySQL 和 Qpid 两个服务。

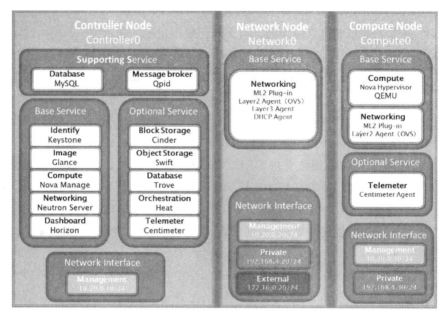

图 9-1 Openstack 构架图

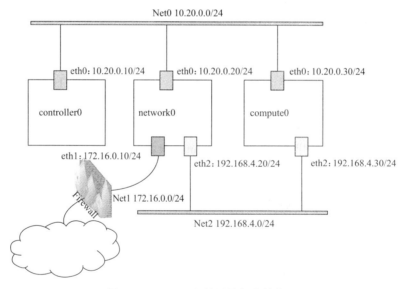

图 9-2 OpenStack 的网络拓扑结构图

（1）MySQL：数据库作为基础/扩展服务产生的数据存放的地方。

（2）Qpid：消息代理，也称消息中间件，为其他各种服务之间提供统一的消息通信服务。

基础管理服务包含 Keystone、Glance、Nova、Neutron、Horizon 五个服务。

（1）Keystone：认证管理服务，提供其余所有组件的认证信息/令牌的管理、创建、修改等，使用 MySQL 作为统一的数据库。

（2）Glance：镜像管理服务，提供对虚拟机部署时所能提供的镜像管理，包含镜像的导入、格式以及制作相应的模板。

（3）Nova：计算管理服务，提供对计算节点的 Nova 管理，使用 Nova-API 进行通信。

（4）Neutron：网络管理服务，提供对网络节点的网络拓扑管理，同时提供 Neutron 在 Horizon 的管理面板。

（5）Horizon：控制台服务，提供以 Web 的形式对所有节点的所有服务的管理，通常把该服务称为 DashBoard。

扩展管理服务包含 Cinder、Swift、Trove、Heat、Centimeter 五个服务。

（1）Cinder：提供管理存储节点的 Cinder 相关服务，同时提供 Cinder 在 Horizon 中的管理面板。

（2）Swift：提供管理存储节点的 Swift 相关服务，同时提供 Swift 在 Horizon 中的管理面板。

（3）Trove：提供管理数据库节点的 Trove 相关服务，同时提供 Trove 在 Horizon 中的管理面板。

（4）Heat：提供基于模板来实现云环境中资源的初始化，依赖关系处理、部署等基本操作，也可以解决自动收缩、负载均衡等高级特性。

（5）Centimeter：提供对物理资源以及虚拟资源的监控，并记录这些数据，对该数据进行分析，在一定条件下触发相应动作。

控制节点一般来说只需要一个网络端口用于通信/管理各个节点。

2. 网络节点

网络节点仅包含 Neutron 服务，Neutron 负责管理私有网段与公有网段的通信，以及管理虚拟机网络之间的通信/拓扑，管理虚拟机之上的防火墙等。

网络节点包含三个网络端口：

（1）eth0：用于与控制节点进行通信。

（2）eth1：用于与除了控制节点之外的计算/存储节点之间的通信。

（3）eth2：用于外部的虚拟机与相应网络之间的通信。

3. 计算节点

计算节点包含 Nova、Neutron、Telemeter 三个服务。其中 Nova 和 Neutron 属于基础服务，Telemeter 属于扩展服务。

（1）Nova：提供虚拟机的创建、运行、迁移、快照等各种围绕虚拟机的服务，并提供 API 与控制节点对接，由控制节点下发任务。

（2）Neutron：提供计算节点与网络节点之间的通信服务。

（3）Telemeter：提供计算节点的监控代理，将虚拟机的情况反馈给控制节点，是 Centimeter 的代理服务。

计算节点包含最少两个网络端口：

（1）eth0：与控制节点进行通信，受控制节点统一调配。

（2）eth1：与网络节点、存储节点进行通信。

4. 存储节点

存储节点包含 Cinder、Swift 等服务。

（1）Cinder：块存储服务，提供相应的块存储，简单来说，就是虚拟出一块磁盘，可以挂载到相应的虚拟机上，不受文件系统等因素影响。对虚拟机来说，这个操作就像是新加了一块硬盘，可以完成对磁盘的任何操作，包括挂载、卸载、格式化、转换文件系统等操作，大多应用于虚拟机空间不足的情况下的空间扩容等。

（2）Swift：对象存储服务，提供相应的对象存储，简单来说，就是虚拟出一块磁盘空间，可以在这个空间中存放文件，也仅仅只能存放文件，不能进行格式化，转换文件系统，大多应用于云磁盘/文件。

存储节点包含最少两个网络接口：

（1）eth0：与控制节点进行通信，接受控制节点任务，受控制节点统一调配。

（2）eth1：与计算/网络节点进行通信，完成控制节点下发的各类任务。

9.3 OpenStack 核心项目组件

OpenStack 核心项目组件如图 9-3 所示。

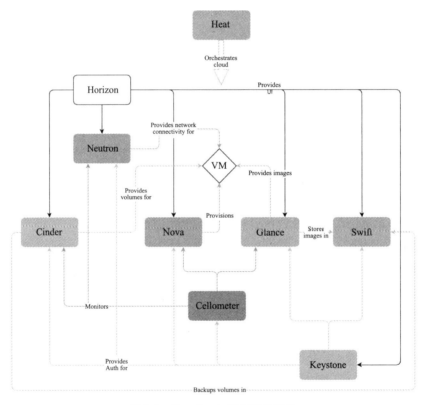

图 9-3　OpenStack 核心项目组件

9.3.1 Keystone 身份验证组件

Keystone 为所有的 OpenStack 组件提供认证和访问策略服务，它依赖自身的 REST（基于 Identity API）系统进行工作，主要对（但不限于）Swift、Glance、Nova 等进行认证与授权。事实上，授权通过对动作消息来源者请求的合法性进行鉴定。身份认证服务流程如图 9-4 所示。

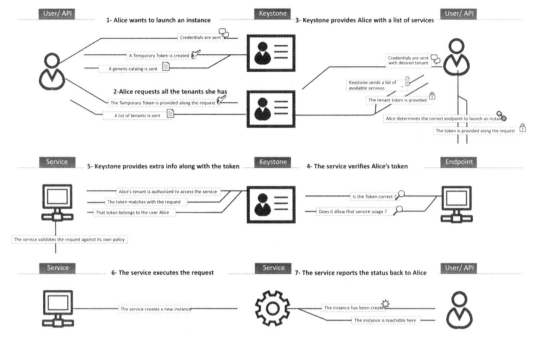

图 9-4 身份认证服务流程

1. Keystone 提供的服务种类

（1）令牌服务：含有授权用户的授权信息。

（2）目录服务：含有用户合法操作的可用服务列表。

（3）策略服务：利用 Keystone 具体指定用户或群组某些访问权限。

2. 认证服务组件

（1）服务入口：如 Nova、Swift 和 Glance 一样，每个 OpenStack 服务都拥有一个指定的端口和专属的 URL，我们称其为入口（endpoints）。

（2）区位：在某个数据中心，一个区位具体指定了一处物理位置。在典型的云架构中，如果不是所有的服务都访问分布式数据中心或服务器的话，则也称其为区位。

（3）用户：Keystone 授权使用者。

（4）服务：总体而言，任何通过 Keystone 进行连接或管理的组件都被称为服务。例如，我们可以称 Glance 为 Keystone 的服务。

（5）角色：为了维护安全限定，就云内特定用户可执行的操作而言，该用户关联的角色是非常重要的。

（6）租户：指的是具有全部服务入口并配有特定成员角色的一个项目。

注：User（用户）代表一个个体，OpenStack 以用户的形式来授权服务给他们。用户拥有证书（Credential），且可能分配给一个或多个 Tenant（租户）。经过验证后，会为每个单独的租户提供一个特定的令牌；Role（角色）是使用权限的逻辑分组，它使得通用的权限可以简单地分组并绑定到与某个指定租户相关的用户。一个角色是应用于某个租户的使用权限集合，以允许某个指定用户访问或使用特定操作。一个租户映射到一个 Nova 的"project-id"，在对象存储

中,一个租户可以有多个容器。根据不同的安装方式,一个租户可以代表一个客户、账号、组织或项目。

9.3.2 Glance 镜像管理组件

OpenStack 镜像服务器是一套虚拟机镜像发现、注册、检索系统,我们可以将镜像存储到以下任意一种存储中:

(1) 本地文件系统(默认)。

(2) S3 直接存储。

(3) S3 对象存储(作为 S3 访问的中间渠道)。

(4) OpenStack 对象存储。

Glance 构件组成如下:

(1) Glance-API:主要负责接收响应镜像管理命令的 Restful 请求,分析消息请求信息并分发其所带的命令(如新增、删除、更新等)。默认绑定端口是 9292。

(2) Glance-Registry:主要负责接收响应镜像元数据命令的 Restful 请求。分析消息请求信息并分发其所带的命令(如获取元数据、更新元数据等)。默认绑定的端口是 9191。

9.3.3 Nova 计算核心组件

Nova 是 OpenStack 计算的弹性控制器。OpenStack 云实例生命周期所需的各种动作都将由 Nova 进行处理和支撑,这就意味着 Nova 以管理平台的身份登场,负责管理整个云的计算资源、网络、授权及测度。虽然 Nova 本身并不提供任何虚拟能力,但是它将使用 libvirt API 与虚拟机的宿主机进行交互。Nova 通过 Web 服务 API 来对外提供处理接口,而且这些接口与 Amazon 的 Web 服务接口是兼容的。

1. Nova 的功能及特点

(1) 实例生命周期管理。

(2) 计算资源管理。

(3) 网络与授权管理。

(4) 基于 REST 的 API。

(5) 异步连续通信。

(6) 支持各种宿主:Xen、XenServer/XCP、KVM、UML、VMware vSphere 及 Hyper-V。

2. Nova 计算部件

Nova 弹性云包含 API 服务器(nova-api)、消息队列(rabbit-mq server)、调度器(nova-scheduler)、运算工作站(nova-compute)、网络控制器(nova-network)和卷工作站(nova-volume)。

(1) API 服务器。

API 服务器提供了云设施与外界交互的接口,它是外界用户对云实施管理的唯一通道。通过使用 Web 服务来调用各种 EC2 的 API,接着 API 服务器便通过消息队列把请求送达云内目标设施进行处理。作为对 EC2-API 的替代,用户也可以使用 OpenStack 的原生 API,我们把它叫作"OpenStack API"。

(2) 消息队列。

OpenStack 内部在遵循 AMQP(高级消息队列协议)的基础上采用消息队列进行通信。

Nova对请求应答进行异步调用,当请求接收后便立即触发一个回调。由于使用了异步通信,不会有用户的动作被长置于等待状态。例如,启动一个实例或上传一份镜像的过程较为耗时,API调用将等待返回结果而不影响其他操作,在此异步通信起到了很大作用,使整个系统变得更加高效。

（3）调度器。

调度器负责把nova-API调用送达给目标。调度器以名为"nova-schedule"的守护进程方式运行,并根据调度算法从可用资源池中恰当地选择运算服务器。有很多因素都可以影响调度结果,比如负载、内存、子节点的远近、CPU架构等。强大的是nova调度器采用的是可插入式架构。目前,Nova调度器使用了以下几种基本的调度算法:

① 随机化:主机随机选择可用节点。

② 可用化:与随机相似,只是随机选择的范围被指定。

③ 简单化:应用这种方式,主机选择负载最小者来运行实例。负载数据可以从别处获得,如负载均衡服务器。

（4）运算工作站。

运算工作站的主要任务是管理实例的整个生命周期。它们通过消息队列接收请求并执行,从而对实例进行各种操作。在典型实际生产环境下,会架设许多运算工作站,根据调度算法,一个实例可以在可用的任意一台运算工作站上部署。

（5）网络控制器。

网络控制器处理主机的网络配置,例如,IP地址分配,配置项目VLAN,设定安全群组,以及为计算节点配置网络等。

（6）卷工作站。

卷工作站管理基于LVM的实例卷,它能够为一个实例创建、删除、附加卷,也可以从一个实例中分离卷。卷管理为何如此重要,因为它提供了一种保持实例持续存储的手段,比如当结束一个实例后,根分区如果是非持续化的,那么对其的任何改变都将丢失。但是,如果从一个实例中将卷分离出来,或者为这个实例附加上卷的话,即使实例被关闭,数据仍然保存其中。这些数据可以通过将卷附加到原实例或其他实例的方式而重新访问。因此,为了日后访问,重要数据务必要写入卷中。这种应用对于数据服务器实例的存储而言,尤为重要。

9.3.4 Neutron网络管理组件

1.Neutron的基本概念:网络连接服务

Neutuon提供面向租户的API接口,用于创建虚拟网络、路由器、负载均衡等,关联Instance到指定的网络和路由;通过API接口管理虚拟或物理交换机;提供plugin架构来支持不同的技术平台;Neutron Private Network提供固定私网地址;Neutron Public Network提供浮动IP地址。

2.Neutron的关键名词

（1）Network:一个L2二层网络单元,租户可通过Neutron API创建自己的网络。

（2）Subnet:一段IPv4/IPv6地址段,可以为Instance提供私网或公网地址。

（3）Router:三层路由器,为租户的Instance提供路由功能。

（4）Port:虚拟交换机上的端口,管理Instance的网卡。

3.基础网络概念

（1）L2、L3。

OpenStack 中我们经常看到 L2、L3，L2 其实是指七层网络协议中的第二层数据链路层，它的传输以 MAC 地址为基础；L3 指网络层，它的传输以 IP 地址为基础。

网络层属于 OSI 中的较高层次，从它的名字可以看出，它解决的是网络与网络之间，即网际的通信问题，而不是同一网段内部的问题。网络层的主要功能是提供路由，即选择到达目标主机的最佳路径，并沿该路径传送数据包。除此之外，网络层还要能够消除网络拥挤，具有流量控制和拥挤控制的能力。所以从这个意义上说，数据链路层数据传输在寻找 MAC 地址，网络层数据传输则是在寻找 IP 地址。

（2）交换机、路由器、DHCP。

① 交换机：工作在数据链路层，拥有一条很高带宽的背部总线和内部交换矩阵。交换机的所有的端口都挂接在这条背部总线上，控制电路收到数据包以后，处理端口会查找内存中的地址对照表以确定目的 MAC（网卡的硬件地址）的 NIC（网卡）挂接在哪个端口上，通过内部交换矩阵迅速将数据包传送到目的端口，目的 MAC 若不存在，广播到所有的端口，接收端口回应后交换机会"学习"新的 MAC 地址，并把它添加到内部 MAC 地址表中。

② 路由器：为不同网络之间互相连接的枢纽，路由器系统构成了基于 TCP/IP 的国际互联网络 Internet 的主体脉络，也可以说，路由器构成了 Internet 的骨架。它的处理速度是网络通信的主要瓶颈之一，它的可靠性则直接影响着网络互联的质量。因此，在园区网、地区网，乃至整个 Internet 研究领域中，路由器技术始终处于核心地位，其发展历程和方向成为整个 Internet 研究的一个缩影。

③ DHCP：在一个使用 TCP/IP 协议的网络中，每一台计算机都必须至少有一个 IP 地址才能与其他计算机连接通信。为了便于统一规划和管理网络中的 IP 地址，DHCP（动态主机配置协议）应运而生。这种网络服务有利于对校园网络中的客户机 IP 地址进行有效管理，而不需要一个一个手动指定 IP 地址。

（3）iptables。

Linux 下的防火墙就是用于实现 Linux 下访问控制功能的，它分为硬件的和软件的防火墙两种。无论在哪个网络中，防火墙工作的地方一定是在网络的边缘。

（4）DNSmasq。

DNSmasq 提供 DNS 缓存和 DHCP 服务功能。作为域名解析服务器（DNS），DNSmasq 可以通过缓存 DNS 请求来提高对访问过的网址的连接速度。作为 DHCP 服务器，DNSmasq 可以为局域网电脑提供内网 IP 地址和路由。

DNS 和 DHCP 两个功能可以同时或分别单独实现。DNSmasq 轻量且易配置，适用于个人用户或少于 50 台主机的网络。

（5）混杂模式（Promiscuous Mode）。

混杂模式是指一台机器能够接收所有经过它的数据流（不考虑其目的 MAC 地址指向谁）。

（6）网络叠加模式。

一个数据包（或帧）封装在另一个数据包内；被封装的包转发到隧道端点后再被拆装。叠加网络就是使用这种所谓"包内之包"的技术安全地将一个网络隐藏在另一个网络中，然后将网络区段进行迁移。

（7）VLAN。

VLAN 是一种将局域网（LAN）设备从逻辑上划分成一个个网段（或者说是更小的局域网），从而实现虚拟工作组（单元）的数据交换技术。VLAN 这一新兴技术主要应用于交换机和路由器中，但目前主流应用还是在交换机中。

（8）VXLAN。

VXLAN 全称 Virtual Extensible LAN，是一种覆盖网络技术或隧道技术。VXLAN 将虚拟机发出的数据包封装在 UDP 中，并使用物理网络的 IP/MAC 作为 Router-header 进行封装，然后在物理 IP 网上传输，到达目的地后由隧道终结点解封并将数据发送给目标虚拟机。

（9）GRE。

GRE 是 L3 层的隧道技术，本质是在隧道两端的 L3 层重新包装的 L3 层包头，在目的地再取出包装后的包头进行解析。

（10）TAP/TUN。

在计算机网络中，TAP 与 TUN 是操作系统内核中的虚拟网络设备。不同于普通靠硬件网络板卡实现的设备，这些虚拟的网络设备全部用软件实现，并向运行于操作系统上的软件提供与硬件的网络设备完全相同的功能。

TAP 等同于一个以太网设备，它操作第二层数据包如以太网数据帧。TUN 模拟了网络层设备，操作第三层数据包比如 IP 数据封包。

（11）网桥。

网桥工作在数据链路层，将两个局域网连起来，根据 MAC 地址（物理地址）来转发帧，可以看作一个"低层的路由器"（路由器工作在网络层，根据网络地址如 IP 地址进行转发）。它可以有效地连接两个 LAN，使本地通信限制在本网段内，并转发相应的信号至另一网段，网桥通常用于连接数量不多的、同一类型的网段。

（12）NameSpace。

NameSpace 划分隔离不同租户的网络，同一个租户的同一内网的虚拟机连接同一个 NameSpace。

（13）OpenvSwitch。

OpenvSwitch，简称 OVS，是一个虚拟交换软件，主要用于虚拟机 VM 环境，作为一个虚拟交换机，支持 Xen/XenServer、KVM 和 VirtualBox 多种虚拟化技术。其目标是做一个具有产品级质量的多层虚拟交换机。

OpenvSwitch 的组成包括：

① ovs-vswitchd：守护程序，实现交换功能，和 Linux 内核兼容模块一起，实现基于流的交换（flow-based switching）。

② ovsdb-server：轻量级的数据库服务，主要保存了整个 OVS 的配置信息，包括接口、交换内容、VLAN 等。ovs-vswitchd 会根据数据库中的配置信息工作。

③ ovs-dpctl：一个工具，用来配置交换机内核模块，可以控制转发规则。

④ ovs-vsctl：主要是获取或者更改 ovs-vswitchd 的配置信息，此工具操作的时候会更新 ovsdb-server 中的数据库。

⑤ ovs-appctl：主要向 OVS 守护进程发送命令，一般用不上。

⑥ ovsdbmonitor：GUI 工具，来显示 ovsdb-server 中的数据信息。

⑦ ovs-controller：一个简单的 OpenFlow 控制器。

⑧ ovs-ofctl:用来控制 OVS 作为 OpenFlow 交换机工作时候的流表内容。

9.3.5 Horizon 图形界面管理组件

Horizon 是一个用以管理、控制 OpenStack 服务的 Web 控制面板,它可以管理实例、镜像,创建密匙对,对实例添加卷,操作 Swift 容器等。除此之外,用户还可以在控制面板中使用终端或 VNC 直接访问实例。总之,Horizon 具有如下一些特点:

(1) 实例管理:创建、终止实例,查看终端日志,VNC 连接,添加卷等。

(2) 访问与安全管理:创建安全群组,管理密匙对,设置浮动 IP 等。

(3) 偏好设定:对虚拟硬件模板可以进行不同的偏好设定。

(4) 镜像管理:编辑或删除镜像。

(5) 查看服务目录。

(6) 管理用户、配额及项目用途。

(7) 用户管理:创建用户等。

(8) 卷管理:创建卷和快照。

(9) 对象存储处理:创建、删除容器和对象。

(10) 为项目下载环境变量。

9.4 OpenStack 辅助架构组件

9.4.1 Cinder 块存储管理组件

块存储是虚拟基础架构中必不可少的组件,是存储虚拟机镜像文件及虚拟机使用的数据的基础。直到 2012 年 OpenStack Folsom 的发布才引入了 Cinder。Cinder 提供对块存储的管理支持,通过使用 iSCSI、光纤通道或者 NFS 协议,以及若干私有协议提供后端连接,展现给计算层(Nova)。

Cinder 接口提供了一些标准功能,允许创建和附加块设备到虚拟机,如创建卷、删除卷和附加卷。还有更多高级的功能,支持扩展容量的能力,快照和创建虚拟机镜像克隆。

许多厂商在他们现有的硬件平台上提供对 Cinder 块的支持,通过使用一个 Cinder 驱动将 Cinder API 转换成厂商特定的硬件命令。提供 Cinder 支持的厂商包括 EMC(VMAX 和 VNX)、惠普(3PAR StoreServ 和 StoreVirtual)、日立数据系统、IBM(跨所有存储平台)、NetApp、Pure Storage 和 Solid Fire。还有一些基于软件的解决方案,比如 EMC(ScaleIO)和 Nexenta。

另外,许多软件存储包括开源平台,可以用于提供对 Cinder 的支持,这些软件中包括红帽的 Ceph 和 GlusterFS。Ceph 已经被集成到 Linux 内核中,成为最简单的一种为 OpenStack 部署环境提供块存储的方法。

NFS 的支持是在 2013 年 OpenStack 的第七个版本引入的,又叫 Grizzly,尽管之前 Folsom 有提供试验性的技术支持。在 NFS 的环境中,VM 磁盘分区被当作单个的文件,这和在 VMware ESXi 虚拟程序或者微软虚拟化的 VHD 所使用的方法相似。将 VM 磁盘分区封装成文件可以实现类似快照和克隆这样的功能。

9.4.2　Swift 对象存储管理组件

Swift 为 OpenStack 提供一种分布式的、持续虚拟对象存储,类似于 Amazon Web Service 的 S3 简单存储服务。Swift 具有跨节点百级对象的存储能力。Swift 内建冗余和失效备援管理,也能够处理归档和流媒体,特别是对大数据(千兆字节)和大容量(多对象数量)的访问非常高效。

1.Swift 的功能及特点

(1) 海量对象存储。

(2) 大文件(对象)存储。

(3) 数据冗余管理。

(4) 归档能力——处理大数据集。

(5) 为虚拟机和云应用提供数据容器。

(6) 处理流媒体。

(7) 对象安全存储。

(8) 备份与归档。

(9) 良好的可伸缩性。

2.Swift 组件

Swift 组件主要包括 Swift 代理服务器、Swift 对象服务器、Swift 容器服务器、Swift 账户服务器和 Swift Ring(索引环)。

(1) Swift 代理服务器。

用户都是通过 Swift-API 与代理服务器进行交互,代理服务器正是接收外界请求的门卫,它检测合法的实体位置并路由它们的请求。

此外,代理服务器也同时处理实体失效而转移时故障切换的实体重复路由请求。

(2) Swift 对象服务器。

对象服务器是一种二进制存储,它负责处理本地存储中对象数据的存储、检索和删除。对象都是文件系统中存放的典型的二进制文件,具有扩展文件属性的元数据。

注:xattr 格式被 Linux 中的 ext3/4、XFS、Btrfs、JFS 和 ReiserFS 支持,但是并没有有效测试证明在 XFS、JFS、ReiserFS、Reiser4 和 ZFS 下也同样能运行良好。不过,XFS 被认为是当前最好的选择。

(3) Swift 容器服务器。

容器服务器将列出一个容器中的所有对象,默认对象列表将存储为 SQLite 文件,容器服务器也会统计容器中包含的对象数量及容器的存储空间耗费。

(4) Swift 账户服务器。

账户服务器与容器服务器类似,将列出容器中的对象。

(5) Swift Ring(索引环)。

Ring 容器记录着 Swift 中物理存储对象的位置信息,是真实物理存储位置的实体名的虚拟映射,类似于查找及定位不同集群的实体真实物理位置的索引服务。这里所谓的实体指账户、容器、对象,它们都拥有属于自己的不同的 Ring。

9.4.3　Ceilometer 计费组件

OpenStack 作为一个开源的 IaaS 平台,发展迅速,越来越多的公司基于 OpenStack 做自己的公有云平台,而计量和监控则是必不可少的基础服务。由于 OpenStack 初始并不提供这两种服务,因此许多公司需要自行开发,为了顺应需求以及避免重复的工作,Ceilometer 作为 OpenStack 的一个子项目孕育而生,它像一个漏斗一样,能把 OpenStack 内部发生的几乎所有的事件都收集起来,然后为计费和监控以及其他服务提供数据支撑。

在 Ceilometer 建立之初,它的定位专注于计量、计费,随着需求的不断增长,除了计费之外,像监控、Autoscalling、数据统计分析等都需要这些数据。所以 Ceilometer 逐渐转变了它的 Mission:No repreat,various data。

由于 Ceilometer 收集的是 OpenStack 内部各个服务(nova、neutron、cinder 等),而将来还会有很多未知的服务信息,因此可扩展性则是需要为未知服务保证的,Doug Hellmann 调研了很多项目的扩展机制,最终开发了 Python 的一个基于 setuptools entry_points 三方库的 Stevedore,并且使用 Stevedore 设计了 Ceilometer 的插件机制,现在 Stevedore 已经被 OpenStack 中的很多新的项目使用。

在 H 版中,不仅添加了 Alarm 功能,还通过 Post Meter API 打破了 Ceilometer 只局限在 OpenStack 内部服务的限制,通过该 API 向 Ceilometer 写入数据,而不用去写 plugin,完成了 Ceilometer 由 poll 向 poll+push 的转变。另外 One Meter per Pollster Plugin 方式则简洁和规范化了 Ceilometer 的插件机制。

1. Ceilometer 架构

Ceilometer 架构如图 9-5 所示。Ceilometer 有两种数据收集方式:触发收集和轮询收集。

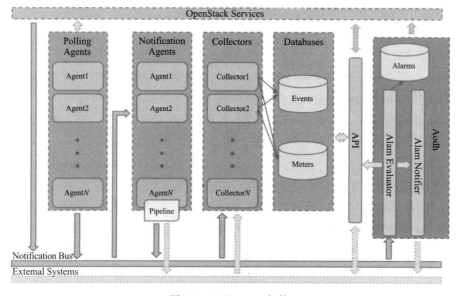

图 9-5　Ceilometer 架构

在 OpenStack 内部发生的一些事件,都会发出对应的 Notification 消息,比如说创建和删除 Instance,这些信息是计量/计费的重要信息,因此第一种方式是 Ceilometer 第一数据来源,但是有些计量信息通过 Notification 消息是获取不到的，比如说 Instance 的 CPU 的运行时间，或者是 CPU 的使用率，这些信息不会通过 Notification 消息发送出来，因此 Ceilometer 增加了第二种方式，周期性的调用相关的 API 去获取这些信息。但是随着 Alarm 的应用，也由于轮询机制的消耗比较大（由于不需要的数据而带来的数据的叠加），触发机制基本可以代替轮询方式。

2. Ceilometer 的各种机制以及具体流程

（1）Ceilometer 之 Alarm。

Alarm 是警报机制，相对 Ceilometer 是独立的一块，只是放在了 Ceilometer 的代码树里面。

（2）Ceilometer 之 Agent-Central。

Agent-central 运行在控制节点上，主要通过调用相关模块的 REST API，访问相关模块的客户端，从而实现主动收集相关模块（Image、Volume、Objects、Network）的监控数据，需要定期 Poll 轮询收集信息。其主要完成的功能为：遍历任务（通道），获取每个任务指定获取的监控项的采样数据；针对每个监控项的采样数据，实现发布监控项采样数据样本到消息队列，其中实现采样数据发布的方式有三种，即 RPC、UDP、FILE。

（3）Ceilometer 之 Agent-Compute。

Agent-compute 负责收集虚拟机的 CPU、内存、I/O 等信息。其主要完成的功能为：遍历任务（通道），获取每个任务指定获取的监控项的采样数据；针对每个监控项的采样数据，实现发布监控项采样数据样本到消息队列，其中实现采样数据发布的方式有三种，即 RPC、UDP、FILE。

（4）Ceilometer 之 Agent-Notifiaction。

Agent-Notifiaction（图 9-6）负责收集 OpenStack 各个组件推送到 Messaging Bus 上的消息，Notification 守护进程会载入一系列的 Plugin 来监听各种 Topic。其主要完成的功能为：监听 AMQP 中的 Queue 以便收到信息；需要初始化时完成定义所要监听序列的 Host 和 Topic，建立线程池的操作，用于后续服务中若干操作的运行。

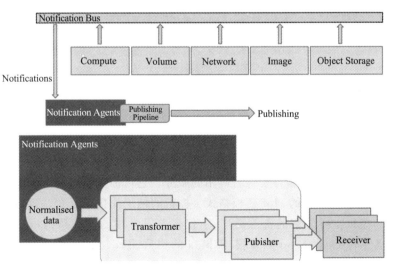

图 9-6 Agent-notifiaction

（5）Ceilometer 之 Collector。

Collector（图9-7）的守护进程收集 Notification 和 Polling Agent 获取的 Event 以及 Meter Data，并将这些数据持久化到数据库中。其主要完成的功能为：提供两种方式（UDP、RPC）获取收集发布的信息，并保存到数据存储系统中需要初始化时完成的操作。

针对 UDP 的消息发布方式：获取 Socket 对象，一直循环任务通过 UDP 协议实现接收消息数据，保存数据到数据存储系统（不同的实现后端）。

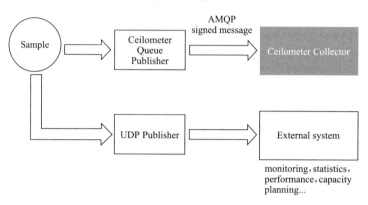

图 9-7　Collector

（6）Ceilometer 之 API。

API（图9-8）将 Publisher 发布的消息（Meter Message）存储到 DataStore。通过触发或者轮询收集到的数据被存入数据库后，由于所使用的数据库可能是随着方案的改变而改变的，因此提供了 REST API 来对收集的数据进行查询而不是直接进入数据库中查询。

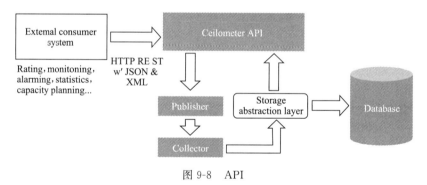

图 9-8　API

9.4.4　Heat 流程管理组件

Heat 是一个基于模板来编排复合云应用的服务。它目前支持亚马逊的 Cloud Formation 模板格式，也支持 Heat 自有的 Hot 模板格式。模板的使用简化了复杂基础设施、服务和应用的定义和部署。模板支持丰富的资源类型，不仅覆盖了常用的基础架构，包括计算、网络、存储、镜像，还覆盖了像 Ceilometer 的警报、Sahara 的集群、Trove 的实例等高级资源。Heat 流程管理组件如图 9-9 所示。

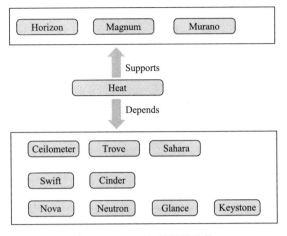

图 9-9 Heat 流程管理组件

1. Heat 组件

Heat 服务包含以下重要组件,如图 9-10 所示。

(1) Heat API 组件实现 OpenStack 天然支持的 REST API。该组件通过把 API 请求经由 AMQP 传送给 Heat Engine 来处理 API 请求。

(2) Heat API CFN 组件提供兼容 AWS Cloud Formation 的 API,同时也会把 API 请求通过 AMQP 转发给 Heat Engine。

(3) Heat Engine 组件提供 Heat 最主要的协作功能。

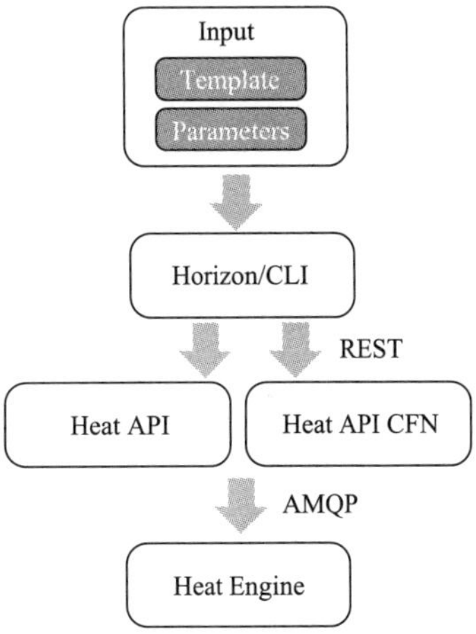

用户在 Horizon 中或者命令行中提交包含模板和参数输入的请求,Horizon 或者命令行工具会把请求转化为 REST 格式的 API 调用,然后调用 Heat API 或者是 Heat API CFN。Heat API 和 Heat API CFN 会验证模板的正确性,然后通过 AMQP 异步传递给 Heat Engine 来处理请求。

当 Heat Engine 拿到请求后,会把请求解析为各种类型的资源,每种资源都对应 OpenStack 其他的服务客户端,然后通过发送 REST 请求给其他服务。通过如此的解析和协作,最终完成请求的处理。

Heat Engine(图 9-11)在这里的作用分为三层:第一层处理 Heat 层面的请求,就是根据模板和输入参数来创建 Stack,这里的 Stack 由各种资源组合而成;第二层解析 Stack 里各种资源的依赖关系,Stack 和嵌套 Stack 的关系。第三层就是根据解析出来的关系,依次调用各种服务客户端来创建各种资源。

图 9-10 Heat 组件

图 9-11 Heat Engine

2.编排

编排,顾名思义,就是按照一定的目的依次排列。在 IT 的世界里,一个完整的编排一般包括设置服务器上的机器、安装 CPU、内存、硬盘、通电、插入网络接口、安装操作系统、配置操作系统、安装中间件、配置中间件、安装应用程序、配置应用发布程序等。对于复杂的需要部署在多台服务器上的应用,需要重复这个过程,而且需要协调各个应用模块的配置,比如配置前面的应用服务器连上后面的数据库服务器。典型应用需要编排的项目如图 9-12 所示。

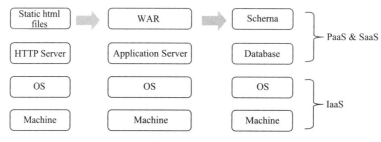

图 9-12 典型应用需要编排的项目

在云计算中,机器这层就变为了虚拟的 VM 或者是容器。管理 VM 所需的各个资源要素和操作系统本身就成了 IaaS 这层编排的重点。操作系统本身安装完后的配置也是 IaaS 编排所覆盖的范围。除此之外,提供能够接入 PaaS 和 SaaS 编排的框架也是 IaaS 编排的范围。

OpenStack 从最开始就提供了命令行和 Horizon 来供用户管理资源。然而靠敲一行行的命令和在浏览器中的点击相当费时费力。即使把命令行保存为脚本,在输入输出时还要写额外的脚本来进行维护,而且不易于扩展;或者直接通过 REST API 编写程序,这里会引入额外的复杂性,同样不易于维护和扩展。这都不利于用户使用 OpenStack 来进行大批量的管理,更不利于使用 OpenStack 来编排各种资源以支撑 IT 应用。Heat 在这种情况下应运而生。

Heat 采用了业界流行使用的模板方式来设计或者定义编排。用户只需要打开文本编辑器,编写一段基于 Key-Value 的模板,就能够方便地得到想要的编排。为了方便用户的使用,Heat 提供了大量的模板例子,大多数时候用户只需要选择想要的编排,通过复制粘贴的方式来完成模板的编写。

Heat 从四个方面来支持编排。首先是 OpenStack 自己提供的基础架构资源,包括计算、网络和存储等资源。通过编排这些资源,用户就可以得到最基本的 VM。值得提及的是,在编排 VM 的过程中,用户可以提供一些简单的脚本,以便对 VM 做一些简单的配置。其次,用户可以通过 Heat 提供的 Software Configuration 和 Software Deployment 等对 VM 进行复杂的配置,比如安装软件、配置软件。再次,如果用户有一些高级的功能需求,比如需要一组能够根据负荷自动伸缩的 VM 组,或者需要一组负载均衡的 VM,Heat 提供 AutoScaling 和 Load Balance 等进行支持。如果用户自己单独编程来完成这些功能,所花费的时间和编写的代码都是不菲的。现在通过 Heat,只需要一段长度的 Template 就可以实现这些复杂的应用。Heat 对诸如 Auto Scaling 和 Load Blance 等复杂应用的支持已经非常成熟,有各种各样的模板供参考。最后,如果用户的应用足够复杂,或者说用户的应用已经有了一些基于流行配置管理工具的部署,比如说已经基于 Chef 有了 Cookbook,那么可以通过集成 Chef 来复用这些 Cookbook,这样就能够节省大量的开发时间或者是迁移时间。Heat 架构如图 9-13 所示。

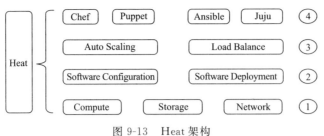

图 9-13 Heat 架构

3. Heat 模板

Heat 目前支持两种格式的模板,一种是基于 JSON 格式的 CFN 模板,另一种是基于 YAML 格式的 HOT(Heat Orchestration Template)模板。CFN 模板主要是为了保持对 AWS 的兼容性。HOT 模板是 Heat 自有的,是 Heat 发展的重心,资源类型更加丰富,更能体现出 Heat 特点的模板。

一个典型的 HOT 模板由下列元素构成:

(1)模板版本:必填字段,指定所对应的模板版本,Heat 会根据版本进行检验。

(2)参数列表:选填,指输入参数列表。

(3)资源列表:必填,指生成的 Stack 所包含的各种资源。可以定义资源间的依赖关系,比如说生成 Port,然后再用 Port 来生成 VM。

(4)输出列表:选填,指生成的 Stack 暴露出来的信息,可以用来给用户使用,也可以用来作为输入提供给其他的 Stack。

4. Heat 对基础架构的编排

对于不同的资源,Heat 都提供了对应的资源类型。比如对于 VM,Heat 提供了 OS::Nova::Server。OS::Nova::Server 有一些参数,比如 key、image、flavor 等,这些参数可以直接指定,可以由客户在创建 Stack 时提供,也可以由上下文其他的参数获得。

(1)Heat 对软件配置和部署的编排。

Heat 提供了多种资源类型来支持对于软件配置和部署的编排,如下所列:

① OS::Heat::CloudConfig:VM 引导程序启动时的配置,由 OS::Nova::Server 引用。

② OS::Heat::SoftwareConfig:描述软件配置。

③ OS::Heat::SoftwareDeployment:执行软件部署。

④ OS::Heat::SoftwareDeploymentGroup:对一组 VM 执行软件部署。

⑤ OS::Heat::SoftwareComponent:针对软件的不同生命周期部分,对应描述软件配置。

⑥ OS::Heat::StructuredConfig 和 OS::Heat::SoftwareConfig 类似,但是用 Map 来表述配置。

⑦ OS::Heat::StructuredDeployment:执行 OS::Heat::StructuredConfig 对应的配置。

⑧ OS::Heat::StructuredDeploymentsGroup:对一组 VM 执行 OS::Heat::StructuredConfig 对应的配置。

其中最常用的是 OS::Heat::SoftwareConfig 和 OS::Heat::SoftwareDeployment。

(2)最常见的 OS::Heat::SoftwareConfig 的用法。

```
resources:
install_db_sofwareconfig
type: OS::Heat::SoftwareConfig
properties:
group: script
outputs:
-name: result
config: |
#！/bin/bash-v
yum-y install mariadb mariadb-server httpd wordpress
touch /var/log/mariadb/mariadb. log
chown mysql. mysql /var/log/mariadb/mariadb. log
systemctl start mariadb. service
```

（3）OS::Heat::SoftwareDeployment。

OS::Heat::SoftwareDeployment 指定了在哪台服务器上做哪项配置。另外，SofwareDeployment 也指定了以何种信号传输类型来和 Heat 进行通信。OS::Heat::SoftwareDeployment 样例：

```
sw_deployment:
type: OS::Heat::SoftwareDeployment
properties:
config: { get_resource: install_db_sofwareconfig }
server: { get_resource：server }
signal_transport: HEAT_SIGNAL
```

（4）OS::Heat::SoftwareConfig 和 OS::Heat::SoftwareDeployment 流程。

OS::Heat::SoftwareConfig 和 OS::Heat::SoftwareDeployment 协同工作，需要一系列 Heat 工具的支持。这些工具都是 OpenStack 的子项目。

首先，os-collect-config 调用 Heat API 拿到对应 VM 的 metadata。

当 metadata 更新完毕后，os-refresh-config 开始工作，它主要是运行下面目录所包含的脚本：

/opt/stack/os-config-refresh/pre-configure. d

/opt/stack/os-config-refresh/configure. d

/opt/stack/os-config-refresh/post-configure. d

/opt/stack/os-config-refresh/migration. d

/opt/stack/os-config-refresh/error. d

每个文件夹都对应了软件不同的阶段，比如预先配置阶段、配置阶段、后配置阶段和迁移阶段。如果任一阶段的脚本执行出现问题，它会运行 error. d 目录里的错误处理脚本。os-refresh-config 在配置阶段会调用预先定义的工具，比如 heat-config，这样就触发了 heat-config 的应用，调用完 heat-config 后，又会调用 os-apply-config。存在 heat-config 或者 os-apply-config 里的都是一些脚本，也叫钩子。Heat 针对各种不同的工具提供了不同的钩子脚本。用户也可以自己定义这样的脚本。

等一切调用完成无误后,heat-config-notify 会被调用,它用来发信号给 Heat,告诉这个软件部署的工作已经完成。

当 Heat 收到 heat-config-notify 发来的信号后,它会把 OS∷Heat∷SoftwareConfig 对应资源的状态改为 Complete。如果有任何错误发生,就会改为 CREATE_FAILED 状态。

OS∷Heat∷SoftwareConfig 和 OS∷Heat∷SoftwareDeployment 流程图如图 9-14 所示。

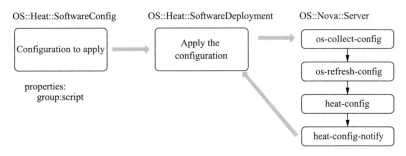

图 9-14　OS∷Heat∷SoftwareConfig 和 OS∷Heat∷SoftwareDeployment 流程图

5.Heat 对资源自动伸缩的编排

基础架构的自动伸缩是一个高级的功能。Heat 提供自动伸缩 OS∷Heat∷AutoScaling-Group 和伸缩策略 OS∷Heat∷ScalingPolicy,结合基于 Ceilometer 的 OS∷Ceilometer∷Alarm 实现了可以根据各种条件,比如负载,进行资源自动伸缩的功能,如图 9-15 所示。

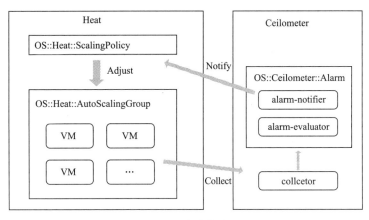

图 9-15　Heat 自动伸缩流程图

6.Heat 和 IBM UCDP/UCD 的集成

随着云计算的逐步兴起,各种基于云计算的部署编排工具开始出现。目前来看,主要有跨平台、可视化、强大的配置管理功能等几个方面。其中 IBM 的 UrbanCode Deploy with Patterns(UCDP)和 Urban Code Deploy(UCD)是一种强大的平台,具备上述特性。

UCDP 是全栈的环境管理和部署解决方案,支持用户为多种云设计、部署和更新全栈环境。该平台可集成 UCD,基于 Heat 来实现对 OpenStack 基础架构的自动化,以优化持续的交付吞吐量。它具备可视化的操作界面。通过拖曳图标来创建和编辑跨云平台的模板。

UCD 将应用、中间件配置以及数据库的变更进行编排并自动部署到开发环境、测试环境和生产环境中。它能让用户通过自助服务方式,根据需要或按照计划进行部署。在 UCD 中,能够按照配置(configuration-only)或者传统的代码和配置(code-and-configuration)来分拆复杂的应用配置,进行逐步定义。

借助于 UCDP 强大的 Pattern 设计能力,如图 9-16 所示,通过拖曳的方式可以制作一个复杂的模板。其中用到两种类型的资源:一种是云计算资源,比如说网络、安全组、镜像等;另一种是定义于 UCD 中的组件,比如其中的 Jke.db、MySQL Server、JKE.war 和 WebSphere Liberty Profile。

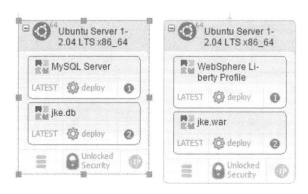

图 9-16　UCDP 强大的 Pattern 设计能力

通过借助 UCDP/UCD 和 Heat 的集成,如图 9-17 所示,可以方便地点击按钮来生成对应的环境(UCDP/UCD 用语)或者 Stack(Heat 用语)。

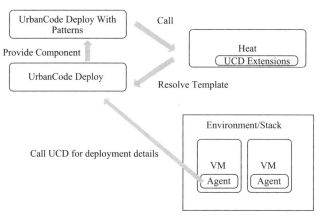

图 9-17　UCDP/UCD 和 Heat 的集成

首先,UCDP 把设计好的模板发给 Heat,Heat 会调用 UCD 扩展插件来解释模板并翻译为 Heat 能够认识的模板,这个过程有可能需要访问 UCD 得到更为细节的解释。接着 Heat 去生成相应的资源,一般肯定有 VM,并在 VM 上安装 UCD Agent,并启动 Agent。Agent 会调用 UCD 拿到具体组件,比如 WebSphere Liberty Profile 的部署定义细节,然后执行。最终完成 Stack 的生成。

第10章 华为云计算架构体系

10.1 华为云计算架构体系简介

云计算有三个阶段：准备阶段、起飞阶段和成熟阶段。

（1）准备阶段：云计算各种模式都处于探索阶段，应用较少，无成功案例可参考。

（2）起飞阶段：经过准备阶段的探索之后，探索出一些成功的应用模式。

（3）成熟阶段：云计算商业模式已成熟，整个生态系统已完善，云计算也成为企业成功必备的 IT 资源。

华为云解决方案支持对一体机、服务器、存储设备、网络设备、安全设备、虚拟机、操作系统、数据库、应用软件等进行统一管理；支持异构业界主流的服务器、存储设备；支持集成华为虚拟化软件 FusionCompute，且支持集成 VMware 虚拟化软件。

从上面的描述可以看出，软硬件系统统一管理，可以提升管理的便利性，降低管理系统的购置成本和人力成本。

假如一个公司采购的设备需要多个不同的管理系统来管理维护，那么需要购置多个不同的管理系统；对于维护人员来说，需要学习多个管理系统的技能。再考虑系统升级、技能储备和人员流动因素，企业的成本更高。

云计算产业中，包括云计算设备商、云计算服务提供商和云计算终端用户。其中，云计算设备商指的是提供搭建云计算环境所需的软硬件的设备厂商，包括硬件厂商（服务器、存储设备、交换机、安全、TC 等）和软件厂商（云虚拟化平台、云管理平台、云桌面接入、云存储软件等）。

1. 华为：云计算领域的先行者

互联网服务提供商是云计算的先行者，先进技术及创新商业模式的领导者，主要基于云计算提供低成本的海量信息处理服务，如 Google、Amazon 等。电信运营商利用云计算解决现实问题，引入云计算提升电信业务网的能力（海量的计算和存储）和降低成本，如 BT、AT&T。网络供应商利用技术革新的时机和传统网络、服务器和海量软件的优势纷纷进入云计算领域，如 CISCO 等。互联网内容提供商负责提供网站的内容和与之相关的服务，如新浪等。

为了更好地帮助企业客户进行基于云计算架构的 IT 建设与转型，并综合业界最新的 IT 技术发展趋势，华为公司制定了以"融合"为核心特征的 FusionCloud 云计算战略，并针对每一个核心特征，将这一战略落实到四大产品系列之中。

"水平融合"战略主要贯彻了 IT 基础设施的横向融合的发展趋势。横向融合是在 IT 组件与产品极为多样化的今天,通过横向融合实现对 IT 基础设施的统一运营与管理。华为在这一战略方向推出了产品 FusionSphere。

"垂直融合"战略主要贯彻了垂直整合的思想,背景源自企业对 IT 系统性价比不断优化的需求,只有从底层各类硬件到顶层各种应用进行垂直的端到端整合,才能实现最优性价比的解决方案。华为在这一战略方向推出了产品 FusionCube 融合一体机。

"接入融合"战略主要贯彻了协同效率提升的思想,背景源自企业在保障安全、体验前提下,对员工办公效率不断提升的需求。华为在这一战略方向推出了 FusionAccess 桌面云产品,来实现企业在云环境下的泛在接入。

"数据融合"战略主要通过大数据分析解决方案,为客户提供更多的价值增长空间。FusionInsight 大数据平台是行业针对性很强的产品,一般要针对具体行业、具体要求定制,比较适合大型企业应用。

FusionSphere 云操作系统、FusionCube 融合一体机、FusionAccess 桌面云产品、FusionInsight 企业级大数据平台共同组成了 FusionCloud 云计算整体解决方案,可以为企业客户构建完善的整体云计算平台。

2.华为部署全球最大的办公桌面云

按员工类型划分安全分区级别为红、黄、绿。

TC 本地无硬盘,通过数字证书接入认证,通过 SSL 加密传输信息多种接入认证方式,平台统一认证高速互联网络,多数据中心间资源管理及调度办公,集成测试分时(白天,晚上)共享资源。

从华为的使用情况来看,使用桌面云构建办公系统之后,可以从设备成本、能耗、维护人力、设备更新等几个方面降低企业的成本。

10.2　华为 FusionSphere 解决方案

10.2.1　FusionSphere 云平台

1.FusionSphere 云平台的主要模块

FusionSphere 是华为推出的云平台整体解决方案,主要包含以下模块软件:

(1) UltraVR:容灾管理软件,实现系统整体的同城或异地容灾能力。

(2) HyperDP:备份管理模块,实现虚拟机级别的备份管理能力。

(3) FusionCompute:计算虚拟化,实现 CPU、内存、磁盘、外设等基本要素的虚拟化,虚拟机由 FusionCompute 实现。

(4) FusionStorage:存储虚拟化,将通用服务器的本地磁盘整合起来,提供分布式的 SERVERSAN 能力。

(5) FusionNetwrok:网络虚拟化,实现 SDN 控制器、虚拟化 VXLAN 网关、虚拟防火墙、虚拟 DHCP 服务器、虚拟路由器等功能。

(6) FusionManager:云平台管理,为 FusionCompute、FusionStorage、FusionNetwork、

HyperDP 以及服务器、存储、交换机、防火墙等提供统一整合的管理平台。

（7）OpenStack：华为 OpenStack 发行版，对外提供标准的 OpenStack 管理与接口能力。

2.产品组合及功能

FusionSphere 产品通过在服务器上部署虚拟化软件，将硬件资源虚拟化，从而使一台物理服务器可以承担多台服务器的工作。通过整合现有的工作负载并利用剩余的服务器以部署新的应用程序和解决方案，可以实现较高的整合率。除此之外，FusionSphere 还提供企业级及运营级虚拟数据中心技术，以及跨站点容灾等功能。

10.2.2 云平台提供的标准化能力

积木是最巧妙的玩具，就因为它具备的原子特性：构件形态稳定，易于替换，随意组合，可回收重用。云是为敏捷 IT 而生，FusionSphere 平台提供了一系列标准化的原子能力，协助用户像搭积木一样简便快捷地构建自己的系统。

1.虚拟主机

x86 虚拟化技术是将通用的 x86 服务器经过虚拟化软件，对最终用户呈现标准的虚拟机。这些虚拟机就像同一个厂家生产的系列化产品一样，具备系列化的硬件配置，使用相同的驱动程序。

FusionCompute 就是这样一个虚拟化系统，支持将 x86 服务器虚拟化为多台虚拟机。最终用户可以在这些虚拟机上安装各种软件、挂载磁盘、调整配置、调整网络，就像普通的 x86 服务器一样使用它。

对于最终用户来说，虚拟机与物理机相比，其优势在于它可以快速发放，方便调整配置和组网。对于维护人员来说，虚拟机复用了硬件，这样硬件更少，加上云平台的自动维护能力，维护成本显著降低。对于系统管理员来说，可以很直观地知道资源使用的总量及变化趋势，以便决策是否扩容。

2.虚拟存储

FusionCompute 支持将 SAN 设备、计算节点本地存储，以及 FusionStorage 提供的虚拟存储空间统一管理，以虚拟卷的形式分配给虚拟机使用。

对于最终用户来说，就像 x86 服务器使用本地硬盘一样的方式使用，可以格式化，安装文件系统，安装操作系统，读写。同时虚拟化的存储还具备快照能力，可以调整大小，这是物理硬盘不能实现的。

对于管理员来说，虚拟存储卷并不一对一映射到某块具体的磁盘，而是收敛到几台 SAN设备。由于 SAN 设备已经有了可靠性保障，因此更换硬盘的工作量大规模下降。同时，虚拟存储具备瘦分配、灵活调整、Qos 可限制、可迁移等比物理盘强的特性，在整体成本方面优势很明显。

3.虚拟网络

FusionCompute 具备 EVS 功能，支持分布式虚拟交换，可以向虚拟机提供独立的网络平面。像物理交换机一样，不同的网络平面间通过 VLAN 进行隔离。这种技术具备如下特点：

（1）同一宿主机上的不同虚拟机，如位于不同 VLAN，则不能直接互通。

（2）同一宿主机上的不同虚拟机，如位于相同 VLAN，则可以直接二层互通。此时网络流

量通过内存交换,不受任何网络带宽限制。

（3）不同宿主机上的不同虚拟机,如位于相同 VLAN,则可以通过外部交换机进行互通,就像没有虚拟化一样。

通过这种能力,可以将 VLAN 视为独立的网络平面,通过向不同的虚拟机分配不同的 VLAN,来实现各种业务间的隔离。

4. 虚拟 DHCP

虚拟 DHCP 就是一种 DHCP 服务,可以部署到任意的虚拟网络平面中。可以透过此服务来管理虚拟机的 IP 地址分配。虚拟 DHCP 其实是一台独立的虚拟机,其上面运行的 DHCP 程序与物理 DHCP 服务并无功能上的显著区别。

由于虚拟 DHCP 服务是服务于指定网络平面的,因此不同的网络平面间可以使用不同的 DHCP 服务,这样就可以在不同的网络平面之间做到 IP 地址重叠。

FusionCompute 提供的虚拟 DHCP 服务,在传统的 DHCP 服务上追加了虚拟机 DHCP 数据的集中管理能力,即虚拟机的 MAC 地址和 IP 地址绑定关系是集中存储在 FusionCompute 的集中数据库中的。这样做的好处就是,当某一个虚拟 DHCP 服务实例发生故障时,我们可以很方便地重新部署一个虚拟 DHCP 服务,然后把数据注入进去。这样使得虚拟服务的修复变得很容易。

虚拟 DHCP 服务具备如下优点:

（1）按需随时部署回收。

（2）支持 IP 地址重叠。

（3）无状态,便于替换。

5. 虚拟网关服务

使用虚拟三层网关服务可以为子网提供三层路由的能力。三层网关会占用子网的网关地址,向子网内的虚拟机及其他设备提供三层路由的能力。从这一点讲,虚拟网关的能力与物理网络设备（交换机、路由器等）一致。

和虚拟 DHCP 服务一样,虚拟网关服务也是通过向虚拟网络平面部署虚拟机来实现,即通过一台虚拟机为虚拟网络平面上的某个 Subnet 提供路由能力。

当虚拟网关服务同时为多个子网提供服务时,虚拟网关会自动配置这些子网间的默认路由。这样一个虚拟网关下的多个子网间默认就是可以路由的。

虚拟网关服务除了提供网关能力外,还提供 NAT 和 NAPT 的能力。基于此能力可以实现更加灵活的组网和业务。

由于虚拟网关运行于虚拟机上,其处理能力及带宽吞吐量会受宿主机上其他虚拟机的影响。对于网络压力不大的场景,可以使用虚拟网关来应对,这样部署方便且成本低。对于网络压力比较大的场景,建议使用物理设备作为网关。

6. 虚拟负载均衡服务

虚拟负载均衡服务,是指通过在虚拟机上部署软件的负载均衡器,向虚拟化基础设施提供负载均衡的能力。

由于虚拟负载均衡服务是部署在虚拟机上,因此它可以很方便地随时部署销毁。同时,FusionCompute 提供的虚拟负载均衡服务数据存储在 FusionCompute 的数据库中,所以在出故障时可以很容易恢复。

由于虚拟负载均衡运行于虚拟机上,其处理能力及带宽吞吐量会受宿主机上其他虚拟机的影响。对于网络压力不大的场景,可以使用虚拟负载均衡来应对,这样部署方便且成本低。对于网络压力比较大的场景,建议使用物理负载均衡器。

FusionManager 支持 F5 负载均衡器虚拟化,提供基于硬件的虚拟负载均衡服务。由于使用独立硬件,性能要远远高于软件的虚拟负载均衡服务。

10.2.3 FusionManager 提供的标准化能力

1.虚拟防火墙

FusionManager 支持将物理防火墙设备虚拟化为虚拟防火墙。虚拟防火墙可以分配给用户网络,放在网络的边界上,对外提供如下功能:

(1) ACL 隔离。

(2) 带宽限制。

(3) 三层网关。

(4) 默认路由。

(5) 弹性 IP。

(6) SNAT 穿越。

对于最终用户来说,可以像配置物理防火墙一样方便地配置虚拟防火墙。由于虚拟防火墙使用的实际上是物理防火墙的硬件资源,因此其性能和可靠性是有保障的。

2.虚拟 VPN

FusionManager 支持利用虚拟防火墙的能力对外提供 VPN 能力。当前支持的 VPN 类型如下:

(1) IPSecVPN server to server 模式,用于跨广域网的两个网络间的互通。

(2) L2TP over IPSecVPN 模式,用于最终用户通过互联网访问私有网络。

通过 VPN 能力,可以很方便地实现私有网络在云上的扩展,以及公网访问私有网络的能力。由于虚拟 VPN 使用的实际上是物理防火墙的硬件资源,因此其性能和可靠性是有保障的。

3.虚拟负载均衡

FusionManager 支持将 F5 负载均衡器虚拟化来提供虚拟负载均衡,同时也支持使用 FusionCompute 提供的虚拟负载均衡能力来提供虚拟负载均衡服务。

负载均衡服务允许将来自公网的流量依据一定的负载均衡规则分发到多个业务处理虚拟机上。结合虚拟防火墙提供的弹性 IP 能力、带宽限制能力,可以很方便地控制 Web 应用的流量和压力。

FusionCompute 提供的虚拟负载均衡运行于虚拟机上,其处理能力及带宽吞吐量会受宿主机上其他虚拟机的影响。对于网络压力不大的场景,可以使用虚拟负载均衡来应对,这样部署方便且成本低。基于 F5 物理负载均衡器的虚拟负载均衡功能,其性能和处理带宽要远远优于虚拟机上的负载均衡服务。

4.虚拟数据中心

虚拟数据中心为最终用户提供一种用来管理好自己在云上资产的能力。用户或用户的组织在云上的所有虚拟资产都被放置在一个或多个虚拟数据中心内。不同的组织可以设定不同的虚拟数据中心,一个组织只能看到自己的虚拟数据中心。

虚拟数据中心管理如下信息:

(1) 组织和组织内的用户。通过设定组织和用户,允许一个组织内的多个用户访问同一个虚拟数据中心,从而实现资源共享使用。

(2) 资源配额,该组织可以使用的资源的最大容量,比如计算能力、内存、网络带宽、VLAN 个数等。

(3) 组织资产,该组织已经拥有的所有资产。

(4) 组网,资产之间的网络连接拓扑关系,以虚拟私有云的形式显示。

(5) 应用,该组织所拥有的应用信息,以虚拟应用的形式显示。

5. 虚拟私有云

虚拟私有云为用户提供资产之间的组网关系。一个虚拟私有云可以包括如下元素:

(1) 虚拟防火墙服务,用于提供虚拟私有云的边界防护。

(2) 虚拟网关服务,用于在虚拟私有云内部划分一个或多个网络平面。

(3) 虚拟 DHCP 服务,用于分配虚拟机。

(4) 虚拟 VPN 服务,用于跨云的网络互通。

(5) 弹性 IP 服务,用于提供公网访问能力。

(6) 虚拟负载均衡,用于提供负载均衡服务。

虚拟私有云为最终用户提供对于网络拓扑的全面控制能力,以方便最终用户管理。虚拟私有云的价值,一方面在于它支撑了敏捷 IT,提供了快速发放网络的能力,另一方面在于替管理员管理了纷繁复杂的网络资源。使用 VPC 后,管理员不再需要记录 VLAN 的分配情况和 IP 地址分配情况,不再需要管理同一台防火墙设备或交换机设备上不同应用间的配置冲突。这一切都由管理系统来管理,不需要用户来额外记录。

6. 虚拟应用

(1) FusionSphere 提供的虚拟应用管理能力,主要围绕虚拟应用的四个阶段进行,分别为虚拟应用的模板设计、基于应用模板的虚拟应用发放、已发放应用实例的监控管理,以及基于业务需求或监控结果而主动或被动地对应用进行的变更。

(2) 虚拟应用模板制作,既支持系统管理员制作全系统公共模板(所有组织用户都可以使用),也支持由组织内用户制作组织内共享模板,从而保证应用模板的私密性。

除此之外,FusionSphere 还支持将已有的虚拟机以应用的形式组织起来管理,更灵活方便。同时在应用运行周期内给用户提供基于应用业务进程级别的数据监控。

10.2.4 FusionStorage 提供的标准化能力

FusionStorage 是一种分布式存储系统,利用 x86 服务器的本地硬盘资源,向最终用户提供虚拟存储能力,供虚拟机使用。

FusionStorage 提供给最终用户的每一块虚拟存盘实际上都分布在不同的 x86 服务器上,这样做的好处是可以提供极高的读写速率。同时,分布式的系统架构也使得 FusionStorage 容易扩展,并能及时处理故障。

FusionStorage 是 FusionSphere 所提供的一种存储能力。除此之外,FusionSphere 还支

持将外部 SAN 设备虚拟化后提供虚拟存储能力。

10.2.5　UltraVR 提供的标准化能力

UltraVR 提供两种远程复制容灾方案。一种是配合华为存储的远程复制功能,将生产站点存储商的虚拟机数据远程复制到容灾站点。另一种是客户使用的如果是异构存储,则可以利用 FusionCompute 提供的虚拟化层远程复制功能,将生产站点的虚拟机数据远程复制到容灾站点。同时 UltraVR 实现了 VM 管理数据的复制和容灾恢复计划的管理,在发生灾难时执行容灾恢复计划,进行自动容灾切换。其中 RPO 为阵列间复制周期,RTO 为全系统切换与VM 启动时间(典型配置 3 000 VM,<4 h)。

UltraVR 基于存储远程复制容灾方案具有以下功能:

1.集中式恢复计划

(1)支持创建和管理恢复计划。

(2)自动发现并显示受阵列保护的虚拟机。

(3)将虚拟机映射到故障切换站点上的相应资源(如集群、存储或网络)。

2.自动执行故障切换

(1)支持一键启动恢复计划。

(2)自动将远程复制以 LUN 提升为主,以便用于恢复。

(3)监控站点的可用性,并在可能发生站点故障时向用户发出警报。

(4)管理和监控恢复计划的执行。

3.无中断测试(容灾演练)

(1)自动执行恢复测试。

(2)使用存储快照执行恢复测试,不会丢失复制的数据。

(3)完成测试后自动清理测试环境。

(4)可查看和导出测试结果,以及执行故障切换。

4.计划内迁移

(1)自动执行计划内迁移,并正常关闭原始站点上受保护的虚拟机。

(2)启动迁移过程前确保在应用保持一致的状态下完整复制虚拟机数据。

(3)执行数据同步以强制将关闭的虚拟机完整复制到故障切换站点。

10.2.6　其他能力

1.备份

FusionSphere 支持集成 HyperDP 提供虚拟机备份能力。HyperDP 利用 FusionCompute 提供的虚拟机快照能力,通过针对虚拟机设置备份策略的方式,定期自动进行虚拟机的备份。

HyperDP 虚拟机备份方案具有以下功能特点:

(1)无代理备份,不需要在要备份的虚拟机内安装备份代理软件。

(2)支持虚拟机在线备份,不管虚拟机是开机还是关机都可进行备份。

(3)支持对多种生产存储商的虚拟机进行备份和恢复,包括 FusionStorage 与存储虚拟化。

（4）支持备份到多种备份存储，包括备份服务器所在虚拟机挂载的虚拟磁盘（可位于SAN、NAS或本地硬盘上）和外接的NFS/CIFS共享文件系统存储设备（如NAS）。

2.主动管理

FusionSphere系统中有很多主动管理的功能，大部分都是管理员感知不到的，这里面一些关键功能，比如虚拟机死机检测、休眠检测、虚拟网络的被攻击检测、管理系统本身的故障检测等。

3.虚拟机 HA

虚拟机HA（High Availability，高可用性）机制，可提升虚拟机的可用度，允许虚拟机出现故障后能够重新在资源池中自动启动虚拟机。

在已经创建的集群中如果高级设置中的HA功能已经启用，那么用户在该集群中创建虚拟机时，可以选择是否支持故障重启，即是否支持HA功能。

系统周期检测虚拟机状态，当物理服务器宕机等引起虚拟机故障时，系统可以将虚拟机迁移到其他物理服务器重新启动，保证虚拟机能够快速恢复。目前系统能够检测到的引起虚拟机故障的原因包括物理硬件故障、系统软件故障。

重新启动的虚拟机，会像物理机一样重新开始引导，加载操作系统，所以之前发生故障时没有保存到硬盘上的内容将丢失。

对于未启用HA功能的虚拟机，当发生故障后，此虚拟机会处于停机状态，用户需要自行操作来启动这台虚拟机。

4.虚拟机 DRS

虚拟机DRS（Dynamic Resource Scheduling，动态资源调度）动态分配和平衡资源，采用智能调度算法，根据系统的负载情况，对资源进行智能调度，达到系统的负载均衡，保证系统良好的用户体验。

动态资源调度策略针对集群（Cluster）设置，可以设置调度阈值、定义策略生效的时间段。在策略生效的时间段内，如果某主机的CPU、内存负载阈值超过调度阈值，系统就会自动迁移一部分虚拟机到其他CPU、内存负载低的主机中，保证主机的CPU、内存负载处于均衡状态。

5.虚拟机 QoS

客户可以自定义必须在同一主机上运行或必须分开主机运行的虚拟机，或者限定某些虚拟机只能在部分主机范围内运行和迁移。

虚拟机QoS功能实现了可衡量的计算能力，用来保证虚拟机的计算能力在一定范围内，隔离了虚拟机间由于业务变化而导致的计算能力的相互影响，满足了不同业务虚拟机的计算性能要求。同时可以更好地控制计算资源，最大限度地复用资源，降低成本，提高用户满意度。

6.应用自动扩缩

系统按照用户预先设定的应用资源变更策略，自动地调配应用的伸缩组内的计算节点数量，已达到应用的资源随应用负载的变化而变化。

弹性伸缩是使用云计算的核心收益之一，可以实现计算资源与业务负载之间的动态匹配，不仅可以更好地支撑业务的可用性、改善用户体验，同时也能最大限度地提升资源的使用效率，有效避免了为支撑应用将来的业务高峰而预先多分配额外的资源。

用户可以针对系统对于不同类型的应用设置不同的资源使用策略。系统分为三种策略类型:组内自动伸缩策略、组间资源回收策略、时间计划策略。

（1）组内自动伸缩策略。

组内自动伸缩是针对单独的应用而言的。应用在运行过程中,组内自动伸缩策略会根据应用的当前负载,动态地调整应用实际使用的资源,这里的动态调整主要分为伸和缩。

伸是指当一个应用资源负载较高时,系统可以自动给这个应用动态地添加虚拟机,并且安装应用软件,以降低应用的整体资源负载,使应用能够健康地运行。

缩和伸是相对的,当应用资源负载很低时,系统可以自动减少应用使用的虚拟机,释放相应的资源,以达到应用间资源的有效复用和节能减排的目的。

（2）组间资源回收策略。

组间资源回收策略指的是,在系统资源不足的情况下,系统可以根据组间设置的资源复用策略,优先使优先级高的应用使用资源,优先级低的应用释放资源,以供优先级高的应用使用。

（3）时间计划策略。

时间计划策略允许用户对于不同的应用实现资源的分时复用。用户可以设置计划策略,使得不同的应用分时段地使用系统资源,比如说白天让办公用户的虚拟机使用系统资源,到了晚上可以让一些公共的虚拟机占用资源。

7. 虚拟机自动备份

虚拟机备份是使用华为 HyperDP 备份软件,配合 FusionCompute 快照和 CBT 功能实现的虚拟机数据备份方案。HyperDP 通过与 FusionCompute 配合,实现对指定虚拟机的备份。当虚拟机数据丢失或出现故障时,可通过备份的数据进行恢复。数据备份的目的端为本地虚拟磁盘或 HyperDP 外接的共享网络存储设备(NAS)。

HyperDP 支持通过设置备份策略,实现虚拟机的自动定期备份。支持针对不同虚拟机或虚拟机组设置不同的备份策略,最多支持 200 个备份策略。

支持对全备份与增量备份或差量备份分别设置不同的备份周期、备份时间窗口;如支持设置每周进行一次全备、每天进行一次增备,也可只进行一次全备,后续一直进行增备;支持设置备份数据保留时间以自动清除过期备份数据;支持设置备份策略优先级。

10.3 华为 FusionCube 融合一体机简介

10.3.1 FusionCube 融合一体机的特性

FusionCube 是华为自研融合一体机,在虚拟化层次上把所有设备融合在一起,Fusion-Cube 主要有三大特性:融、简、优。

（1）融是指 FusionCube 提供了计算、存储、网络、虚拟平台、数据库、应用软件等融合能力,实现一站式解决方案。FusionCube 融合的核心是分布式云计算软件。

（2）简是指 FusionCube 提供了资源完全共享,无缝平滑扩容,一站式应用平台。从底层的硬件到上层分布式云计算软件,都是华为自主研发的解决方案,提供端到端的精简管理部署。通过分布式云计算软件,将底层硬件虚拟化成统一的虚拟资源池,提供一体机部署能力,不同的应用可以直接部署在同一个硬件平台上;FusionCube 一体机支持线性平滑扩容,支持增加刀片、增加机框、增加机柜三种横向扩展形式的扩容,对上层应用无感知影响。

（3）优主要是指 FusionCube 通过提供创新的存储架构（FusionStorage），分布式的软件定义存储，提供高性能存储能力。传统的存储架构容易受限于存储控制器性能，而且扩展能力差；FusionStorage 采用分布式 ServerSAN 架构、高速 InfiniBand 连接、高速 SSD 存储，性能更高，扩展能力更好。

10.3.2　FusionCube 产品

华为桌面云一体机采用华为融合一体机架构，致力于帮助广大企业和政府机构快速高效地从传统 PC 办公切换到云办公环境，可广泛适用于政府、教育、金融、医疗、电信等行业，覆盖普通办公、公用终端、安全办公、高端图形处理等场景。

华为桌面云一体机有两种形态：FusionCube 6000 和 FusionCube 9000。FusionCube 6000 基于 X6800 服务器，一个 4U 机框最大支持 4 个计算存储融合刀片，采用 SATA＋SSD 方案，性价比高，适用于中、小规模场景，目前暂时不支持 GPU 解决方案。FusionCube 9000 基于 E9000 服务器，一个 12U 机框最大可支持 8 个计算存储融合刀片/GPU 刀片，或者 16 个纯计算刀片，支持部署计算刀片，计算刀片和存储刀片可以在同一个机框内部署，计算刀片和 GPU 刀片可以共享计算存储融合刀片的存储资源，FusionCube 9000 可支持 GPU 解决方案，支持 K1/K2/K2200/K4200 GPU 卡，采用 SAS＋SSD 方案，主要适用于对性能要求高的大、中规模场景。

与传统的桌面云解决方案相比，客户购买了一体机就无须额外存储设备，大大简化了客户采购流程，提升了 IT 投资价值，最多可节省 20％的初始投资、75％的机房空间、67.5％的能源消耗，统一管理软硬件资源，提升了资源利用效率，节省后期运维成本多达 30％，同时还支持精简配置、链接克隆、HA 等高端 SAN 设备才具备的一些高级存储功能，分布式存储架构提供了更佳的存储性能。因此，华为桌面云一体机是企业办公系统向融合云办公时代演进的最佳解决方案之一。

FusionCube 6000、FusionCube 9000 桌面云一体机的管理规格见表 10-1。

表 10-1　FusionCube 6000、FusionCube 9000 桌面云一体机管理规格

指标名称	指标值
系统支持的最大主机数量	256
系统支持的最大存储磁盘数量	96 块（两备份），2 048 块（三备份）
系统支持的最大桌面数量	FusionCube 6000 GE 组网，最大 1 000 桌面 FusionCube 6000 10 GE 组网，最大 5 000 桌面 FusionCube 6000 10 GE 组网，最大 5 000 桌面

FusionCube 6000、FusionCube 9000 桌面云一体机的存储规格见表 10-2。

表 10-2　FusionCube 6000、FusionCube 9000 桌面云一体机存储规格

指标名称	指标值
集群最大卷数量	1 280 000 个
卷容量	64 MB～256 TB
单个卷最大快照数量	无限制，快照总数不超过 1 280 000 个
单个卷最大链接克隆数量	2 048 个

FusionCube 6000、FusionCube 9000 桌面云一体机的交付规格见表 10-3。

表 10-3　FusionCube 6000、FusionCube 9000 桌面云一体机交付规格

指标名称	FusionCube6000	FusionCube 9000
形　态	4U4 计算节点	12U 融合/GPU 节点或 12U16 计算节点,支持融合/GPU 节点和计算节点混插
存储类型	SSDCache＋SATA/NLSASHDD	SSDCache＋SASHDD
GPU 能力	不支持 GPU 能力	支持 K1/K2/K2200/K4200GPU 卡
组网类型	GE 组网、10GE 组网	10 GE 组网
组网最大扩展能力	GE 组网最大支持 3 框 10 GE 组网最大支持 24 框	最大支持 8 框

应用约束见表 10-4。

表 10-4　应用约束

应用约束描述	应对策略说明
FusionCube 6000 GE 组网最大支持 12 个刀片节点	大于 12 个节点的扩容,使用 FusionStorage 多资源池扩容
不支持关机还原	FusionCube2.5 版本配套的是 FusionSphere5.1,所以暂时无法支持关机还原,后续 FusionCube2.5 会出一个补丁版本配套 Fusion-Sphere5.1U1,届时可支持关机还原
受限于 E9000 服务器硬件的规格约束,FusionCube 9000 不支持 K1/K2GPU 卡带板运输	现场安装
不支持"安全删除"	安全行业有"安全删除"测评项的项目无法满足,销售受限
FusionStorage 不同资源池之间仅支持数据冷迁移,不支持热迁移	不支持 FusionStorage

10.3.3　FusionCube 的功能

华为桌面云一体机在软件架构上继续延用华为 FusionCube 的融合软件架构,在标准的 2 m 机柜中融合 X6800/E9000 服务器、分布式存储及交换机于一体,无须额外购置外置存储、交换机等设备,硬件部件生产阶段预装,并预集成了分布式存储引擎、虚拟化平台及云管理软件,资源可按需调配、线性扩展。系统最上层为应用层的 FusionAccess 子系统,主要提供虚拟桌面的接入访问和管理功能。

1.统一运维管理

FusionCube 6000 和 FusionCube 9000 一体机的自动化运维管理系统是通过 FusionCube Center 实现的。FusionCube Center 提供告警监控、硬件管理、虚拟化平台管理、资源池管理,以及在统一资源池之上的虚拟机数据管理等功能。FusionCube Center 同时作为一体机的统一 Portal,完成全系统各种资源的生命周期维护。

2.存储池管理

FusionCube 融合基础设置采用 FusionStorage 分布式存储软件将服务器的本地硬盘组成

一个逻辑的存储池,通过存储池给各个业务虚拟机提供逻辑盘的存储能力。系统在初始化时会自动接入 FusionStorage 存储,一般不需要设置对接操作。在某些故障维护场景下可以人工接入;点击接入的 FusionStorage 存储,可以查看当前存储池的使用情况,例如存储池的容量、状态、利用率、硬盘类型、Cache 类型等。

3. 虚拟化平台管理

用户可以通过 FusionCube Center 查看当前所有虚拟机的资源使用状况,如虚拟机的规格信息、资源监控情况、CPU 占用率等,也可以查看虚拟机所在服务器的规格信息以及资源使用情况。

对于虚拟机的生命周期管理,如创建虚拟、启停、删除虚拟机等,FusionCube Center 不提供管理功能,仍然通过 FusionSphere 解决方案提供的管理界面进行操作。FusionCube Center 提供 FusionCompute 的 SSO 单点登录功能,登录 FusionCompute 管理界面进行管理操作;针对 FusionAccess 的管理,FusionCube Center 提供一个 FusionAccess Portal 的超链接,不提供 SSO 单点登录。

FusionCube 系统在初始化后会默认接入 FusionSphere 虚拟化环境,根据需要也支持人工接入,对于 FusionAccess 的接入需要通过人工接入。

4. 硬件管理

系统初始化或者扩容后,机框、服务器、交换机信息会自动保存到 FusionCube Center 中,用户可以通过 FusionCube Center 对硬件进行如下管理:

(1) 查询 X6800、E9000 机框在机房的位置信息,管理 IP 信息,并可以根据需要修改机框名称。

(2) 查询机框内的硬件的详细信息,包括服务器槽位、风扇、电源,以及相关告警。

(3) 查询交换机硬件的规格信息,包括型号、IP、端口信息以及相关的告警等。

华为 FusionCube 虚拟化一体机采用业界一流的模块化设计组件,提供多种产品规模的组合,并提供单一厂家服务,满足各种业务范围的需求。华为 FusionCube 使用的计算、存储、网络都是华为自身的设备,使用计算、存储、网络垂直整合的融合架构硬件平台,高带宽、低时延、多协议交换能力,提升应用性能。华为 FusionCube 实现软硬件的深度整合,是真正的一体机。不管是计算、存储,还是网络,都在统一的界面中进行配置、告警、性能统计等,保证用户一致的感受。一站式服务,从硬件到软件,联合应用,提供一站式支持,保证客户对产品的整体感知。

10.4　华为 FusionAccess 桌面云解决方案

10.4.1　华为 FusionAccess 桌面云简介

华为 FusionAccess 桌面云解决方案是基于华为云平台的一种虚拟桌面应用,通过在云平台上部署华为桌面云软件,使终端用户通过瘦客户端或者其他设备来访问跨平台的整个客户桌面和应用。

华为 FusionAccess 桌面云解决方案重点解决传统 PC 办公模式给客户带来的如安全、投资、办公效率等方面的诸多挑战,适合金融、教育、大中型企事业单位、政府、营业厅、医疗机构、军队或其他分散型办公单位。

华为桌面云价值:数据上移,信息安全。

传统桌面环境下,由于用户数据都保存在本地 PC,因此,内部泄密途径众多,且容易受到各种网络攻击,从而导致数据丢失。桌面云环境下,终端与数据分离,本地终端只是显示设备,无本地存储,所有的桌面数据都集中存储在企业数据中心,无须担心企业的智力资产泄露。除此之外,TC 的认证接入、加密传输等安全机制,保证了桌面云系统的安全可靠。

1.高效维护,自动管控

传统桌面系统故障率高,据统计,平均每 200 台 PC 就需要一名专职 IT 人员进行管理维护,且每台 PC 维护流程(故障申报→安排人员维护→故障定位→进行维护)需要 2～4 h。桌面云环境下,资源自动管控,维护方便简单,省 IT 投资。

2.维护效率提升

桌面云不需要前端维护,强大的一键式维护工具让自助维护更加方便,提高了企业运营效率。使用桌面云后,每位 IT 人员可管理超过 2 000 台虚拟桌面,维护效率提高 10 倍以上。

3.资源自动管控

白天可自动监控资源负载情况,保证物理服务器负载均衡;夜间可根据虚拟机资源占用情况,关闭不使用的物理服务器,节能降耗。

4.应用上移,业务可靠

传统桌面环境下,所有的业务和应用都在本地 PC 上进行处理,稳定性仅 99.5%,年宕机时间约 21 h。在桌面云中,所有的业务和应用都在数据中心进行处理,强大的机房保障系统能确保全局业务年度平均可用度达 99.9%,充分保障了业务的连续性。各类应用的稳定运行,有效降低了办公环境的管理维护成本。

5.无缝切换,移动办公

传统桌面环境下,用户只能通过单一的专用设备访问其个性化桌面,极大地限制了用户办公的灵活性。采用桌面云,由于数据和桌面都集中运行和保存在数据中心,用户可以不中断应用运行,实现无缝切换办公地点。

6.降温去噪,绿色办公

节能、无噪的 TC 部署,有效解决了密集办公环境的温度和噪音问题。TC 让办公室噪音从 50 dB 降低到 10 dB,办公环境变得更加安静。TC 和液晶显示器的总功耗大约 20 W,终端低能耗可以有效减少降温费用。

7.资源弹性,复用共享

桌面云环境下,所有资源都集中在数据中心,可实现资源的集中管控,弹性调度。

8.资源利用率提高

资源的集中共享,提高了资源利用率。传统 PC 的 CPU 平均利用率为 5%～20%,桌面云环境下,云数据中心的 CPU 利用率可控制在 60% 左右,整体资源利用率提高。

9.安装便捷,部署快速

相比于其他桌面云解决方案,华为 FusionCloud 桌面云解决方案具有安装便捷,部署快速

的特点。华为 FusionCloud 桌面云解决方案一体机部署模式可以实现把部分虚拟化软件预安装到服务器上。到客户现场后,只需服务器上电,进行桌面云软件的向导式安装,接通网络并进行相关业务配置即可进行业务发放,大幅度提高了部署效率。

10.4.2 华为 FusionAccess 桌面云的特点

(1)端到端的高安全性:华为桌面接入协议高安全性设计,支持多种虚拟桌面安全认证方式,支持与主流安全行业数字证书认证系统对接、管理系统三员分立、分权分域管理。

(2)完善的可靠性设计:支持桌面管理软件 HA,支持虚拟桌面管理系统状态监控;虚拟桌面连接高可靠性设计,支持数据存储多重备份。

(3)优异的用户体验:文字图像无损压缩,虚拟桌面高清显示;音频场景智能识别,语音高音质体验;虚拟桌面视频帧率自适应调整,视频流畅播放。

(4)高效的管理维护:支持 Web 模式远程维护管理;支持虚拟桌面定时批量维护;支持软硬件统一管理、统一告警;支持完善的系列化系统规划与维护工具;具备 E2E 的专业交付和运维支撑经验。

10.4.3 华为桌面云体系架构

华为 FusionCloud 桌面云解决方案逻辑组成介绍见表 10-5。

表 10-5 华为 FusionCloud 桌面云解决方案逻辑组成介绍

逻辑划分	功　能
硬件资源	提供部署桌面云系统相关的硬件基础设施,包括服务器、存储设备、交换设备、机柜、安全设备、配电设备等
虚拟化基础平台	根据虚拟桌面对资源的需求,把桌面云中各种物理资源虚拟化成多种虚拟资源的过程,包括计算虚拟化、存储虚拟化和网络虚拟化。虚拟化基础平台包含云资源管理和云资源调度两部分:云资源管理指桌面云系统对用户虚拟桌面资源的管理,可管理的资源包括计算、存储和网络资源等;云资源调度指桌面云系统根据运行情况,将虚拟桌面从一个物理资源迁移到另一个物理资源的过程
虚拟桌面管理层	负责对虚拟桌面使用者的权限进行认证,保证虚拟桌面的使用安全,并对系统中所有虚拟桌面的会话进行管理
接入访问控制层	用于对终端的接入访问进行有效控制,包括接入网关、防火墙、负载均衡器等设备
运维管理系统	运维管理系统包含业务运营管理和 OM 管理两部分:业务运营管理完成桌面云的开户、销户等业务办理过程;OM 管理完成对桌面云系统各种资源的操作维护功能
云终端	用于访问虚拟桌面的特定的终端设备,包括瘦客户端、软终端、移动终端等

华为 FusionCloud 桌面云解决方案部件见表 10-6。

表 10-6 华为 FusionCloud 桌面云解决方案部件

子系统名称	功　能
客户端子系统（TC/SC）	运行于瘦终端操作系统、Windows 操作系统、移动客户端软件部件,完成如下功能:获取用户所需的虚拟机列表,以及桌面协议客户端模块;远程连接 HDPServer,和 HDPServer 配合完成提供用户桌面的显示输出,以及键盘鼠标输入,双向音视频能力;通过接入网关代理访问对应的桌面/应用,同桌面接入网关之间采用 SSL 加密进行信息传递;可以通过策略开放或者禁止 TC/SC USB、打印机、摄像头外设至虚拟机的重新定向;HDPClient 内嵌了 VNC 协议客户端,可以通过 VNC 协议实现虚拟机控制台的"带外"接入
接入子系统	接入控制运行于浏览器终端页面以及插件。提供用户登录桌面云系统的入口,提供如下功能:用户访问桌面云系统的统一入口,提供用户登录系统的界面,并配合完成用户登录的 SSO 功能;提供给用户自助虚拟机电源管理功能;提供个性化 Portal 界面选择;支持多种鉴权方式:用户名密码/智能卡/指纹/动态口令等;支持多套连接代理,实现系统的横向扩展;可扩展支持桌面应用的发布
HDC 子系统	维护虚拟机/虚拟应用与用户之间的绑定关系,提供用户登录认证、桌面分配,同时接收 VM 的注册、状态上报、心跳等请求,并提供用户登录相关信息的统计与维护等功能
虚拟应用资源池	用于对外发布应用或者共享桌面的应用资源池服务器,其上面安装需要对用户发布的应用。APS Server 主要是由运行 Windows 2012 R2 操作系统的虚拟机及运行在其上的多用户能够访问的应用程序组成
LIC	提供软件 license 控制功能
ITA	对外提供桌面云系统的管理界面,并提供虚拟机生命周期管理、电源管理、桌面组管理、用户桌面分配管理、协议策略管理以及系统的操作维护功能,包括配置、监控、统计、告警、管理员用户账号管理等
HDA 子系统	运行于桌面操作系统内的协议代理,包括 DesktopAgent 模块:向管理系统注册、报告状态、获取运行所需的策略,完成远程桌面代理连接功能
FusionSphere	云操作系统:采取各种节能策略进行高性能地虚拟资源调度,以及用户 OS 的调度;包括 FusionCompute 组件(统一虚拟化平台,提供对硬件资源的虚拟化能力)。云管理子系统:全系统硬件和软件资源的操作维护管理,用户业务的自动化运维,包括 FusionManager 组件
TCM	TC 管理组件,提供 TC 的配置、监控、升级等功能
LB/AG	对 WI 节点提供负载均衡(SVN/vLB)。对桌面/应用提供 SSL 加密功能(SVN/vAG)
AD/DNS/DHCP	AD 域控用于用户登录鉴权,为可选部件。DNS 用于 IP 地址与域名的解析。DHCP 用于为虚拟桌面分配 IP 地址

10.4.4　华为桌面云部署方案

FusionCloud 桌面云解决方案支持的硬件平台有华为公司自研服务器 E9000、RH2288H,存储 OceanStor 5300V3/5500V3,以及其他主流厂商的服务器和存储,除了服务器＋外置 SAN 的部署方式,FusionCloud 桌面云解决方案还支持一体机部署形态,支持 FusionCube 6000(基于 X6800 服务器)和 FusionCube 9000(基于 E9000 服务器)。

桌面云解决方案的部署形态有以下几种：

（1）普通桌面 VDI 分成两种硬件形态，服务器＋SAN 和一体机形态。

① 服务器＋SAN：服务器＋外置存储形态。如常见的 E9000＋IP SAN 或者 RH2288H＋IP SAN，采用大 LUN 方案＋存储虚拟化，部署的软件为 FusionAccess、FusionCompute、FusionManger，单套桌面管理系统最大支持 20 000 VM。

② 一体机形态：部署的软件有 FusionAccess、FusionCompute、FusionManger、FusionStorage、FusionCube Center，支持预安装。FusionAccess 作为软件部署在一体机上，一体机平台保证硬件平台能力的可靠性和可用性。一体机形态下单套最大支持 256 个服务器节点。

（2）桌面云支持 GPU 高性能图形解决方案，标准桌面云和桌面云一体机对 GPU 特性的支持能力见表 10-7。

表 10-7　标准桌面云和桌面云一体机对 GPU 特性的支持能力

形　态	E9000（每刀片）	RH2288H（每服务器）
一体机	支持 4 块 K2200/K4200 或 2 块 K1/K2	一体机形态支持 GPU 应用的只有 E9000 一体机
服务器＋SAN	支持 4 块 K2200/K4200 或 2 块 K1/K2	支持 4 块 K2200/K4200 或 2 块 K1/K2

（3）异构硬件：第三方/华为服务器＋第三方/华为存储。部署的软件为 FusionAccess、FusionCompute、FusionManger，其中 FusionManger 为可选软件，最大支持 20 000 VM。

（4）Compact VDI 采用 RH2288H 服务器以及服务器本地存储，使用链接克隆或者完整复制方案，支持任务型桌面，是面向渠道交付的解决方案。Compact VDI 服务器的 CPU、内存、硬盘可以根据具体项目需求进行选配，默认不配置交换机、机柜。适用 100 用户以下，1 至 2 台服务器的场景。

10.4.5　标准桌面云部署

1. 软件部署

标准 VDI 指采用服务器＋外置存储的部署。标准 VDI 部署的软件有 FusionCompute、FusionManager、FusionAccess。管理节点 FusionManager、VRM 部署在虚拟机上，主备部署。管理服务器命名为 MCNA 节点，其余为提供计算资源的服务器命名为 CNA。

FusionAccess 管理用户节点使用外置存储。管理节点主备占用两台服务器，管理服务器剩下的计算资源可以给业务虚拟主机使用。

2. 硬件部署

以 E9000＋5300V3 为例，其他硬件可依次类推。E9000 作为计算资源，以 5300V3 SAN 作为存储资源。计算和存储之间通过 iSCSI 接口通信。系统通过交换机上行连接到客户网络，使客户可以使用计算和存储资源。

（1）E9000 内部刀片使用 10 GE 交换，E9000 刀片服务器采用板载 2×10 GE 网口（管理、业务、存储合一），和机框两对 10 GE 交换板通信。服务器刀片之间数据通信通过交换板二层交换。

（2）机框交换板使用 4×10 GE 连接到 S6700 系列交换机，实现与 IP SAN 以及集群内其他 E9000 机框的数据交换。

（3）OceanStor 5300V3 机头使用 iSCSI 扣卡，每个控制器出 2×10 GE 连接到 S6700 交换机，实现与 E9000 存储平面的数据交换。

（4）如果使用链接克隆桌面，则采用 2 块 SSD 硬盘（RAID1）作为系统母盘，采用 SAS 盘作为系统差分盘，采用 NLSAS 盘作为数据盘。此方案可以大大减少系统盘的容量。

3. 管理软件部署规划

管理软件包含云平台管理软件部署与桌面管理软件，在系统配置与部署的时候需要为管理软件分配预留相应的计算与存储资源。

10.5　与 OpenStack 兼容的 FusionCloud 解决方案

10.5.1　OpenStack 的发展契机

传统运营商及企业 IT 基础设施云平台建设面临着挑战，而 OpenStack 为 IT 基础设施交付模式与商业模式的变革带来契机。

运营商及企业为通过引入云计算实现对其 IT 基础设施与业务应用平台的升级改造，实现降低 TCO、提升企业核心业务部署与运行效率的核心价值，面临如下关键挑战：

（1）将分布式的、多厂家异构的基础设施资源以云服务的方式提供和消费，同时不同应用也必将对基础设施资源提出完全不同的需求。

基础设施层的水平分层采购很好地避免了 Vendor-Lock-In（供应商锁定）的问题，但使得数据中心内遍布不同厂家的服务器、存储、网络和安全硬件，操作系统从 Unix 到 Linux 再到 Windows 并存的局面不可避免，大大增加了云服务抽象和统一化的难度，同时不同应用所需的云服务能力如容灾、备份需求也各不相同。

（2）如何在云平台的分阶段建设中为企业创造业务价值。

不同企业数据中心建设的模式各有不同。新建数据中心可以从头规划，使用全新理念建设，可以事半功倍。但是针对已运行多年且正在服务的数据中心需要在现有基础上逐步改造建设。在逐步改造的过程中如何既能满足当前业务要求，又能保障数据中心的持续演进，是云建设必须面临的挑战。

（3）多供应商如何能够在云服务中完美整合，面临商业和技术上的挑战。

由于 IT 基础设施资源池云化所带来的大颗粒和统一管控的特征，针对运营商及大型企业客户，数据中心建设的基础设施云化必然需要面临如何有效解决云服务产品和解决方案供应商的 Vendor-Lock-In 问题。多供应商在云服务中的协同，是数据中心启动改造和建设之初就应未雨绸缪的问题。

（4）固定接入和移动接入并存带给云服务的挑战。

针对运行在运营商和企业数据中心云端的各类电信增值业务，IT 桌面应用，以及 C/S、B/S 架构应用，甚至数据中心本身的运营运维，无论是个人消费者，还是企业用户，都希望通过无所不在的固定和移动宽带网络接入这些云端应用，从而在保障业务体验一致性、连续性的前提下，实现最终个人用户和企业用户与这些云端应用的高效交互。不同操作系统、不同尺寸的智能手机、平板、移动 PC 等 BYOD 移动终端蓬勃发展,随时随地接入云服务的需求浪涌般到来,解决固定接入和移动接入长期并存的云接入方式是云服务能否带来价值的关键能力。

(5)开放兼容与接口标准化的 OpenStack 为云计算交付模式与商业模式的变革带来契机。

2013 年 1 月,来自 87 个国家近 200 个组织的 6 695 人参与的 OpenStack,面向所有类型的公有云和私有云,提供开源代码的云计算操作系统,致力于建立云计算平台的开放标准。OpenStack 独立于任何企业,开源社区坚持完全透明的管理、设计与开发,基于开放 API 和完全解耦的模块化系统架构设计思路,使得 OpenStack 系统架构具有非常好的开放性与兼容性,从底端异构物理硬件到异构虚拟化平台,以及上层各类应用,具有完全开放性。

通过 OpenStack 开放的标准接口构建互联互通,各核心部件及应用独立发展的云计算生态系统,能够使运营商最大限度地规避 Vendor-Lock-In 的风险。

从计算、存储、网络以及虚拟化平台分层采购、建设和集成的模式,演变为通过 OpenStack 开放 API 云总线进行互联互通,将为云计算平台建设交付模式与商业模式的变革带来契机。

当前 IT 产业链中几乎所有厂商的硬件和虚拟化都支持接入 OpenStack,OpenStack 本身从硬件基础设施到虚拟化再到应用的开放兼容性,可以解决当前数据中心内分布式、异构的资源进行统一的云化改造处理。

当数据中心需要云化改造和扩容时,无须担心采购的计算、存储、网络安全等物理资源或者虚拟化基础设施的 Vendor-Lock-In 问题,也无须关心底层的物理资源和虚拟化基础设施,可以透明部署在 OpenStack 云总线的资源池上。

再进一步,在数据中心新建、分步改造和扩容建设的时候,也无须担心 OpenStack 平台供应商、集成商、服务商的 Vendor-Lock-In 问题,因为通过标准的 OpenStack API 总线,完全可以在扩容的时候选择满足 OpenStack 标准接口的第三方供应商的云产品和服务。只要把第三方供应商的云产品挂接到 OpenStack 总线即可完成云资源的统一运维和统一运营,专业技术能力可以通过 OpenStack 云总线的公共知识在不同供应商之间得到继承和复用。

更进一步,对于分散在各地数据中心的基础设施可以进行一站式计算、存储和网络深度整合的一体机黑盒模式交付,通过标准的 OpenStack API 挂接到 OpenStack 云总线上。在管理上通过 OpenStack 云总线实现高度的集中化,以软件策略的方式对数据中心的基础设施做出统一定义,下发到各地数据中心的基础设施,因此无须进行复杂的维护管理与集成,仅需要有限知识即可胜任基础设施的维护管理需求。依托于一体机的数据中心建设、扩容模式,可以实现一站式打包式交付、模块化组建数据中心,将使得预算、采购、规划、交付、部署、管理、维护、业务上线极为简化,数据中心建设和扩容周期由数月提升到小时级别,最大限度规避了数据中心基础设施(计算、存储、网络)异构性调度建设、运营和管理所带来的复杂度与成本开销(Operating Expense,OPEX)。

无论是新建还是扩容,基于 OpenStack 标准接口的一体机,都可以给数据中心带来梦寐以求的数据中心建设模式。由于 OpenStack 总线的标准性和开放性,以及云化之后应用和硬件基础设施之间完全解耦,不再需要从单个供应商采购 IT 设施,完全可以采购已有供应商或者第三方供应商的满足 OpenStack 标准接口的一体机,不仅简化了建设模式,降低了能耗和OPEX,同时彻底不必担心 Vendor-Lock-In 的问题。通过 OpenStack 云总线可以完美解决多供应商的高效整合和互联互通难题,实现多个基于 OpenStack 的 IT 基础设施资源池的统一管理与调配,最大化 IT 基础设施资源的利用率,降低运营、能耗与维护成本,并更有效地应对业务高峰的冲击和提升业务质量(业务接通率)。

OpenStack 是当前最活跃的云计算开源社区,无论服务器、存储和网络的硬件厂商,还是虚拟化平台厂商,甚至上下游软件开发商,从专业技术人员、咨询顾问与服务专家,到基于 OpenStack 的产品、解决方案与应用、系统集成服务都在蓬勃地持续健康发展,具有完整产业链的最佳可获得性。良好的生态系统为运营商云平台提供了强有力的可持续发展保障。

10.5.2　OpenStack 与 FusionCloud

FusionSphere 云平台解决方案基于 OpenStack 社区版本进行构建,通过 OpenStack 的插件机制 FusionCompute、FusionStorage、FusionNetwork 可与原生 OpenStack 无缝对接,FusionSphere 是基于 OpenStack 的商用云平台。

华为云计算解决方案的总体策略,可简单概括为"水平融合""垂直融合"两大主线和"接入融合"一条支线。

所谓"水平融合",即跨多厂家异构的计算、存储及网络安全资源池的虚拟化、自动化以及云化服务的横向整合。针对已有数据中心的云化改造和建设市场机会点,华为提供具备异构物理资源和虚拟化资源能力的基于 OpenStack 扩展的 FusionSphere,及其关联的集成咨询服务。华为立志于帮助企业和运营商进行现有 IT 基础设施的"云化"与"智能化"改造,实现现有异构计算、存储、网络,乃至虚拟化软件资源的大颗粒资源池化,从而有效降低企业 IT 基础设施 TCO,并提升企业核心业务应用部署与生命周期管理的敏捷性。"水平融合"的总体目标主要定位于资源利用前提下的,对现有 IT 基础设施资源调度与管理效率的提升与潜力的挖掘。

所谓"垂直融合",即华为单厂家的计算、存储、网络安全的深度架构融合以及华为基础设施与第三方中间件及软件应用系统的垂直整合调优。针对新建数据中心或者数据中心扩容新增 IT 基础设施,华为推出软硬件一体化、计算、存储、网络深度融合的一站式交付 IT 基础设施产品 FusionCube。依托 FusionCube 一体机的管理自动化以及虚拟化能力,一方面可有效降低企业 IT 基础设施 TCO,提升企业核心业务应用部署与生命周期管理的敏捷性;另一方面依托 FusionCube 业界首创的 Scale Out 计算、存储、网络融合架构,可以实现针对 I/O 密集型的企业在线类应用,以及高性能数据仓库场景,有效消除存储的性能瓶颈,以及计算与存储之间的带宽制约,从而大幅提升应用性能。同时,由于 FusionCube 对外开放的 CloudOS API 全面兼容 OpenStack API,使得 FusionCube 一体机可以依托 OpenStack 开源生态系统的力量,方便地通过 OpenStack 标准接口挂接到未来数据中心层面上的 OpenStack 云总线,从而保障了来自不同厂家的融合一体机可以高度同质化地统一接入集成到数据中心管理或更上一个层次的 CloudOS 资源管理与调度。FusionCube 提供深度整合后存储虚拟化与网络虚拟化领域的软件差异化能力,给客户带来独特价值。

所谓"接入融合",即固定移动融合的"云接入"解决方案,实现最终用户任意时间、任意地点,通过任意形态的网络管道均可获取预期 SLA 级别的云端应用业务体验保障。运营商与企业的数据中心云化,必将同时涵盖不与最终用户打交道的服务端应用的电信 BSS/OSS 应用的基础设施资源池整合;需要直接与最终用户进行 I/O 交互,通信交互的桌面客户端 PC 的资源池整合;以及电信控制层和 VAS 增值业务应用的基础设施资源池整合。华为 FusionAccess 解决方案构筑起云端应用与终端用户之间进行人机交互以及多媒体通信,高质量、低时延的智能逻辑通道,使得无论是 PC、笔记本等企业与个人固定终端,还是智能手机、平板、移动 PC 等 BYOD 移动终端,都可以实现随时随地接入云端数据中心内的各类电信增值业务、IT 桌面应用,C/S、B/S 架构应用,甚至数据中心本身的运营运维管理软件服务中,从而打通最终用户消费云端应用的最后 1 km 通道。

华为的 FusionSphere 在 OpenStack 的基础上扩展电信运营商和企业建设 IT 基础设施及业务平台所需要的特性。FusionSphere 保持了 OpenStack 的开放性与兼容性,支持第三方厂商的计算、存储、网络和安全物理硬件,也支持第三方的计算虚拟化、存储虚拟化、网络虚拟化和安全虚拟化产品。在云服务层面,在 OpenStack 的基础上提供备份与容灾、热迁移、跨数据中心的资源调度、电信云定制化扩展、业务弹性调度、智能管道调度、分布式引擎、物理资源池等扩展服务。

FusionSphere 可以挂接在企业的 OpenStack 云总线上,是数据中心旧有基础设施的云化和智能化改造的利器,与分步改造和扩容新采购 IT 基础设施在 OpenStack 云总线上融合在一起,都可以通过 OpenStack 总线管理和运营起来,因此解决了 Vendor-Lock-In 的问题,同时保障了数据中心建设的可持续发展。

FusionSphere 的独特价值体现在:更高的系统扩展性,全局百万主机、跨数据中心的统一逻辑资源池管理与调度。

华为 FusionSphere 将全网基础设施资源虚拟化并构成单一统一的"逻辑资源池",实现跨所有物理数据中心站点实现全局连通的管理与调度。扁平化、分布式的数据中心构成了百万主机级的超大规模云数据中心,基于 OpenStack API 的开放架构能够兼容异构的物理设备和虚拟化平台。服务器、存储、网络和安全设备等 IT 基础设施资源被全面和深度虚拟化后,通过细粒度的、跨数据中心的资源调度、基于 SDN 虚拟化网络的流量工程等核心技术实现了数据中心资源使用率最大化和全局能效比最大化,保障用户业务的体验最佳化,最终保证运营商的 TCO 最低。

针对电信运营商和企业私有云中某些性能敏感的高端应用或者对硬件平台 RAS 可靠性有特殊需求的应用,或者暂不支持虚拟化的非 x86 计算平台,FusionSphere 支持对各类异构的物理资源池进行调度管理,并将其抽象为对外的物理资源池云服务,实现面向云租户及云平台业务开发者的对物理基础设施资源请求的服务支撑。

10.5.3 华为云计算解决方案典型应用场景

1. 数据中心云化

当前,如何打破数据中心内和数据中心间资源共享瓶颈、提升数据中心平均资源利用率和降低能耗、缩短业务上线时间是运营商关注的核心问题。首先,运营商可以采用华为基于 OpenStack 的 FusionSphere 整合数据中心内服务器、存储和网络整合,基于标准化的 OVF 格式,将物理机上的应用迁移到虚拟机;基于 OpenStack 开放架构,集成异构物理设备和异构虚拟化平台;基于大颗粒的存储虚拟化技术虚拟化和池化现有异构存储设备,并基于业务 SLA 对虚拟化的存储资源管理和调度;基于 VXLAN 和 SDN 的叠加式虚拟化网络,在不改动现有网络下,实现服务器虚拟化和网络自动化联动配置;标准化的接口可灵活集成第三方厂商软硬件,实现数据中心整合。然后,基于 FusionSphere 的跨数据中心资源调度能力将跨地域多数据中心逻辑上呈现为一个统一的数据中心,构建成分布式云数据中心架构,实现运营商数据中心用户体验的最佳化、管理的最简化和 TCO 的最小化。

2. 分支机构及二线数据中心建设

华为 FusionSphere 的弹性架构不仅适合大型数据中心,还适合分支机构和二线数据中心,基于华为 FusionSphere 的 MicroDC 是一站式采购的微数据中心,其硬件可以是 Fusion-Cube 也可以是其他硬件,高度集成层一基础设施、层二 IT 基础设施,以及数据中心管理软件。在提供高性能、高安全性的基础上,通过整机预安装和预配置,数据中心建设周期缩短到小时级;分支可无人值守,通过 OpenStack 标准接口由集团统一集中管理。运营商采用基于 FusionSphere 的 MicroDC 解决方案能快速部署分支机构和二线数据中心,由于与大型数据中心采用相同的云平台 FusionSphere 和基于 OpenStack 的标准 API 接口,MicroDC 能接入分布式云数据中心的 OpenStack 云总线,参与资源的统一调度、统一运维和运营,给运营商的数据中心建设带来极大的灵活性。

3. 运营商的 IDC 托管

如何寻求新的业务增长点是运营商 IDC 部门面临的主要挑战之一。基于华为扩展 OpenStack 的云计算平台,电信运营商 IDC 部门可为个人和企业提供的 IaaS 服务包括虚拟服务器、企业私有云、虚拟数据中心、应用托管、云备份与容灾、SaaS 等创新服务,为运营商 IDC 部门创造了广阔的收入来源。首先,运营商采用华为基于 OpenStack 的 FusionSphere 将现有的 IT 基础设施进行云化,将各种异构的服务、存储和网络设备虚拟化,将应用迁移到 FusionSphere,基于 OpenStack 开放架构和 API 强有力的机制支撑,既保护了运营商的现有数据中心投资,又能够快速提供云服务。然后,随着业务发展,运营商可采用华为模块化的融合一体机 FusionCube 实现云数据中心的快速扩容,保障运营商数据中心云服务的敏捷和持续发展。

4. 运营商的业务云化

在 FusionCube OpenStack 一体机上部署 VAS 应用,提供一站式 VASCloud,实现模块化打包式建设业务平台。VAS 业务资源通过 OpenStack 标准 API 总线,可以和 OSSCloud/BSSCloud/SDPCloud 互通,使得运营商分散的资源统一为一个逻辑资源池进行弹性调度,最大化提高资源利用率,降低 TCO。

华为基于 CloudAccess 的移动办公解决方案覆盖企业总部、企业分支、企业小分支、移动作业、公共场合、家庭等应用场景。

华为移动桌面云和应用虚拟化实现了个人办公"移动化",桌面和应用体验一致,数据不丢,实现了移动安全化,提升了企业的信息安全。一般应用带宽只需 20 KB/s,所以在各种网络接入条件下均可保持良好的体验,支持 IOS、Android、Blackberry、Windows Mobile 等常用平板、智能手机的接入。

客户端显示信息不会驻留接入终端中,企业核心数据保留在云端,通过网关或者 VPN 接入、控制每一个客户端的权限(如访问、修改、备份、拷盘、打印等),保证应用软件和数据的安全,传输加密,只传显示信息,避免了广域网被窃听的风险。

移动办公解决方案能够把 IT 与 CT 技术无缝融合,使 ICT 技术既能保证企业资源的安全,同时又能提升网络接入的效率和移动办公的效率,最终给员工带来好的办公体验,消除工作和生活的对立面,带来和谐的体验。

10.6 安装部署 FusionCompute 平台

10.6.1 FusionCompute 平台介绍

FusionCompute 是云操作系统软件,主要负责硬件资源的虚拟化,以及对虚拟资源、业务资源、用户资源的集中管理。它采用虚拟计算、虚拟存储、虚拟网络等技术,完成计算资源、存储资源、网络资源的虚拟化。同时通过统一的接口,对这些虚拟资源进行集中调度和管理,从而降低业务的运行成本,保证系统的安全性和可靠性,协助运营商和企业构筑安全、绿色、节能的云数据中心能力。FusionCompute 共分为 CNA 和 VRM 两个组件。

1. CNA 主要提供的功能

(1) 提供虚拟计算功能。

(2) 管理计算节点上的虚拟机。

(3) 管理计算节点上的计算、存储、网络资源。

2. VRM 主要提供的功能

(1) 管理集群内的块存储资源。

(2) 通过 DHCP 为虚拟机分配私有 IP 地址。

(3) 管理集群内的网络资源(IP/VLAN/DHCP),为虚拟机分配 IP 地址。

(4) 管理集群内虚拟机的生命周期以及虚拟机在计算节点上的分布和迁移。

(5) 管理集群内资源的动态调整。

(6) 通过对虚拟资源、用户数据的统一管理,对外提供弹性计算、存储、IP 等服务。

(7) 提供统一的操作维护管理接口,操作维护人员通过 WebUI 远程访问 FusionCompute,对整个系统进行操作维护,包含资源管理、资源监控、资源报表等。

10.6.2 IOS 镜像方式安装主机

1. 前提条件

(1) 本地 PC 与规划的管理平面及主机 BMC 平面互通。建议本地 PC 与待安装的主机连接到同一台交换机,且 IP 地址设置在规划的管理平面网段。

(2) 已获取物理服务器 BMC IP 地址、BMC 用户名和密码。

(3) 已获取主机 BIOS 密码(如主机未设置 BIOS 密码,则无须提前获取)。

2. 进入主机安装界面

(1) 关闭本地 PC 的 Windows 防火墙。

(2) 登录主机 BMC 系统。

在本地 PC 上打开浏览器,在浏览器地址栏输入以下地址,单击"登录"按钮,如图 10-1 所示。

图 10-1　登录页面

（3）进入主机远程控制界面，选择集成远程控制台（独占）模式，如图 10-2 所示，此时选择 Java 和 HTML5 都可以。

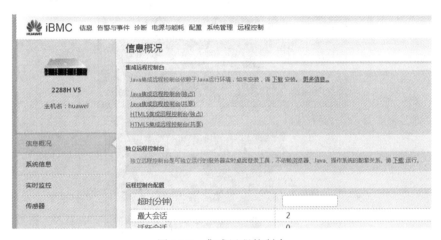

图 10-2　集成远程控制台

（4）挂载镜像，如图 10-3 所示。

图 10-3　挂载镜像

（5）进入图 10-4 所示界面，30 s 内选择"Install"，按"Enter"键。系统开始自动加载。加载大约耗时 3 min，加载成功后，进入主机配置界面。

（6）选择磁盘，配置 swap 分区。

磁盘建议使用默认值，即将操作系统安装在识别到的第一块磁盘，该磁盘一般为一组名为 RAID 1 的磁盘。

如果无须修改磁盘信息，则可直接执行配置主机网络信息，如图 10-5 所示。

（7）选择主机管理平面 IP 类型并配置主机网络信息，如图 10-6 所示。应与实际规划的系统管理平面 IP 类型保持一致。系统安装成功后不支持切换管理平面 IP 类型。

图 10-4　安装页面

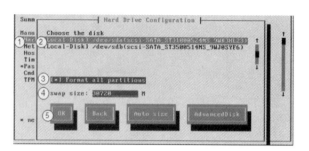

图 10-5　配置主机网络信息

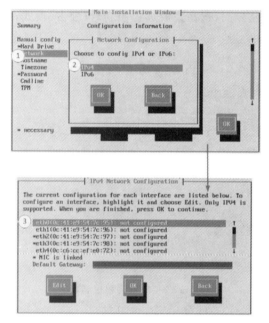

图 10-6　配置主机管理平面 IP 类型和主机网络信息

（8）配置主机网络信息（不设置管理平面 VLAN），如图 10-7 所示。

（9）配置主机网络信息（设置管理平面 VLAN），如图 10-8 所示。

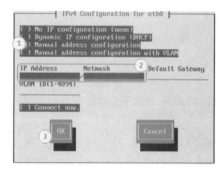

图 10-7　不设置管理平面 VLAN

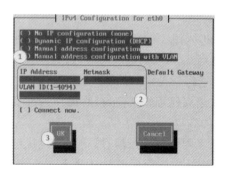

图 10-8　设置管理平面 VLAN

（10）配置管理平面网关，如图 10-9 所示。

图 10-9　配置管理平面网关

（11）配置主机名，如图 10-10 所示。

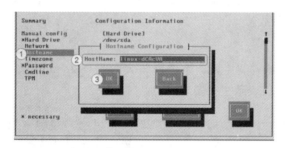

图 10-10　配置主机名

（12）配置时区信息，如图 10-11 所示。

图 10-11　配置时区信息

（13）配置主机 root 用户的密码，如图 10-12 所示。

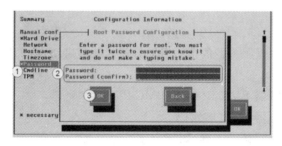

图 10-12　配置用户密码

（14）待安装的主机是否为 KUNLUN 服务器？是，执行（15）；否，执行（6）。

（15）配置主机系统命令行参数。

该配置主要用于保证系统更稳定高效地运行。

① 选择"Cmdline→Edit"，进入"Choose boot command line"界面，如图 10-13 所示。

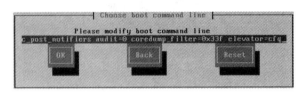

图 10-13　"Choose boot command line"界面

② 在"Choose boot command line"界面，手动追加、修改或删除新的命令行配置。

在安装华为 KUNLUN 服务器时，请在现有的命令行参数末尾添加 kernel. watchdog_thresh＝30 udev. event-timeout＝600。

③ 单击"OK"，确定修改系统命令行参数；单击"Reset"，将还原系统默认的命令行参数。无须设置主机的 TPM 参数。

3. 开始安装主机

如图 10-14 所示，开始安装主机。系统安装大约需要 15 min，安装完成后系统会自动重启。当系统提示登录信息，表示主机安装成功。

图 10-14　安装主机

主机重启过程中在屏幕显示的信息，可能有个别项目显示"Failed"。这些项目不影响主机的正常使用。安装过程中长时间未对界面操作可能进入黑屏，此时按 Ctrl 键可恢复界面。安装过程中如果因网络问题引起挂载的光驱丢失，需重新安装。

10.6.3　ISO 镜像方式安装 VRM

1. 前提条件

（1）已设置待安装物理服务器的第一启动方式为硬盘启动，第二启动方式为网络启动，第三启动方式为光驱启动。

（2）已获取物理服务器 BMC IP 地址、BMC 用户名和密码。

（3）已获取物理服务器的 BIOS 密码。

（4）已准备跨平台远程访问工具，如"Putty"。

（5）已关闭本地 PC 的 Windows 防火墙。

（6）已配置好物理服务器的 RAID 模式。

2.进入主机安装界面

（1）登录服务器的 BMC 系统。

在本地 PC 上打开浏览器，在浏览器地址栏输入以下地址，单击"登录"，如图 10-15 所示。

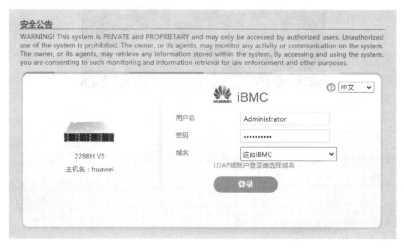

图 10-15　登录验证界面

（2）进入服务器远程控制界面，选择集成远程控制台（独占）模式，如图 10-16 所示，此时选择 Java 和 HTML5 都可以。

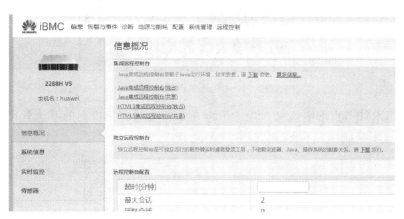

图 10-16　远程虚拟控制台

（3）挂载镜像，如图 10-17 所示。

图 10-17　挂载镜像

（4）在图 10-18 所示界面，30 s 内选择"Install"，按"Enter"键。系统开始自动加载。加载大约耗时 3 min，加载成功后，进入服务器配置界面。

图 10-18　安装界面

3. 配置 VRM 节点

在 VRM 配置阶段,需要配置磁盘、网络信息、主机名、时区信息以及密码。

（1）选择磁盘。

磁盘建议使用默认值,默认情况下,会将 VRM 安装在识别到的第一块磁盘,该磁盘一般为一组名为 RAID 1 的磁盘。

如果无须修改磁盘信息,则可直接执行"配置主机网络信息",如图 10-19 所示。

图 10-19　配置主机网络信息

（2）配置 VRM 节点网络信息,如图 10-20 所示。应与实际规划的系统管理平面 IP 类型保持一致。系统安装成功后不支持切换管理平面 IP 类型。

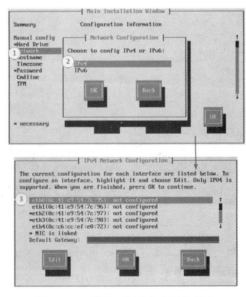

图 10-20　配置 VRM 节点网络信息

（3）配置 VRM 节点网络信息（不设置管理平面 VLAN），如图 10-21 所示。

（4）配置 VRM 节点网络信息（设置管理平面 VLAN），如图 10-22 所示。

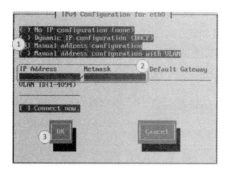 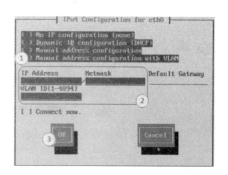

图 10-21　不设置管理平面 VLAN　　　图 10-22　设置管理平面 VLAN

（5）配置管理平面网关，如图 10-23 所示。

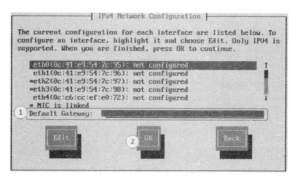

图 10-23　配置管理平面网关

（6）配置 VRM 节点主机名，如图 10-24 所示。

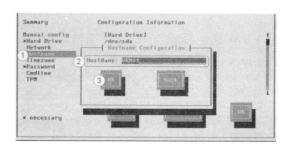

图 10-24　配置 VRM 节点主机名

（7）配置时区信息，如图 10-25 所示。

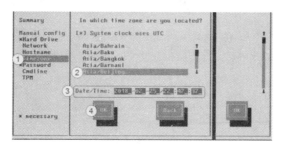

图 10-25　配置时区信息

（8）配置 VRM 节点的 root 用户密码，如图 10-26 所示。

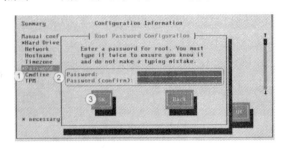

图 10-26　配置 root 用户密码

（9）安装 VRM 的服务器是否为 KUNLUN 服务器？是，执行（10）。否，执行（11）。

（10）配置服务器系统命令行参数。

该配置主要用于保证系统更稳定高效地运行。

① 选择"Cmdline→Edit"，进入"Choose boot command line"界面。

图 10-27　"Choose boot command line"界面

② 在"Choose boot command line"界面，手动追加、修改或删除新的命令行配置。

在安装华为 KUNLUN 服务器时，请在现有的命令行参数末尾添加 kernel. watchdog_ thresh＝30 udev. event-timeout＝600。

③ 单击"OK"，确定修改系统命令行参数；单击"Reset"，将还原系统默认的命令行参数。

4. 开始安装 VRM 节点

如图 10-28 所示，安装 VRM 节点，安装完成后，在浏览器网址栏输入 http://VRM 节点的 IP 地址。便可以进入 FusionCompute 的管理界面。

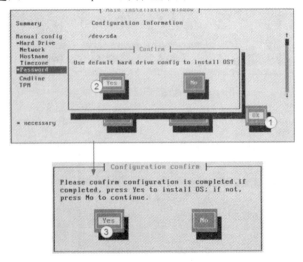

图 10-28　安装 VRM 节点

以下为初始密码：

（1）普通模式：admin/IaaS@PORTAL-CLOUD8！

（2）三员分立模式：

① 系统管理员：sysadmin/Sysadmin＃。

② 安全管理员：secadmin/Secadmin＃。

③ 安全审计员：secauditor/Secauditor＃。

第11章 云计算与大数据技术

11.1 大数据概述

现代社会是一个高速发展的社会,科技发达,信息流通,人们之间的交流越来越密切,生活也越来越方便,大数据就是这个高科技时代的产物。

有人把数据比喻为蕴藏能量的煤矿。煤炭按照性质有焦煤、无烟煤、肥煤、贫煤等分类,而露天煤矿、深山煤矿的挖掘成本又不一样。与此类似,大数据并不在"大",而在于"有用"。价值含量、挖掘成本比数量更为重要。对于很多行业而言,如何利用这些大规模数据是赢得竞争的关键。

11.1.1 大数据简介

对于大数据的定义,麦肯锡全球研究所给出的定义是:一种规模人到在获取、存储、管理、分析方面大大超出了传统数据库软件工具能力范围的数据集合,具有海量的数据规模、快速的数据流转、多样的数据类型和价值密度低四大特征。

大数据技术的战略意义不在于掌握庞大的数据信息,而在于对这些含有意义的数据进行专业化处理。换言之,如果把大数据比作一种产业,那么这种产业实现盈利的关键在于提高对数据的"加工能力",通过"加工"实现数据的"增值"。

从技术上看,大数据与云计算的关系就像一枚硬币的正反面一样密不可分。大数据必然无法用单台的计算机进行处理,必须采用分布式架构。它的特色在于对海量数据进行分布式数据挖掘。但它必须依托云计算的分布式处理、分布式数据库和云存储、虚拟化技术。

随着云时代的来临,大数据也引发了越来越多的关注。分析师团队认为,大数据通常用来形容一个公司创造的大量非结构化数据和半结构化数据,这些数据在下载到关系型数据库用于分析时,会耗费过多的时间和金钱。大数据分析常和云计算联系在一起,因为实时的大型数据集分析需要像 MapReduce 一样的框架来向数十、数百甚至数千的电脑分配工作。

适用于大数据的技术,包括大规模并行处理(MPP)数据库、数据挖掘、分布式文件系统、分布式数据库、云计算平台、互联网和可扩展的存储系统。

大数据的价值体现在以下几个方面:

(1)对大量消费者提供产品或服务的企业可以利用大数据进行精准营销。

（2）做小而美模式的中小微企业可以利用大数据做服务转型。

（3）互联网压力之下必须转型的传统企业需要与时俱进，充分利用大数据的价值。

不过，大数据在经济发展中的巨大意义并不代表其能取代一切对于社会问题的理性思考，科学发展的逻辑不能被湮没在海量数据中。著名经济学家路德维希·冯·米塞斯曾提醒过："就今日言，有很多人忙碌于资料之无益累积，以致对问题之说明与解决，丧失了其对特殊的经济意义的了解。"这确实是需要警惕的。

在这个快速发展的智能硬件时代，困扰应用开发者的一个重要问题就是如何在功率、覆盖范围、传输速率和成本之间找到那个微妙的平衡点。企业组织利用相关数据和分析可以帮助它们降低成本、提高效率、开发新产品、做出更明智的业务决策等。

大数据可通过许多方式来存储、获取、处理和分析。每个大数据来源都有不同的特征，包括数据的频率、数量、速度、类型和真实性。处理并存储大数据时，会涉及更多维度，比如治理、安全性和策略。选择一种架构并构建合适的大数据解决方案极具挑战。

"大数据架构和模式"系列提供了一种结构化和基于模式的方法来简化定义完整的大数据架构进而帮助确定哪些业务问题适合采用大数据解决方案。

11.1.2 大数据分类

1.依据大数据类型对业务问题进行分类

业务问题可分类为不同的大数据类型，以确定合适的分类模式（原子或复合）和合适的大数据解决方案。第一步是将业务问题映射到它的大数据类型。表11-1列出了常见的业务问题，并为每个问题分配了一种大数据类型。

表 11-1 常见的业务问题及其描述

业务问题	大数据类型	描 述
公用事业：预测功耗	机器生成的数据	公用事业公司推出了智慧仪表，按每小时或更短的间隔定期测量水、燃气和电力的消耗。这些智慧仪表生成了需要分析的大量间隔数据。公用事业公司还运行着昂贵而又复杂的大型系统来发电。每个电网包含监视电压、电流、频率和其他重要操作特征的复杂传感器。要提高操作效率，该公司必须监视传感器所传送的数据。大数据解决方案可以使用智慧仪表分析发电（供应）和电力消耗（需求）数据
电信：客户流失分析	Web 和社交数据 交易数据	电信运营商需要构建详细的客户流失模型（包含社交媒体和交易数据，比如 CDR），以跟上竞争形势。流失模型的值取决于客户属性的质量（客户主数据，比如生日、性别、位置和收入）和客户的社交行为。实现预测分析战略的电信提供商可通过分析用户的呼叫模式来管理和预测流失
市场营销：情绪分析	Web 和社交数据	营销部门使用 Twitter 源来执行情绪分析，以便确定用户对公司及其产品或服务的评价，尤其是在一个新产品或版本发布之后。客户情绪必须与客户概要数据相集成，才能得到有意义的结果。依据客户的人口统计特征，客户反馈可能有所不同
客户服务：呼叫监视	人类生成的数据	IT 部门正在依靠大数据解决方案来分析应用程序日志，以便获取可提高系统性能的洞察。来自各种应用程序供应商的日志文件具有不同的格式；必须将它们标准化后，IT 部门才能使用它们

业务问题	大数据类型	描　述
零售： 基于面部识别和 社交媒体的 个性化消息	Web 和社交数据 生物识别数据	零售商可结合使用面部识别技术和来自社交媒体的照片，根据购买行为和位置向客户提供个性化的营销信息。此功能对零售商忠诚度计划具有很大的影响，但它具有严格的隐私限制。零售商需要在实现这些应用程序之前进行适当的隐私披露
零售和营销： 移动数据和 基于位置的目标	机器生成的数据 交易数据	零售商可根据位置数据为客户提供特定的促销活动和优惠券。解决方案通常旨在用户进入一个店铺时检测用户的位置，或者通过 GPS 检测用户的位置。位置数据与来自社交网络的客户偏好数据相结合，使零售商能够根据购买历史记录有针对性地开展在线和店内营销活动。通知是通过移动应用程序、SMS 和电子邮件提供的
FSS、医疗保健、 欺诈检测	机器生成的数据 交易数据 人类生成的数据	欺诈管理可预测给定交易或客户账户遇到欺诈的可能性。解决方案可实时分析事务，生成建议的立即执行的措施，这对阻止第三方欺诈、第一方欺诈和对账户特权的蓄意滥用至关重要。解决方案通常旨在检测和阻止多个行业的众多欺诈和风险类型，其中包括： • 信用卡和借记卡欺诈 • 存款账户欺诈 • 技术欺诈 • 坏账 • 医疗欺诈 • 医疗补助计划和医疗保险欺诈 • 财产和灾害保险欺诈 • 工伤赔偿欺诈 • 保险欺诈 • 电信欺诈

按类型对大数据问题分类，更容易看到每种数据的特征。这些特征可帮助我们了解如何获取数据，如何将它处理为合适的格式，以及新数据出现的频率。不同来源的数据具有不同的特征，例如，社交媒体数据包含不断传入的视频、图像和非结构化文本（比如博客文章）。

我们依据这些常见特征来评估数据：

（1）内容格式。

（2）数据类型（例如，交易数据、历史数据或主数据）。

（3）将提供该数据的频率。

（4）意图：数据需要如何处理（例如对数据的临时查询）。

（5）处理是否必须实时、近实时还是按批次执行。

2. 使用大数据类型对大数据特征进行分类

按特定方向分析大数据的特征会有所帮助，例如以下特征：数据如何收集、分析和处理。对数据进行分类后，就可以将它与合适的大数据模式匹配。

分析类型对数据执行实时分析还是批量分析会影响一些相关产品、工具、硬件、数据源和预期的数据频率的其他决策，如：欺诈检测分析必须实时或近实时地完成；针对战略性业务决策的趋势分析可采用批量模式。

处理方法要用来处理数据的技术类型（比如预测、分析、临时查询和报告）。由业务需求确定合适的处理方法,有助于识别要在大数据解决方案中使用的合适的工具和技术。

数据频率和大小主要用来预测有多少数据和数据到达的频率多高,有助于确定存储机制、存储格式和所需的预处理工具。数据频率和大小依赖于数据源:

(1)按需分析,与社交媒体数据一样。

(2)实时、持续提供(天气数据、交易数据)。

(3)时序(基于时间的数据)。

(4)数据类型,要处理的数据类型,如交易、历史、主数据等。知道数据类型,有助于将数据隔离在存储中。

(5)内容格式(传入数据的格式)结构化(如 RDMBS)、非结构化(如音频、视频和图像)或半结构化。格式决定了需要如何处理传入的数据,是选择工具、技术以及从业务角度定义解决方案的关键。

(6)数据源,数据的来源(生成数据的地方),比如 Web 和社交媒体数据、机器生成的数据、人类生成的数据等。识别所有数据源有助于从业务角度识别数据范围。

(7)数据使用者,处理的数据的所有可能使用者的列表。

(8)硬件,将在其上实现大数据解决方案的硬件类型,包括商用硬件或最先进的硬件。理解硬件的限制,有助于指导大数据解决方案的选择。

(9)描绘用于分类大数据的各种类别。定义大数据模式的关键类别已识别并在蓝色方框中突出显示。大数据模式来自这些类别的组合。

大数据的各种类别如图 11-1 所示。

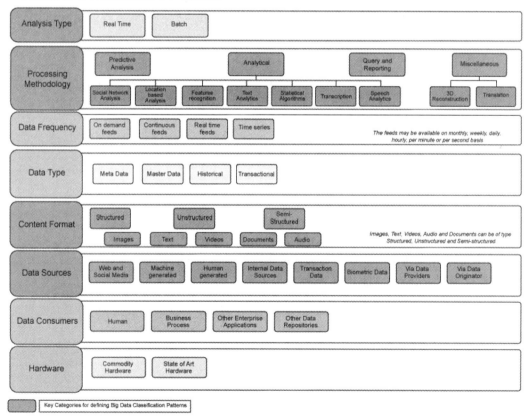

图 11-1　大数据的各种类别

11.1.3 大数据解决方案的逻辑层

逻辑层提供了一种组织组件的方式。这些层提供了一种方法来组织执行特定功能的组件，并不意味着支持每层的功能在独立的机器或独立的进程上运行。大数据解决方案通常由以下逻辑层组成：大数据来源、数据改动（massaging）和存储层、分析层及使用层。

1.大数据来源

考虑来自所有渠道的所有可用于分析的数据。要求组织中的数据科学家阐明执行需要的分析类型所需的数据。数据的格式和起源各不相同：

（1）格式：结构化、半结构化或非结构化。

（2）速度和数据量：数据到达的速度和传送它的速率因数据源的不同而不同。

（3）收集点：收集数据的位置，直接或通过数据提供程序，实时或以批量模式收集数据。数据可能来自某个主要来源，比如天气条件，也有可能来自一个辅助来源，比如媒体赞助的天气频道。

（4）数据源的位置：数据源可能位于企业内部或外部。识别具有有限访问权的数据，因为对数据的访问会影响可用于分析的数据范围。

2.数据改动和存储层

数据改动和存储层负责从数据源获取数据，并在必要时将它转换为适合数据分析方式的格式。例如，可能需要转换一幅图，才能将它存储在分布式文件系统（HDFS）或关系数据库管理系统（RDBMS）仓库中，以供进一步处理。合规性制度和治理策略要求为不同的数据类型提供合适的存储。

3.分析层

分析层读取数据改动和存储层整理的数据。在某些情况下，分析层直接从数据源访问数据。设计分析层需要事先认真地进行筹划和规划。必须制定如何管理以下任务的决策：

（1）生成想要的分析。

（2）从数据中获取洞察。

（3）找到所需的实体。

（4）定位可提供这些实体的数据的数据源。

（5）理解执行分析需要哪些算法和工具。

4.使用层

使用层使用了分析层所提供的输出。使用者可以是可视化应用程序、人类、业务流程或服务。可视化分析层的结果可能具有挑战，可以参考类似市场中的竞争对手是如何做的。

多种组件类型如图 11-2 所示。

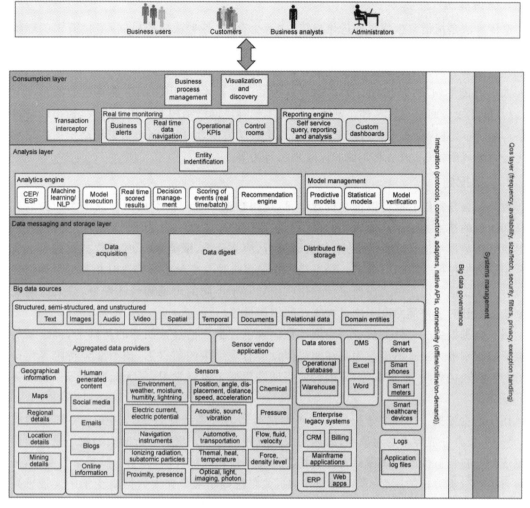

图 11-2　多种组件类型

11.2　大数据技术

随着互联网、云计算和物联网的迅猛发展，无所不在的移动设备、RFID、无线传感器每分每秒都在产生数据，数以亿计用户的互联网服务时时刻刻在产生巨量的交互。要处理的数据量越来越大而且还将更加快速地增长，同时业务需求和竞争压力对数据处理的实时性、有效性也提出了更高的要求，传统的常规数据处理技术已无法应对，大数据带来了很多现实的难题。为了解决这些难题需要突破传统技术，根据大数据的特点进行新的技术变革。

11.2.1　大数据关键技术及应用

大数据技术是一系列收集、存储、管理、处理、分析、共享和可视化技术的集合。适用于大数据的关键技术包括：

1.遗传算法

遗传算法是指借鉴生物界的进化规律(适者生存,优胜劣汰遗传机制)演化而来的随机化搜索方法,采用概率化的寻优方法,自动获取和指导优化的搜索空间,不需要确定的规则,自适应地调整搜索方向。遗传算法已被人们广泛应用于组合优化、机器学习、信号处理、自适应控制和人工智能等领域,是现代有关智能计算中的关键技术,应用实例包括制造业改善作业调度,以及优化投资回报率等。神经网络是指受生物神经网络结构和运作的启发,模拟动物神经网络行为特征,进行分布式并行信息处理的算法数学模型,应用实例包括识别高价值客户离开特定公司的风险,以及识别欺诈性的保险理赔行为等。

2.数据挖掘

数据挖掘是指结合统计数据和机器学习,使用数据库管理技术从大型数据集中提取有用信息和知识的技术。根据其他属性的值预测特定(目标)属性的值,如回归、分类、异常检测等,或寻找概括数据中潜在联系的模式,如关联分析、演化分析、聚类分析、序列模式挖掘等。

用于数据挖掘——回归分析。确定当一个或多个独立变量值被修改时相关变量如何变化的统计方法。通常用于预测或预报。应用实例如基于不同的市场和经济变量,或通过确定何种制造业参数对客户满意度影响最大来预测销售量等。

用于数据挖掘——分类分析。在训练集包含的数据点已经被归类的基础上,确定新的数据点所属类别的方法。典型应用是在明确假设或客观结果的前提下,预测部分特定客户行为(如购买决策、流失率、消费率等)。因为使用训练集属于监督学习,是无监督学习类型聚类分析的反面。

用于数据挖掘——聚类分析。一种多元化群体的分类统计方法。在事先不知道的前提下,将一个集合分成较小的对象组,组内对象具有相似特点。聚类分析的典型例子是将消费者分割成具有自相似性的群体做针对性营销。因为不使用训练数据,属于无监督学习类型,是监督学习类型分类分析的反面。用于数据挖掘,关联规则学习。在大数据集变量中发现感兴趣关系(即关联规则)的方法,包括多种生成和测试可能规则的算法。典型应用是市场购物篮分析,其中零售商可以决定哪些产品经常一起购买和如何使用这种营销信息。

用于数据挖掘——数据融合与集成。集成和分析来自多个源的数据方法。典型应用如使用来自互联网的传感器数据综合分析如炼油厂这样的复杂分布式系统的性能。使用社会媒体数据,经过自然语言处理分析,并结合实时销售数据,确定营销活动如何影响顾客的情绪和购买行为等。

3.机器学习

机器学习研究计算机怎样模拟或实现人类的学习行为,获取新的知识或技能,重新组织已有的知识结构并不断改善自身的性能,是人工智能的核心,是使计算机具有智能的根本途径。自然语言处理是机器学习的一个例子。自然语言处理研究实现人与计算机之间用自然语言进行有效通信的理论和方法。典型应用是使用社交媒体的情感分析来确定潜在客户对品牌活动的反应等。

4.情感分析

情感分析是指从源文字材料中确定和提取主观信息的自然语言处理和分析方法的应用。分析的主要内容包括识别表达情感的特征、态势或作品。应用实例是分析社会化媒体(如博客、微博客或社交网络),确定不同客户群和利益相关者对其产品和行为的反应。

5.网络分析

网络分析是指在图或网络中描述离散节点之间特征关系的方法。在网络分析中,分析个人在社会或组织之间的联系,如信息如何传播或谁拥有了其中的大部分影响。应用实例包括确定营销目标的关键意见负责人,以及确定企业信息流的瓶颈等。

6.空间分析

空间分析是指分析数据集拓扑、几何或地理编码性能技术的统计方法。数据通常来源于采集地址或纬度/经度坐标等位置的地理信息系统。大数据研究空间数据的空间回归(如消费者是否愿意购买与位置相关的产品)或模拟(如如何将制造业的供应链网络分布到不同的地点)。

7.时间序列分析

时间序列分析是指分析数据点序列表示连续时间值,从数据中提取有意义特征的统计学和信号处理方法。一般通过曲线拟合和参数估计来建立数学模型。应用实例包括销售数字预测、气象预报、水文预报,或对诊断为传染性疾病的人数进行预测等。

8.分布式文件系统

最典型的分布式文件系统是 Google 的 GFS,部分源自 Hadoop 的灵感。Hadoop 是一个处理分布式系统问题中庞大数据集的软件框架,具备低廉的硬件成本、开源的软件体系、较强的灵活性、允许用户自己修改代码等特点,同时能支持海量数据存储和计算任务。MapReduce 是谷歌推出的处理庞大数据集分布式系统的软件框架。

9.分布式缓存

缓存在 Web 开发中的运用越来越广泛,Memcached 是一个高性能的分布式内存对象缓存系统,用于动态 Web 应用,以减轻数据库负载。通过在内存中缓存数据和对象来减少读取数据库的次数,从而提供动态、数据库驱动网站的速度,提升性能。MemcacheDB 是一个分布式、Key-Value 形式的持久存储系统,是一个基于对象存取、可靠、快速的持久存储引擎。协议与 Memcached 一致(不完整),所以很多 Memcached 客户端都可以跟它连接。MemcacheDB 采用 BerkeleyDB 作为持久存储组件,支持很多 BerkeleyDB 的特性。类似这样的产品还有很多,如淘宝的 Tair。

10.分布式数据库

Greenplum 数据引擎软件专为新一代数据仓库所需的大规模数据和复杂查询功能设计,基于大规模并行处理和完全无共享架构、开源软件及 x86 商用硬件设计,性价比更高。Hive 是一个基于 Hadoop 的数据仓库平台,将转化为相应的 MapReduce 程序,基于 Hadoop 执行。通过 Hive,开发人员可以方便地进行数据的提取、转换和加载。BigTable 是建立在谷歌文件系统上的专用分布式数据库系统,源自 HBase 的启发。Cassandra 是一个开源数据库管理系统,处理分布式系统上的大量数据。

11.非关系型数据库系统

HBase 是一个仿照谷歌 BigTable 的开源分布式非关系型数据库,是一个高可靠性、高性能、面向列、可伸缩的分布式存储系统,利用 HBase 技术可在廉价 PC Server 上搭建大规模结

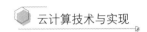
构化存储集群。HBase 是 BigTable 的开源实现，使用 HDFS 作为其文件存储系统。利用 MapReduce 来处理 HBase 中的海量数据。Dynamo 是由亚马逊开发的专用分布式数据存储系统。

12.可视化技术

可视化是支持大数据蓬勃发展的重要领域。可视化技术通过创建图片、图表或动画等，方便对大数据分析结果的沟通与理解。标签云即加权视觉列表，将其中出现频繁的词以更大的文本呈现，不常出现的词用较小的文本呈现，帮助读者迅速感知大文本中最突出的概念；Clustergram 是一种聚类分析可视化技术，用于显示随着集群数量的增加，数据集的个别成员如何被分配到集群，使分析师能够更好地了解为何不同的集群数量产生不同的聚类结果；历史流用图形化的方法表示多个作者编辑文件的历史，在图中很容易发现不同的见解；空间信息流在视图中通过不同亮度、颜色等显示统计分析参数，如利用视图显示纽约和世界各地城市之间 IP 数据流的大小，在图中特定城市所在位置以不同亮度反映该城市和纽约之间的不同 IP 流量，可以快速确定哪些城市与纽约的通信量大。

大数据瓦解了传统信息体系架构，将数据仓库转化为具有流动、连接和信息共享的数据池。大数据技术使人们可以利用以前不能有效利用的多种数据类型，抓住被忽略的机遇，使企业组织更加智能和高效。大数据技术也将推动新兴信息安全技术与产品的形成。

11.2.2 大数据带来的机遇与挑战

1.大数据带来的机遇

大数据的挖掘和应用成为核心，将从多个方面创造价值。大数据应用中安全更加重要，为信息安全带来发展契机。随着移动互联网、物联网等新兴 IT 技术逐渐步入主流，大数据使得数据价值得到极大提高，无处不在的数据对信息安全提出了更高要求。同时，大数据领域出现的许多新兴技术与产品将为安全分析提供新的可能性；信息安全和云计算贯穿于大数据产业链的各个环节，云安全等关键技术将更安全地保护数据。大数据对信息安全的要求和促进将推动信息安全产业的大发展。

大数据时代来临，使商业智能、信息安全和云计算具有更大潜力。大数据产业链按产品形态分为硬件、基础软件和应用软件三大领域，商业智能、信息安全和云计算主题横跨三大领域，将构成产业链中快速发展的三驾马车。

2.大数据带来的挑战

大数据需要专业化的技术和管理人才。大数据解决方案的设计和实施需要专业化分析复杂数据集的工具和技术，包括统计学、机器学习、自然语言处理和建模，以及可视化技术，例如标签云、集群、历史流、动画和信息图表等。目前，我国 IT 人员本身配备不足的现状与大数据需要 IT 人员增加的矛盾更加突出，大数据对我国人才的培养模式以及现有人才的储备提出了严峻的挑战。

大数据的有效应用需要解决大容量、多类别和高时效数据处理的问题。传统数据库的管理能力无法应对大数据体量的数据。传统数据库处理不了数 TB 级别的数据，也不能很好地支持高级别的数据分析，大数据急速膨胀的数据体量已经超越了传统数据库的管理能力。大数据中不同格式的数据需要复杂的处理方法。大数据囊括了半结构化和非结构化数据,非结构化数据的多样性和海量性,决定了大数据技术的复杂性。大数据处理需要满足极高的时效性。在当今快速变化的社会经济形势面前,把握数据的时效性,是立于不败之地的关键。

数据量大意味着计算开销大,数据多样性意味着算法可扩展性要强,二者制约了大数据处理技术的时效性,大数据的实时处理给大数据技术带来了更大的挑战。由于贯穿数据采集、存储、处理、检索、分析和展现的全生命周期,大数据将挑战企业的存储架构、数据中心的基础设施等,还将引发数据仓库、数据挖掘、商业智能、云计算等应用的连锁反应。

大数据应用对信息安全提出了更高要求。大数据时代,数据价值越来越大,面对海量数据的收集、存储、管理、分析和共享,信息安全问题成为重中之重。大数据的海量数据,通常采用云端存储,数据管理比较分散,对用户进行数据处理的场所无法控制,很难区分合法与非法用户,容易导致非法用户入侵,窃取或篡改重要数据信息。如何保证大数据的安全以及分析结果的可靠是信息安全领域需要解决的新课题。大数据中包含了大量的个人隐私,以及各种行为的细节记录。如何做到既深入挖掘其中给人类带来利益的智慧部分,又充分保护个人隐私不被滥用,在大数据的利用中找到个人信息开放和保护的平衡点,是大数据面临的又一大难题。

11.3　大数据和云计算的关系

11.3.1　大数据和云计算

关于大数据和云计算的关系,人们通常会有误解。一句话可以帮助简单地理解二者的区别:云计算是硬件资源的虚拟化,大数据是海量数据的高效处理。

另外,如果做一个更形象的解释,云计算相当于计算机和操作系统将大量的硬件资源虚拟化之后再进行分配使用。在云计算领域,目前的老大应该算是 Amazon,为云计算提供了商业化的标准,另外值得关注的还有 VMware,开源的云平台最有活力的是 OpenStack;大数据相当于海量数据的数据库,而且通观大数据领域的发展也能看出,当前的大数据处理一直在向着近似于传统数据库体验的方向发展,Hadoop 的产生使我们能够用普通机器建立稳定的处理 TB 级数据的集群,把传统的并行计算等概念一下拉到我们的面前,但是其不适合数据分析人员使用(因为 MapReduce 开发复杂),此时,PigLatin 和 Hive 出现了,为我们带来了类 SQL 的操作,但是其处理效率很慢,Google 的 Dremel/PowerDrill 等技术及 Cloudera 的 Impala 的出现解决了这个问题。

整体来看,未来的趋势是,云计算作为计算资源的底层,支撑着上层的大数据处理,而大数据的发展趋势是实时交互式的查询效率和分析能力,借用 Google 一篇技术论文中的话,"动一下鼠标就可以在秒级操作 PB 级别的数据"。

在谈论大数据的时候,首先谈到的就是大数据的 4V 特性,即类型复杂、海量、快速和价值。原先谈大数据的时候谈 3V,没有价值这个 V。而实际来看,4V 更加恰当,价值才是大数据问题解决的最终目标,其他 3V 都是为价值目标服务的。有了 4V 的概念后,就很容易简化地来理解大数据的核心,即大数据的总体架构包括三层,数据存储、数据处理和数据分析。数据先要通过存储层存储下来,然后根据数据需求和目标来建立相应的数据模型和数据分析指

标体系,对数据进行分析并产生价值,而中间的时效性又通过中间数据处理层提供的强大的并行计算和分布式计算能力来完成。三层相互配合,让大数据最终产生价值。

1. 数据存储层

数据有很多分法,有结构化、半结构化、非结构化,也有元数据、主数据、业务数据,还可以分为 GIS、视频、文件、语音、业务交易类等各种数据。传统的结构化数据库已经无法满足数据多样性的存储要求,因此在 RDBMS 基础上增加了两种类型:一种是 HDFS,可以直接应用于非结构化文件存储;另一种是 NoSQL 类数据库,可以应用于结构化和半结构化数据存储。

从存储层的搭建来说,关系型数据库、NoSQL 数据库和 HDFS 分布式文件系统三种存储方式都需要。业务应用根据实际情况选择不同的存储模式,但是为了业务的存储和读取方便,我们可以对存储层进一步封装,形成一个统一的共享存储服务层,简化这种操作。从用户来讲,并不关心底层存储细节,只关心数据的存储和读取的方便性,通过共享数据存储层可以实现在存储上的应用和存储基础设置的彻底解耦。

2. 数据处理层

数据处理层解决的核心问题在于数据存储出现分布式后带来的数据处理上的复杂度,海量存储后带来了数据处理上的时效性要求。

在传统的云相关技术架构上,可以将 Hive、Pig 和 Hadoop-MapReduce 框架相关的技术内容全部划入数据处理层。MapReduce 只是实现了一个分布式计算的框架和逻辑,而真正的分析需求的拆分、分析结果的汇总和合并还是需要 Hive 层的能力整合。

3. 数据分析层

数据分析层的重点是真正挖掘大数据的价值所在,而价值的挖掘核心又在于数据分析和挖掘。那么数据分析层的核心仍在于传统的 BI 分析的内容,包括数据的维度分析、数据的切片、数据的上钻和下钻、cube 等。

数据分析关注两个问题:一个是传统数据仓库下的数据建模,在该数据模型下需要支持上面各种分析方法和分析策略;另一个是根据业务目标和业务需求建立 KPI 指标体系,对应指标体系的分析模型和分析方法。

传统的 BI 分析通过大量的 ETL 数据抽取和集中化,形成一个完整的数据仓库;而基于大数据的 BI 分析,可能并没有一个集中化的数据仓库,或者数据仓库本身也是分布式的,BI 分析的基本方法和思路并没有变化,但是执行的数据存储和数据处理方法却发生了很大变化。

大数据两大核心为云计算和 BI:离开云计算,大数据没有根基和落地可能;离开 BI 和价值,大数据又会舍本逐末,丢弃关键目标。简单总结就是,大数据目标驱动是 BI,大数据实施落地是云计算。

11.3.2 依托云计算,挖掘大数据背后的价值

云计算是信息技术发展和信息社会需求到达一定阶段的必然结果。云计算技术的创新带动了新的商业模式的成功,对现有电子信息产业及应用模式产生了巨大震动,影响深远。

大数据无疑将给人类社会带来巨大的价值,科研机构可以通过大数据业务协助进行研究探索,如环境、资源、能源、气象、航天、生命等领域的探索。那么云计算和大数据之间到底是什么关

系呢？概括而言，没有互联网就没有云计算模式，没有云计算模式就没有大数据处理技术。

云计算时代会有更多的数据存储于计算中心。数据是资产，云是数据资产保管的场所和访问的渠道。大数据的处理和分析必须依靠云计算提供计算环境和能力，挖掘出适合于特定场景和主题的有效数据集。

在互联网时代，特别是进入移动互联网时代后，人们只有通过数据挖掘才能从海量的低价值密度的数据中发现其潜在价值。移动互联网时代的大数据挖掘主要是网络环境下的非结构化数据挖掘，这种非结构化数据常常是低价值、异构、冗余的数据，甚至有部分数据放在存储器里没再用过。与此同时，数据挖掘关注的对象也发生了很大改变，挖掘关注的首先是小众，只有先满足小众挖掘的需求，才谈得上满足由更多小众组成的大众的需求，因此移动互联网时代数据挖掘的一个重要思想，就是"由下而上"胜过"由上而下"的顶层设计，强调挖掘数据的真实性、及时性，要发现关联、发现异常、发现趋势，并最终发现价值。

事实上，互联网上交互的大众，不仅在享受服务，还在提供信息。公众的在线行为已经不能仅用浏览、搜索或挖掘来表征，而在演化为迅速地创造内容，涌现出群体智能。小众的局部积聚特性又可以形成较大范围的"大众"特性，小众成为大众的基础。

大数据标志着一个新时代的到来，这个时代的特征不只是追求丰富的物质资源，也不只是为无所不在的互联网带来方便的多样化的信息服务，同时还包含区别于物质的数据资源的价值挖掘，以及价值转换等。而大数据也将在云计算技术等的支撑下发掘出更多的价值。

11.4 大数据的发展趋势

在科学研究（天文学、生物学、高能物理等）、计算机仿真、互联网应用、电子商务等领域，数据量呈现快速增长的趋势。比如，在科学研究方面，大型强子对撞机每年积累的新数据量为15 PB左右；在电子商务领域，沃尔玛公司每天通过6 000多个商店，向全球客户销售超过2.67亿件商品，为了对这些数据进行分析，HP公司为沃尔玛公司建造了大型数据仓库系统，数据规模达到4 PB，并且仍在不断扩大。除了上述典型例子，我们还可以列举出大规模数据的几个主要来源：

（1）传感器数据（Sensor Data）：分布在不同地理位置上的传感器，对所处环境进行感知，不断生成数据。即便对这些数据进行过滤，仅保留部分有效数据，长时间累积的数据量也是非常惊人的。

（2）网站点击流数据（Click Stream Data）：为了进行有效的市场营销和推广，用户在网上的每次点击及其时间都被记录下来；利用这些数据，服务提供商可以对用户存取模式进行仔细的分析，从而提供更加具有针对性的服务。

（3）移动设备数据（Mobile Device Data）：通过移动电子设备（包括移动电话和PDA）、导航设备等，可以获得设备和人员的位置、移动、用户行为等信息，对这些信息进行及时的分析，可以帮助我们进行有效的决策，比如交通监控和疏导系统。

（4）射频数据（RFID Data）：RFID可以嵌入产品中，实现物体的跟踪。一旦RFID得到广泛应用，将是大量数据的主要来源之一。随着数据生成的自动化以及数据生成速度的加快，需要处理的数据量急剧膨胀。

11.4.1　数据分析的新趋势

为了从数据中发现知识并加以利用,指导人们的决策,必须对数据进行深入的分析,而不是仅仅生成简单的报表。这些复杂的分析必须依赖于复杂的分析模型,很难用 SQL 来进行表达,统称为深度分析(Deep Analysis)。人们不仅需要通过数据了解现在发生了什么,更需要利用数据对将要发生什么进行预测,以便在行动上做出一些主动的准备。比如,通过预测客户的流失预先采取行动,对客户进行挽留。这里,典型的 OLAP 数据分析操作(对数据进行聚集、汇总、切片和旋转等)已经不够用,还需要路径分析、时间序列分析、图分析、What-if 分析以及由于硬件/软件限制而未曾尝试过的复杂统计分析等,典型的例子包括时间序列分析及大规模图分析和网络分析等。

1. 时间序列分析(Time Series Analysis)

商业组织积累了大量的历史交易信息,企业的各级管理人员希望从这些数据中分析出一些模式,以便从中发现商业机会,通过趋势分析,甚至预先发现一些正在涌现出来的机会。例如,在金融服务行业,分析人员可以开发具有针对性的分析软件,对时间序列数据进行分析,寻找有利可图的交易模式(Profitable Trading Pattern),经过进一步验证后,操作人员可以使用这些交易模式进行实际交易,获取利润。

2. 大规模图分析和网络分析(Large-scale Graph and Network Analysis)

社会网络虚拟环境本质上是对实体连接性的描述。在社会网络中,每个独立的实体表示为图中的一个节点,实体之间的联系表示为一条边。通过社会网络分析,可以从中发现一些有用的知识,如发现某种类型的实体(有一种类型的实体把各个小组连接在一起,称为网络中的关键实体)。这些信息可以用于产品直销、组织和个体行为分析、潜在安全威胁分析等领域。随着社会网络规模的增长,从几何角度看,图的节点和边都在不断增长。使用传统方法处理大规模的图数据显得力不从心,急需有效手段对这类数据进行分析。处理大数据的一种方法是使用采样技术,通过采样,可以把数据规模变小,以便利用现有的技术手段(关系数据库系统)进行数据管理和分析。然而在某些应用领域,采样将导致信息的丢失,如 DNA 分析等。在明细数据上进行分析,意味着需要分析的数据量将急剧膨胀和增长。

综上所述,数据分析的两大趋势和挑战是:数据量的膨胀和数据深度分析需求增长。此外,数据类型不断多样化,包括各种非结构化、半结构化数据,对这些类型多样的数据进行管理和分析也是数据处理技术所面临的挑战。

11.4.2　数据库管理技术的发展

关系数据库技术经过多年的发展,成为一门成熟的、同时仍在不断演进的主流数据管理和分析技术,其主流应用包括 OLTP 应用、OLAP 应用以及数据仓库等。SQL 语言作为存取关系数据库系统的语言得到了标准化,经过不断扩充,其功能和表达能力不断增强。但是,关系数据管理技术在大数据时代丧失了互联网搜索这个机会,其主要原因是关系数据管理系统(并行数据库)的扩展性遇到了前所未有的障碍,不能胜任大数据分析的要求。关系数据管理模型追求的是高度的一致性和正确性。面向超大数据的分析需求,纵向扩展系统,即通过增加或者更换 CPU、内存、硬盘以扩展单个节点的能力,终将遇到瓶颈;横向扩展系统,即通过增加计算节点连接成集群,并且改写软件,使之在集群上并行执行,才是经济的解决办法。使用大规模集群实现大数据的管理和分析,需要应对的挑战很多。其中,系统的可用性摆到了重要的位置。根据 CAP 理论,在分布式系统中,一致性、可用性、容错性三者不可兼得,追求其中两个目标必将损害另外一个目标。并行数据库系统追求高度的一致性和容错性(通过分布式事务、分布式锁等机制),无法获得良好的扩展性和系统可用性,而系统的扩展性是大数据分析的重要前提。

2004 年,Google 公司最先提出 MapReduce 技术,作为面向大数据分析和处理的并行计算模型,引起了工业界和学术界的广泛关注。MapReduce 在设计之初,致力于通过大规模廉价服务器集群实现大数据的并行处理,它把扩展性和系统可用性放在了优先考虑的位置。MapReduce 技术框架包含 3 个层面的内容:分布式文件系统、并行编程模型和并行执行引擎。

分布式文件系统运行于大规模集群之上,集群使用廉价的机器构建。数据采用键/值对模式进行存储。整个文件系统采用元数据集中管理、数据块分散存储的模式,通过数据的复制(每份数据至少 3 个备份)实现高度容错。数据采用大块存储(64 MB 或者 128 MB 为 1 块)的办法,可方便地对数据进行压缩,节省存储空间和传输带宽。MapReduce 并行编程模型把计算过程分解为两个主要阶段,即 Map 阶段和 Reduce 阶段。

MapReduce 技术是一种简洁的并行计算模型,它在系统层面解决了扩展性、容错性等问题,通过接受用户编写的 Map 函数和 Reduce 函数,自动地在可伸缩的大规模集群上并行执行,从而可以处理和分析大规模的数据。MapReduce 技术是非关系数据管理和分析技术的典型代表。在 Google 公司内部,通过大规模集群和 MapReduce 软件,每天有超过 20 PB 的数据得到处理,每个月处理的数据量超过 400 PB。在数据分析的基础上,Google 提供了围绕互联网搜索的一系列服务(包括地图服务、定向广告服务等)。如此大规模的数据管理和分析,是传统的关系数据管理技术无法完成的。

MapReduce 技术一经推出,立即遭到关系数据管理技术阵营(以著名的数据库技术专家 Stonebraker 为代表)的猛烈抨击。Stonebraker 认为,MapReduce 技术是一个巨大的倒退,并指出了 MapReduce 技术的众多缺点,包括不支持 Schema、没有存取优化、依靠蛮力进行数据处理等。Stonebraker 等人在 100 个节点的集群上对 Hadoop 技术(MapReduce 的开源实现)、Vertica 数据库(一种基于列存储的关系数据库管理系统)和 DBMS-X 数据库进行了数据装载和数据分析的性能比较,MapReduce 的性能远远低于 Vertica 和 DBMS-X。但 Stonebraker 的批判并没有阻挡住以 MapReduce 技术为代表的大数据分析新技术的发展洪流。近些年来,MapReduce 技术获得了广泛的关注,研究人员围绕 MapReduce 开展了深入的研究,包括 MapReduce 应用领域的扩展、MapReduce 性能的提升、MapReduce 易用性的改进等。同时,MapReduce 技术和 RDBMS 也出现了相互借鉴、相互渗透的趋势。

把分析推向数据,随着数据量的增长,对大数据进行分析的基本策略是把计算推向数据,而不是移动大量的数据。围绕关系数据库管理系统,衍生出了传统的数据分析生态系统(ecosystem,生态系统是指多种生物共存共生的自然系统,在这里用来表达围绕数据分析的共存的各类系统和工具)。关系数据库作为核心的数据引擎,各种来源的数据通过 ETL 工具导入关系数据库系统,客户端工具通过 SQL 语言实现例行性的报表生成。针对复杂的分析,SQL 的表达能力就暴露出其局限性,无法胜任。这时,必须把数据从数据库中提取出来,导入前端分析工具(SAS、SPSS)以进行后续分析。这种模式的主要缺点是,由于 SQL 分析能力的局限,需要借助于统计分析软件进行数据的深度建模和分析,导致了大量数据的移动。需要指出的是,当分析人员从关系数据库中利用 SQL 查询把数据提取到分析软件(比如 SAS)中进行后续分析时,SQL 退化为数据提取的接口。最为致命的是,大量数据的移动导致性能下降,这是大规模数据分析应极力避免的。值得指出的是,SAS 等数据分析厂商正在致力于把分析能力下压到数据库系统执行,但是进行的不是很彻底,分析函数的并行化以及系统的扩展性仍然是有待解决的问题。相对于 RDBMS,MapReduce 技术从存储模型和计算模型上支持更高的容错性、更强的可扩展性,为大数据分析提供了更好的运行平台保障。同时,难以用 SQL 进行表达的分析任务更容易用 MapReduce 计算函数表达。可见,MapReduce 技术在数据的深度分析上比 RDBMS 更胜一筹。

第12章 云服务技术

12.1 云服务的概念和价值

云服务是基于互联网的相关服务的增加、使用和交互模式,通常涉及通过互联网来提供动态易扩展且经常是虚拟化的资源。云是网络、互联网的一种比喻说法。过去在图中往往用云来表示电信网,后来也用来表示互联网和底层基础设施的抽象。云服务指通过网络以按需、易扩展的方式获得所需服务。这种服务可以是 IT 和软件、互联网相关,也可以是其他服务。它意味着计算能力也可作为一种商品通过互联网进行流通。

云计算的四类部署模式中的公有云是我们本章的重点,现在全球有很多做公有云的公司,比如 Amazon AWS、Microsoft Azure、阿里云、华为云。

1. Amazon AWS

Amazon AWS 是亚马逊公司旗下的云计算服务平台,为全世界范围内的客户提供云解决方案。以 Web 服务的形式向企业提供 IT 基础设施服务,通常称为云计算。其主要优势之一是能够以根据业务发展而扩展的较低可变成本来替代前期资本基础设施费用。

亚马逊网络服务所提供的服务包括亚马逊弹性计算网云(Amazon EC2)、亚马逊简单储存服务(Amazon S3)、亚马逊简单数据库(Amazon Simple DB)、亚马逊简单队列服务(Amazon Simple Queue Service)以及 Amazon Cloud Front 等。

2. Microsoft Azure

Windows Azure 是微软基于云计算的操作系统,现更名为 Microsoft Azure,和 Azure Services Platform 一样,是微软"软件和服务"技术的名称。Microsoft Azure 的主要目标是为开发者提供一个平台,帮助开发者开发可运行在云服务器、数据中心、Web 和 PC 上的应用程序。云计算的开发者能使用微软全球数据中心的储存、计算能力和网络基础服务。Azure 服务平台包括了以下主要组件:Microsoft Azure,Microsoft SQL 数据库服务,Microsoft . Net 服务,用于分享、储存和同步文件的 Live 服务,针对商业的 Microsoft SharePoint 和 Microsoft Dynamics CRM 服务。

Azure 是一种灵活和支持互操作的平台,可以被用来创建云中运行的应用或者通过基于云的特性来加强现有应用。它开放式的架构给开发者提供了 Web 应用、互联设备的应用、个人电脑、服务器或者最优在线复杂解决方案的选择。Microsoft Azure 以云技术为核心,提供了软件+服务的计算方法。它是 Azure 服务平台的基础。Azure 能够将处于云端的开发者个人能力,同微软全球数据中心网络托管的服务,比如存储、计算和网络基础设施服务,紧密结合起来。

微软会保证 Azure 服务平台自始至终的开放性和互操作性。我们确信企业的经营模式和用户从 Web 获取信息的体验将会因此改变。最重要的是,这些技术将使我们的用户有能力决定是将应用程序部署在以云计算为基础的互联网服务上,还是客户端,或者根据实际需要将二者结合起来。

3. 阿里云

阿里云创立于 2009 年,是全球领先的云计算及人工智能科技公司,致力于以在线公共服务的方式,提供安全、可靠的计算和数据处理能力,让计算和人工智能成为普惠科技。

阿里云服务于制造、金融、政务、交通、医疗、电信、能源等众多领域企业,包括中国联通、12306、中石化、中石油、飞利浦、华大基因等大型企业客户,以及微博、知乎、锤子科技等明星互联网公司。在天猫双 11 全球狂欢节、12306 春运购票等极富挑战的应用场景中,阿里云保持着良好的运行纪录。

阿里云在全球各地部署高效节能的绿色数据中心,利用清洁计算为万物互联的新世界提供源源不断的能源动力,服务的区域包括中国(华北、华东、华南、香港)、新加坡、美国(美东、美西)、欧洲、中东、澳大利亚、日本。

4. 华为云

华为云成立于 2011 年,隶属于华为公司,在我国北京、深圳、南京以及美国等多地设立了研发和运营机构,贯彻华为公司"云、管、端"的战略方针,汇集海内外优秀技术人才,专注于云计算中公有云领域的技术研究与生态拓展,致力于为用户提供一站式云计算基础设施服务,目标是成为中国最大的公有云服务与解决方案供应商。

2017 年 3 月起,华为专门成立了 Cloud BU,全力构建并提供可信、开放、全球线上线下服务能力的公有云。除服务于国内企业,还服务于欧洲、美洲等全球多个区域的众多企业。

华为云立足于互联网领域,依托于华为公司雄厚的资本和强大的云计算研发实力,面向互联网增值服务运营商、大中小型企业、政府、科研院所等广大企事业用户,提供包括云主机、云托管、云存储等基础云服务,超算,内容分发与加速,视频托管与发布,企业 IT,云电脑,云会议,游戏托管,应用托管等服务和解决方案。华为云的定位为聚焦 I 层,使能 P 层,聚合 S 层。

云服务的应用进入快车道,市场需求爆发。云计算将作为企业的基本平台,标准配置。未来,云计算技术和商业(市场)日趋成熟,越来越多的企业/行业开始把企业的传统业务、核心业务用云来承载,受益于云的价值,同时借助云服务的方式快速地获取大数据、AI、IOT 方面的能力来进行行业业务创新。Cloud2.0 云服务已经不仅是标准化的服务,而是要适配行业业务和创新需要的服务。企业已经成为业务云化的主角。

12.2　云服务架构

1. 华为公有云服务架构

在华为公有云服务架构平台中,存在底层硬件和运维运营平台,以及平台的安全基础防护。平台拥有高可用的资源架构模型,包含区域和可用区。

(1)区域(Region):从地理位置和网络时延维度划分(Region 内的共享存储、镜像、软件仓库等公共服务全局共享)。

(2)可用区(Availability Zone,AZ):一个 AZ 是一个或多个物理数据中心的集合,有独立的风火水电,AZ 内逻辑上再将计算、网络、存储等资源划分成多个集群。一个 Region 中的多个 AZ 间通过高速光纤相连,以满足用户跨 AZ 构建高可用性系统的需求(跨 AZ 的对象存储、VPC 网络互联、弹性 IP 等)。区域内不同 AZ 之间时延小于 1～2 ms,AZ 内时延小于 0.2～0.3 ms。一个 Region 可有多个 AZ,一个 AZ 就是一个物理地理故障单位。

2.华为公有云服务的主要产品

华为公有云的主要服务有弹性云服务器(Elastic Cloud Server,ECS)、弹性伸缩(Auto Scaling,AS)服务、云硬盘(Elastic Volume Service,EVS)、云硬盘备份(Volume Backup Service,VBS)、对象存储服务(Object Storage Service,OBS)、虚拟私有云(Virtual Private Cloud,VPC)、弹性负载均衡(Elastic Load Balance,ELB)、Anti-DDOS 流量清洗、华为云关系型数据库(Relational Database Service,RDS)、IAM 统一身份认证、云监控服务(Cloud Eye Service,CES)、EI、API 等云服务产品。还有很多新服务在陆续上线。

3.华为云服务管理系统

使用华为云服务管理系统主要分为以下几步:注册与登录,华为云管理控制台介绍,身份和访问权限管理。

(1)华为云控制台,首页如图 12-1 所示。

图 12-1 华为云控制台首页

（2）服务列表，如图 12-2 所示。

图 12-2　服务列表

（3）区域切换，如图 12-3 所示。

（4）用户信息管理，如图 12-4 所示。

图 12-3　区域切换　　　　图 12-4　用户信息管理

统一身份认证（Identity and Access Management，简称 IAM）是华为云提供权限管理的基础服务，可以帮助我们安全地控制华为云服务和资源的访问权限。IAM 的优势如下：

（1）对华为云的资源进行精细访问控制。

注册华为云后，系统自动创建账号，账号是资源的归属以及使用计费的主体，对其所拥有的资源具有完全控制权限，可以访问华为云所有的云服务。

如果企业或个人在华为云购买了多种资源，例如弹性云服务器、云硬盘、裸金属服务器等，员工或应用程序需要使用在华为云中的资源，则可以使用 IAM 的用户管理功能，给员工或应用程序创建 IAM 用户，并授予 IAM 用户刚好能完成工作所需的权限，新创建的 IAM 用户可以使用自己单独的用户名和密码登录华为云。IAM 用户的作用是多用户协同操作同一账号时，避免分享账号的密码。

（2）跨账号的资源操作与授权。

如果企业或个人在华为云购买了多种资源，其中一种资源希望由其他账号管理，可以使用IAM提供的委托功能。例如，在华为云上购买的部分资源，希望委托给一家专业的代运维公司来运维，通过IAM的委托功能，代运维公司可以使用自己的账号对委托的资源进行运维。当委托关系发生变化时，可以随时修改或撤消对代运维公司的授权。

（3）使用企业已有账号登录华为云。

当希望本企业员工可以使用企业内部的认证系统登录华为云，而不需要在华为云中重新创建对应的IAM用户时，可以使用IAM的身份提供商功能，建立所在企业与华为云的信任关系，通过联合认证使员工使用企业已有账号直接登录华为云，实现单点登录。

12.3 计算云服务

计算云服务主要包括以下几种：弹性云服务器 ECS、云耀云服务器、裸金属服务器 BMS、云手机 CPH、镜像服务 IMS、函数工作流FunctionGraph、弹性伸缩 AS、专属云、专属主机等，如图 12-5 所示。

12.3.1 弹性云服务器

弹性云服务器是由 CPU、内存、操作系统、云硬盘组成的基础的计算组件。弹性云服务器创建成功后，就可以像使用自己的本地 PC或物理服务器一样，在云上使用。

弹性云服务器的开通是自助完成的，我们只需要指定 CPU、内存、操作系统、规格、登录鉴权方式即可，同时也可以根据各自的需求随时调整弹性云服务器的规格，打造可靠、安全、灵活、高效的计算环境。

计算

弹性云服务器 ECS

云耀云服务器

裸金属服务器 BMS

云手机 CPH

镜像服务 IMS

函数工作流 FunctionGraph

弹性伸缩 AS

专属云

专属主机

图 12-5 云服务类别

1.弹性云服务器架构

通过和其他产品、服务组合，弹性云服务器可以实现计算、存储、网络、镜像安装等功能。

（1）弹性云服务器在不同可用区中部署（可用区之间通过内网连接），一个可用区发生故障后不会影响同一区域内的其他可用区。

（2）可以通过虚拟私有云建立专属的网络环境，设置子网、安全组，并通过弹性公网 IP 实现外网链接（需带宽支持）。

（3）通过镜像服务，可以对弹性云服务器安装镜像，也可以通过私有镜像批量创建弹性云服务器，实现快速的业务部署。

（4）通过云硬盘服务实现数据存储，并通过云硬盘备份服务实现数据的备份和恢复。

（5）云监控是保持弹性云服务器可靠性、可用性和性能的重要部分，通过云监控，用户可以观察弹性云服务器资源。

（6）云备份（Cloud Backup and Recovery，CBR）提供对云硬盘和弹性云服务器的备份保护服务，支持基于快照技术的备份服务，并支持利用备份数据恢复服务器和磁盘的数据。

2.弹性云服务器的优点

（1）丰富的规格类型：提供多种类型的弹性云服务器，可满足不同的使用场景，每种类型的弹性云服务器包含多种规格,同时支持规格变更。

(2)丰富的镜像类型:可以灵活便捷地使用公共镜像、私有镜像或共享镜像申请弹性云服务器。

(3)丰富的磁盘种类:提供普通 I/O、高 I/O、超高 I/O 三种性能的硬盘,满足不同业务场景需求。

(4)灵活的计费模式:支持包年/包月或按需计费模式购买云服务器,满足不同应用场景,根据业务波动随时购买和释放资源。

(5)数据可靠:基于分布式架构的,可弹性扩展的虚拟块存储服务;具有高数据可靠性,高 I/O 吞吐能力。

(6)安全防护:支持网络隔离、安全组规则保护,远离病毒攻击和木马威胁;支持 Anti-DDoS 流量清洗、Web 应用防火墙、漏洞扫描等多种安全服务,提供多维度防护。

(7)弹性易用:根据业务需求和策略,自动调整弹性计算资源,高效匹配业务要求。

(8)高效运维:提供控制台、远程终端和 API 等多种管理方式,拥有完全管理权限。

(9)云端监控:实时采样监控指标,提供及时有效的资源信息监控告警,通知随时触发随时响应。

(10)负载均衡:弹性负载均衡将访问流量自动分发到多台云服务器,扩展应用系统对外的服务能力,实现更高水平的应用程序容错性能。

3. 弹性云服务器的购买使用流程

弹性云服务器的购买流程共分为五步,配置 ECS 规格、选择镜像并创建磁盘、配置网络、选择登录方式、确认配置并购买。

(1)选择计费模式,如图 12-6 所示。

图 12-6　选择计费模式

(2)选择规格,如图 12-7 所示。

图 12-7　选择规格

（3）选择镜像，如图 12-8 所示。

图 12-8　选择镜像

（4）选择磁盘，如图 12-9 所示。

图 12-9　选择磁盘

（5）配置网络，如图 12-10 所示。

图 12-10　配置网络

（6）选择登录方式，如图 12-11 所示。

① 密钥对：指使用密钥对作为弹性云服务器的鉴权方式。可以选择使用已有的密钥，或者单击"查看密钥对"创建新的密钥。

② 密码：指使用设置初始密码方式作为弹性云服务器的鉴权方式，此时可以通过用户名密码方式登录弹性云服务器。（Linux 操作系统时为 root 用户的初始密码，Windows 操作系统时为 Administrator 用户的初始密码。）

图 12-11　选择登录方式

（7）确认配置并购买，如图 12-12 所示。

图 12-12　确认配置并购买

4.弹性云服务器的使用管理

弹性云服务器的使用管理共分为六部分，分别是登录 ECS、生命周期管理、配置变更、重装/切换操作系统、一键式重置密码、备份云服务器。

（1）登录 ECS。

① Windows 系统下登录。

VNC 方式登录：未绑定弹性公网 IP 的弹性云服务器可通过管理控制台提供的远程登录方式直接登录。

MSTSC 方式登录：适用于 Windows 弹性云服务器。可以通过在本机运行 MSTSC 方式登录弹性云服务器。此时，弹性云服务器需绑定弹性公网 IP。

② Linux 系统下登录。

VNC 方式登录：未绑定弹性公网 IP 的弹性云服务器可通过管理控制台提供的远程登录方式直接登录。

SSH 方式登录：仅适用于 Linux 弹性云服务器。可以使用远程登录工具（例如 Putty）登录弹性云服务器。此时，弹性云服务器需绑定弹性公网 IP。

（2）生命周期管理。

生命周期管理是指弹性云服务器从创建到删除（或释放）的整个过程。ECS 的生命周期管理包括启动、关闭、重启、删除，如图 12-13 所示。

图 12-13　生命周期管理

（3）配置变更。

如果弹性云服务器的规格无法满足业务需要时，可变更规格，升级 vCPU、内存。如果需要长期使用当前弹性云服务器，可以将"按需计费"方式购买的 ECS 转为"转包周期"计费模式，如图 12-14 所示，以节省开支。

图 12-14　配置变更

（4）重装/切换操作系统。

① 重装操作系统：弹性云服务器操作系统无法正常启动时，或系统运行正常，但需要对系统进行优化，使其在最优状态下工作时，可以重装操作系统，如图 12-15 所示。

② 切换操作系统：弹性云服务器当前使用的操作系统不能满足业务需求（如软件要求的操作系统版本较高）时，可以切换操作系统，如图 12-15 所示。

图 12-15　重装/切换操作系统

（5）一键式重置密码。

使用场景：ECS 密码丢失、密码过期。

前提条件：ECS 已提前安装一键式重置密码插件。

说明：使用公共镜像的云服务器，默认已安装一键式重置密码插件。单击"重置密码"，如图 12-16 所示，打开"重置密码"对话框，如图 12-17 所示，输入新密码。

图 12-16　重置密码

图 12-17　输入新密码

（6）备份云服务器。

为最大限度保障用户数据的安全性和正确性，确保业务安全，用户可以为云服务器创建整机备份，利用多个云硬盘一致性备份数据恢复服务器业务数据，如图 12-18 所示。

	名称/ID	可用区	状态	规格/镜像	IP地址	计费模式	操作
	Git_smq 1584afb6-f86b-4457-be98-37608154...	可用区2	运行中	4vCPUs | 8GB | s2.xlarge.2 CentOS 7.2 64bit	139.1... 192.1...	按需计费	远程登录　更多▼
	FTP_smq ccf470ab-8a70-4bfa-94b4-f5c475582...	可用区2	关机	4vCPUs | 8GB | s2.xlarge.2 CentOS 7.2 64bit	139.1... 192.1...	按需计费	远程
	MQ_WEB02 1a618ab9-3ef7-4a56-a64c-489f757e...	可用区3	关机	4vCPUs | 8GB | s3.xlarge.2 Windows Server 2012 R2 标准版...	139.9... 192.1...	按需计费	远程
	ecs-7306 fb8d42de-2f33-400e-b381-4fafea432...	可用区3	关机	2vCPUs | 8GB | s3.large.4 Windows Server 2012 R2 标准版...	192.1...	按需计费	远程

变更规格
创建镜像
重置密码
重装系统
切换操作系统
创建备份
开机

图 12-18　创建备份

12.3.2　弹性伸缩服务

弹性伸缩是根据用户的业务需求，通过策略自动调整其业务资源的服务。可以根据业务需求自行定义伸缩策略，从而降低人为反复调整资源以应对业务变化和负载高峰的工作量，能够节约资源和人力运维成本。弹性伸缩支持自动调整弹性云服务器和带宽资源。

1.弹性伸缩服务架构

弹性伸缩的产品架构如图 12-19 所示。

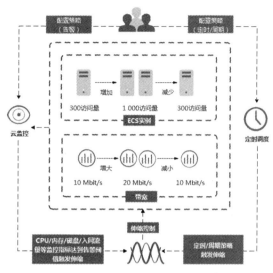

图 12-19 弹性伸缩的产品架构

2.弹性伸缩服务的优势

(1)低成本:只按实际用量收取云服务器费用或带宽费用,降低运维成本,让用户的投资用在刀刃上。

(2)高可用:自动检测伸缩组中的实例运行状况,启用新实例替换不健康实例,保证业务健康可用。

(3)自动灵活:多种策略配置(定时、周期、动态),自动增加或减少弹性云服务器。自动将新增加的弹性云服务器添加至负载均衡监听器中。

(4)可视化:提供伸缩组内整体的监控图表及伸缩变更视图,方便用户进行业务预测和运维管理。

3.弹性伸缩服务的应用场景

(1)Web 应用服务:常见 Web 服务的逻辑层服务器扩缩容。如企业网站、电商、视频网站、在线教育、移动应用等,客户端的请求通过负载均衡到达应用服务器。当访问量快速变化时,弹性伸缩服务可根据请求量弹性扩缩应用服务器的数量。若使用了伸缩带宽功能,弹性伸缩服务也可根据访问流量自动调整 IP 公网带宽大小。

(2)高性能计算集群部署:常见 Web 服务的分布式后台扩缩容。如分布式大数据计算的计算节点、数据检索服务器等后端计算集群,根据计算量大小实时调整集群服务器数量。

(3)请求类服务器部署:用于发送请求或收集数据的服务器集群的部署。此类服务有明显的时效性,可依靠弹性伸缩服务快速完成请求服务器的创建部署和容量的扩大或缩小。

4.创建 AS

创建 AS 的流程分为四步,分别是创建伸缩组、创建伸缩配置、添加伸缩策略、创建伸缩带宽策略。

(1)创建伸缩组,如图 12-20 和图 12-21 所示。

图 12-20　创建伸缩组(1)　　　　　　图 12-21　创建伸缩组(2)

(2) 创建伸缩配置,如图 12-22 和图 12-23 所示。

图 12-22　创建伸缩配置(1)

图 12-23　创建伸缩配置(2)

（3）添加伸缩策略，如图 12-24 所示。

图 12-24 添加伸缩策略

（4）创建伸缩宽带策略，如图 12-25 所示。

图 12-25 创建伸缩宽带策略

5. AS 使用管理

（1）伸缩组：伸缩组是具有相同属性和应用场景的云服务器和伸缩策略的集合，是启停伸缩策略和进行伸缩活动的基本单位，包括创建伸缩组、添加负载均衡器到伸缩组、为伸缩组添加/更换伸缩配置、启用伸缩组、停用伸缩组、修改伸缩组、删除伸缩组。

（2）伸缩配置：伸缩配置用于定义伸缩组内待添加的云服务器的规格数据，也就是定义了资源扩展时的云服务器的规格，包括使用已有云服务器创建伸缩配置、使用新模板创建伸缩配置、复制伸缩配置、删除伸缩配置。

（3）伸缩活动——资源扩展：当业务需求增大时，需要通过伸缩活动实现资源扩展。资源的扩展方式主要包括动态扩展资源、按计划扩展资源、手动扩展资源。

（4）伸缩活动——实例移出策略：主要包括根据较早创建的配置，较早创建的实例；根据较早创建的配置，较晚创建的实例；较早创建的实例；较晚创建的实例。

（5）伸缩活动——伸缩活动的查询：在伸缩组基本信息页面中，在"监控"页签中，可通过选择"图形"和"表格"两种方式查看伸缩活动的日志。图 12-26 为"图形"的方式。

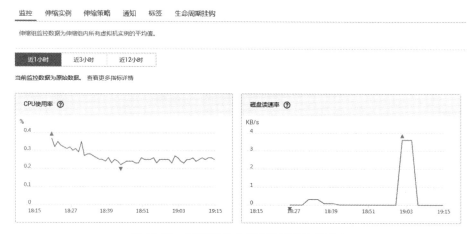

图 12-26 "图形"方式查看伸缩活动的日志

（6）伸缩活动——生命周期挂钩：添加生命周期挂钩后，当伸缩组进行伸缩活动时，正在加入或正在移出伸缩组的实例将被挂钩挂起并置于等待状态，能够在实例保持等待状态的时间内执行自定义操作。例如，可以在新启动的实例上安装或配置软件，也可以在实例终止前从实例中下载日志文件。主要包括添加挂钩、修改挂钩、删除挂钩、进行回调等操作。

（7）伸缩活动——管理伸缩策略：伸缩策略是触发伸缩活动的条件和执行的动作，当满足条件时，会触发一次伸缩活动。AS 支持对伸缩策略进行创建伸缩策略、修改伸缩策略、删除伸缩策略、启用伸缩策略、停用伸缩策略、立即执行伸缩策略等操作。

（8）伸缩组和实例的监控。

健康检查会将异常的实例从伸缩组中移除，伸缩组会重新创建新的实例，以使伸缩组的期望实例数和当前实例数保持一致，伸缩组的健康检查方式主要包括以下两种：

① 云服务器健康检查：指对云服务器的运行状态进行检查，如关机、删除都是云服务器异常状态。伸缩组会自动将异常状态的云服务器移出伸缩组。

② 弹性负载均衡健康检查：指根据 ELB 对服务器的健康检查结果进行检查。在将多个弹性负载均衡器添加到伸缩组时，只要有一个负载均衡器检测到云服务器状态异常，伸缩组就会将该云服务器移出伸缩组。

12.3.3 镜像服务

镜像是一个包含了软件及必要配置的云服务器或裸金属服务器模版，包含操作系统或业务数据，还可以包含应用软件（如数据库软件）和私有软件。

镜像服务提供简单方便的镜像自助管理功能。用户可以灵活便捷地使用公共镜像、私有镜像或共享镜像申请弹性云服务器和裸金属服务器。同时,用户还能通过已有的云服务器或使用外部镜像文件创建私有镜像。

1.镜像的分类

镜像分为公共镜像、私有镜像和共享镜像。公共镜像为系统默认提供的镜像,私有镜像为用户自己创建的镜像,共享镜像为其他用户共享的私有镜像。

私有镜像包括系统盘镜像、数据盘镜像和整机镜像。

(1)系统盘镜像:包含用户运行业务所需的操作系统、应用软件的镜像。系统镜像可以用于创建云服务器,迁移用户业务到云。

(2)数据盘镜像:只包含用户业务数据的镜像。数据盘镜像可以用于创建云硬盘,将用户的业务数据迁移到云上。

(3)整机镜像:包含用户运行业务所需的操作系统、应用软件和业务数据的镜像。

2.镜像的优势

(1)便捷:用户可通过弹性云服务器或者云服务器系统盘备份制作私有镜像,也可通过镜像批量开通云服务器。

(2)安全:使用多份冗余存储私有镜像,具有高数据持久性。

(3)灵活:可通过控制台或开放 API,完成对镜像的自定义管理,帮助用户轻松搞定镜像管理。

(4)统一:通过自定义镜像,实现应用系统统一部署与升级,提高维护效率。保证应用环境的一致性,简化升级维护。

3.创建私有镜像

创建私有镜像有以下几种方法:

(1)通过云服务器创建 Windows 系统盘镜像。

(2)通过云服务器创建 Linux 系统盘镜像。

(3)通过外部镜像文件创建 Windows 系统盘镜像。

(4)通过外部镜像文件创建 Linux 系统盘镜像。

(5)通过云服务器的数据盘创建数据盘镜像。

(6)通过外部镜像文件创建数据盘镜像。

(7)通过云服务器创建整机镜像。

(8)通过云服务器备份(Cloud Server Backup Service,CSBS)创建整机镜像。

12.4 存储云服务

存储云服务主要是有以下几种:云硬盘、对象存储服务、云备份、专属分布式存储、云硬盘备份、云服务器备份、存储容灾服务(Storage Disaster Recovery Service,SDRS)、弹性文件服务(Scalable File Service,SFS)、数据快递服务(Data Express Service,DES)、专属企业存储服务(Dedicated Enterprise Storage Service,DESS)、云存储网关(Cloud Storage Gateway,CSG)等。如图12-27所示。

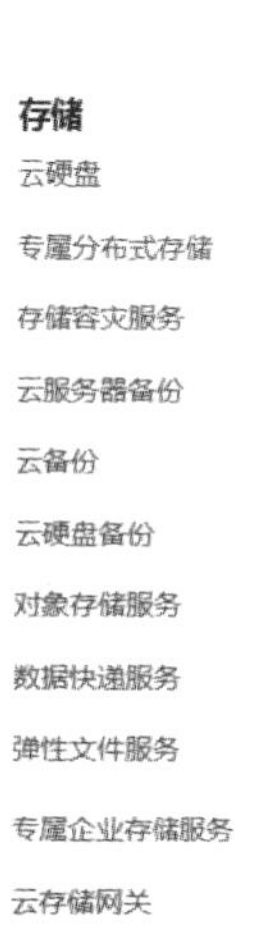

存储
云硬盘
专属分布式存储
存储容灾服务
云服务器备份
云备份
云硬盘备份
对象存储服务
数据快递服务
弹性文件服务
专属企业存储服务
云存储网关

图 12-27 存储云服务种类

12.4.1 云硬盘

云硬盘可以为云服务器提供高可靠、高性能、规格丰富并且可弹性扩展的块存储服务,可满足不同场景的业务需求,适用于分布式文件系统、开发测试、数据仓库以及高性能计算等场景。云服务器包括弹性云服务器和裸金属服务器。

云硬盘简称磁盘,类似 PC 中的硬盘,需要挂载至云服务器,无法单独使用。可以对已挂载的云硬盘执行初始化、创建文件系统等操作,并且把数据持久化地存储在云硬盘上。

1.云硬盘的优势

云硬盘为云服务器提供规格丰富、安全可靠、可弹性扩展的硬盘资源。

(1) 规格丰富:提供多种规格的云硬盘,可挂载至云服务器,用作数据盘和系统盘,可以根据业务需求及预算选择合适的云硬盘。

(2) 弹性扩展:可以创建的单个云硬盘的最小容量为 10 GB,最大容量为 32 TB。若已有的云硬盘容量不足以满足业务增长对数据存储空间的需求,可以根据需求进行扩容,最小扩容步长为 1 GB,单个云硬盘最大可扩容至 32 TB。同时支持平滑扩容,无须暂停业务。

(3) 安全可靠:系统盘和数据盘均支持数据加密,保护数据安全。云硬盘支持备份、快照等数据备份保护功能,为存储在云硬盘中的数据提供可靠保障,防止应用异常、黑客攻击等情况造成的数据错误。

(4) 实时监控:配合云监控(Cloud Eye),随时掌握云硬盘健康状态,了解云硬盘运行状况。

2.磁盘模式

(1) VBD:云硬盘的磁盘模式默认为 VBD 类型。VBD 类型的云硬盘只支持简单的 SCSI 读写命令。

(2) SCSI:SCSI 类型的云硬盘支持 SCSI 指令透传,允许云服务器操作系统直接访问底层存储介质。除了简单的 SCSI 读写命令,SCSI 类型的云硬盘还可以支持更高级的 SCSI 命令。

SCSI 云硬盘:BMS 仅支持使用 SCSI 云硬盘,用作系统盘和数据盘。

SCSI 共享云硬盘:使用共享云硬盘时,需要结合分布式文件系统或者集群软件使用。由于多数常见集群需要使用 SCSI 锁,例如 Windows MSCS 集群、Veritas VCS 集群和 CFS 集群,因此建议结合 SCSI 使用共享云硬盘。

3.云硬盘的使用管理

云硬盘在使用的时候,一般都是和弹性云服务器功能一起使用,所以就避免不了对云硬盘的管理,比如挂载、卸载、扩容等,接下来就详细说明一下如何进行云硬盘的使用管理。

(1) 云硬盘挂载。

云硬盘无法独立使用,需要挂载至云服务器,供云服务器作为数据盘使用。

系统盘在创建云服务器时自动添加,不需要再次进行挂载。

数据盘可以在创建云服务器的时候创建并自动挂载。单独购买云硬盘后,需要执行挂载操作,将磁盘挂载至云服务器。非共享数据盘只可以挂载至 1 台云服务器。共享数据盘可以挂载至 16 台云服务器。

云硬盘挂载过程:可用→正在挂载→挂载成功后变为正在使用。

（2）云硬盘卸载。

云硬盘挂载至云服务器后，状态为正在使用。需要执行的某些操作要求云硬盘状态为可用时，需要将云硬盘从云服务器卸载，例如从快照回滚数据。

当卸载系统盘时，仅在挂载该磁盘的云服务器处于"关机"状态时，才可以卸载磁盘，运行状态的云服务器需要先关机，然后再卸载相应的磁盘。

当卸载数据盘时，可在挂载该磁盘的云服务器处于"关机"或"正在使用"状态时进行卸载。

云硬盘卸载过程：正在使用→正在卸载→卸载成功后变为可用。

（3）云硬盘删除。

当云硬盘不再使用时，可以删除云硬盘，以释放虚拟资源。删除云硬盘后，将不会对该云硬盘收取费用。

当云硬盘状态为"可用""错误""扩容失败""恢复数据失败"和"回滚数据失败"时，才可以删除磁盘。

对于共享云硬盘，必须卸载所有的挂载点之后才可以删除。删除云硬盘时，会同时删除所有云硬盘数据，通过该云硬盘创建的快照也会被删除，要谨慎操作。

云硬盘删除过程：可用（扩容失败&错误&恢复数据失败&回滚数据失败）→正在删除→删除成功后将无法看到（删除失败后变为删除数据失败）。

（4）云硬盘扩容。

当云硬盘空间不足时，可以有如下两种处理方式：申请一块新的云硬盘，并挂载至云服务器；扩容原有云硬盘空间，系统盘和数据盘均支持扩容。

可以对状态为"正在使用"或者"可用"的云硬盘进行扩容：扩容状态为"正在使用"的云硬盘，即当前需要扩容的云硬盘已经挂载至云服务器；扩容状态为"可用"的云硬盘，即当前云硬盘空间不足。

云硬盘状态为可用的扩容过程：可用→正在扩容→扩容成功后变为可用（扩容失败后变为扩容数据失败）。

云硬盘状态为正在使用的扩容过程：正在使用→正在扩容→扩容成功后变为可用（扩容失败后变为扩容数据失败）。

（5）云硬盘备份。

备份云硬盘通过云硬盘备份服务提供的功能实现：只有当云硬盘的状态为"可用"或者"正在使用"时，可以创建备份；通过备份策略，可以实现周期性备份云硬盘中的数据，从而提升数据的安全性；当云硬盘数据丢失时，可以从备份恢复数据。

云硬盘从备份恢复数据过程：可用→正在恢复→恢复成功后变为可用（恢复失败后变为恢复数据失败）。

（6）云硬盘快照。

通过云硬盘可以创建快照，从而保存指定时刻的云硬盘数据。当快照不再使用时，可以删除快照以释放虚拟资源。可以通过快照创建新的云硬盘。

如果云硬盘的数据发生错误或者损坏，可以回滚快照数据至创建该快照的云硬盘，从而恢复数据：只支持回滚快照数据至源云硬盘，不支持回滚到其他云硬盘；只有当快照的状态为"可用"，并且源云硬盘状态为"可用"（即未挂载至云服务器）或者"回滚数据失败"时，才可以执行该操作。

云硬盘从快照回滚数据的过程：可用（回滚数据失败）→正在回滚→回滚成功后变为可用

（回滚失败后变为回滚数据失败）。

12.4.2 云硬盘备份

华为云提供两种类型的云备份服务,针对病毒入侵、人为误删除、软硬件故障等场景,为数据保驾护航,分别是云服务器备份和云硬盘备份。

云硬盘备份使客户的数据更加安全可靠。当客户的云硬盘出现故障或云硬盘中的数据发生逻辑错误时(如误删数据、遭遇黑客攻击或病毒危害等),可快速恢复数据。

1.云硬盘备份的产品架构

使用 VBS 对云硬盘备份后产生的数据会存放至对象存储服务中,在需要时即可使用备份对硬盘数据进行恢复,或使用备份创建新的云硬盘。

通过和对象存储服务及云硬盘的结合,云硬盘备份能高度保障客户的备份数据安全。

VBS 基于快照技术实现对云硬盘数据的保护,支持在线备份,不需要在业务系统中安装代理。

VBS 支持全量备份和增量备份。无论是全量还是增量都可以方便地将云硬盘恢复至备份时刻的状态。

2.云硬盘备份的优势和使用场景

（1）云硬盘备份的优势。

① 安全可靠:对象存储服务数据持久性高达 99.999 999 999%,高度保障备份数据安全。

② 简单易用:简单的备份/恢复界面,只需一键,便可轻松保护数据。

③ 经济实惠:首次全量备份后,后续备份均为增量备份,减少备份占用空间。备份的存储空间按使用量付费,节省费用。

（2）云硬盘备份的使用场景。

① 受黑客攻击或病毒入侵:通过云硬盘备份,可立即恢复到最近一次没有受黑客攻击或病毒入侵的快照点。

② 数据被误删:通过云硬盘备份,可立即恢复到删除前的快照点,找回被删除的数据。

③ 应用程序更新出错:通过云硬盘备份,可立即恢复到应用程序更新前的快照点,使系统正常运行。

④ 云服务器宕机:通过云硬盘备份,可立即恢复到宕机之前的快照点,使云服务器能再次正常启动。

3.云硬盘备份的关键特性

（1）在线备份。

① 基于快照技术实现对云硬盘数据的备份。

② 支持在线进行备份,随时、按需进行备份。

③ 不需要停止业务系统。

④ 不需要卸载云硬盘。

⑤ 不需要在业务系统中安装代理。

⑥ 大大减少了对客户业务系统的影响。

⑦ 基于快照,无须在虚拟机上安装代理。

（2）永久增量备份。

① 支持永久增量备份。

② 极大地提高了备份效率。

③ 备份窗口缩减 95%。

④ 大大节省了备份数据存储空间。

⑤ 第一次备份时，系统默认进行全量备份。

⑥ 非第一次备份时，系统默认进行增量备份。

⑦ 不论全量或增量，任意一次备份都可以完整地恢复云硬盘数据，不依赖之前的备份。

（3）备份数据保存到对象存储。

① 备份数据保存到对象存储，与本地存储分离，提高数据可靠性。

② 备份数据可远程恢复到其他存储设备中，增强数据可靠性。

③ 对象存储费用低廉，大大降低了客户成本。

④ 无论进行几次备份，单个云硬盘仅需长期占用一个快照，减轻对本地存储的性能消耗，节省本地存储空间。

（4）通过备份策略自动进行备份。

① 一个备份策略可绑定多个云硬盘，批量、自动备份，减轻了手动备份的工作量。

② 通过设置备份时间，定时进行备份，避免了遗漏关键时间点的备份。

③ 通过设置备份数量，自动删除过期的备份，避免了创建大量无用备份。

12.4.3 对象存储服务

对象存储服务（OBS）是一个基于对象的海量存储服务，为客户提供海量、安全、高可靠、低成本的数据存储能力，包括创建、修改、删除桶，上传、下载、删除对象等。

1. OBS 的产品架构

OBS 的基本组成是桶和对象。

桶是 OBS 中存储对象的容器，每个桶都有自己的存储类别、访问权限、所属区域等属性，用户在互联网上通过桶的访问域名来定位桶。

对象是 OBS 中数据存储的基本单位，一个对象实际是一个文件的数据与其相关属性信息的集合体，包括 Key、Metadata、Data 三部分。

（1）Key：键值，即对象的名称，为经过 UTF-8 编码的长度大于 0 且不超过 1 024 的字符序列。一个桶里的每个对象必须拥有唯一的对象键值。

（2）Metadata：元数据，即对象的描述信息，包括系统元数据和用户元数据，这些元数据以键值对（Key-Value）的形式被上传到 OBS 中。

系统元数据由 OBS 自动产生，在处理对象数据时使用，包括 Date、Content-length、Last-modify、Content-MD5 等。

用户元数据由用户在上传对象时指定，是用户自定义的对象描述信息。

（3）Data：数据，即文件的数据内容。

2. OBS 的优势

在信息时代，企业数据直线增长，自建存储服务器存在的诸多劣势已无法满足企业日益强烈的存储需求。表 12-1 详细展示了 OBS 与自建存储服务器的优劣势对比。

表 12-1　OBS 与自建存储服务器的优劣势对比

对比项	OBS	自建存储服务器
数据存储量	提供海量的存储服务,在全球部署着 N 个数据中心,所有业务、存储节点采用分布式集群方式部署,各节点、集群都可以独立扩容,用户永远不必担心存储容量不够	数据存储量受限于搭建存储服务器时使用的硬件设备,存储量不够时需要重新购买存储硬盘,进行人工扩容
安全性	支持 HTTPS/SSL 安全协议,支持数据加密上传。同时 OBS 通过访问密钥(AK/SK)对访问用户的身份进行鉴权,结合 IAM 权限、桶策略、ACL、防盗链等多种方式和技术确保数据传输与访问的安全。支持敏感操作保护,针对删除桶等敏感操作,可开启身份验证	需自行承担网络信息安全、技术漏洞、误操作等各方面的数据安全风险
可靠性	通过五级可靠性架构,保障数据持久性高达 99.999 999 999 9%,业务连续性高达 99.995%,远高于传统架构	一般的企业自建存储服务器不会投入巨额的成本来同时保证介质、服务器、机柜、数据中心、区域级别的可靠性,一旦出现故障或灾难,很容易导致数据出现不可逆的丢失,给企业造成严重损失
成　本	即开即用,免去了自建存储服务器前期的资金、时间以及人力成本的投入,后期设备的维护交由 OBS 处理。按使用量付费,用多少算多少。阶梯价格,用得越多越实惠	前期安装难、设备成本高、初始投资大、自建周期长、后期运维成本高,无法匹配快速变更的企业业务,安全保障的费用还需额外考虑

3. OBS 的存储类别

OBS 提供了三种存储类别,即标准存储、低频访问存储、归档存储,从而满足客户业务对存储性能、成本的不同诉求。

(1) 标准存储访问时延低,吞吐量高,因而适用于有大量热点文件(平均一个月多次)或小文件(小于 1 MB),且需要频繁访问数据的业务场景,例如,大数据、移动应用、热点视频、社交图片等场景。

(2) 低频访问存储适用于不频繁访问(平均一年少于 12 次)但在需要时也要求快速访问数据的业务场景,例如,文件同步/共享、企业备份等场景。与标准存储相比,低频访问存储有相同的数据持久性、吞吐量以及访问时延,且成本较低,但是可用性略低于标准存储。

(3) 归档存储适用于很少访问(平均一年访问一次)数据的业务场景,例如,数据归档、长期备份等场景。归档存储安全、持久且成本极低,可以用来替代磁带库。为了保持成本低廉,数据取回时间可能长达数分钟到数小时不等。

OBS 分别提供桶级和对象级的存储类别。上传对象时,对象的存储类别默认继承桶的存储类别。也可以重新指定对象的存储类别。

修改桶的存储类别,桶内已有对象的存储类别不会修改,新上传对象时的默认对象存储别随之修改。

4.访问对象存储服务

对象存储服务提供了多种资源管理工具,可以选择以下任意一种方式访问并管理对象存储服务上的资源。

(1)管理控制台:管理控制台是网页形式的。通过管理控制台,可以使用直观的界面进行相应的操作。

(2)obsftp:obsftp 工具利用 pyftpdlib 库的 FTP 服务能力和对象存储云端存储能力,提供具有 FTP 接入的云上存储使用能力。在企业实际业务中,无须单独搭建 FTP 服务器和存储池,实现了业务和运维的轻量化,极大地降低了原有的 FTP 访问方式的技术成本。

(3)obsutil:obsutil 是一款用于访问管理 OBS 的命令行工具,可以使用该工具对 OBS 进行常用的配置管理操作。对于熟悉命令行程序的用户,obsutil 是执行批量处理、自动化任务的不错选择。

(4)obsfs:obsfs 是 OBS 提供的一款基于 FUSE 的文件系统工具,主要用于将并行文件系统挂载至 Linux 系统,让用户能够在本地像操作文件系统一样直接使用 OBS 海量的存储空间。

(5)SDK:对 OBS 服务提供的 REST API 进行封装,以简化用户的开发工作。用户直接调用 SDK 提供的接口函数即可实现使用 OBS 业务能力的目的。

(6)API:OBS 提供 REST 形式的访问接口,使用户能够非常容易地从 Web 应用中访问 OBS。用户可以通过本文档提供的简单的 REST 接口,在任何时间、任何地点、任何互联网设备上上传和下载数据。

12.4.4 弹性文件服务

弹性文件服务(SFS)提供按需扩展的高性能文件存储,可供云上多个弹性云服务器网络文件系统共享访问。弹性文件服务为用户提供一个完全托管的共享文件存储,能够弹性伸缩至 PB 规模,具备高可用性和持久性,为海量数据、高带宽型应用提供有力支持。

1.SFS 的基本概念

(1)NFS(Network File System,网络文件系统)。

NFS 是一种用于分散式文件系统的协议,通过网络让不同的机器、不同的操作系统能够彼此分享数据。

(2)CIFS(Common Internet File System,通用 Internet 文件系统)。

CIFS 是一种网络文件系统访问协议。CIFS 是公共的或开放的 SMB 协议版本,由微软公司使用,它使程序可以访问远程 Internet 计算机上的文件并要求此计算机提供服务。通过 CIFS 协议,可实现 Windows 系统主机之间的网络文件共享。

(3)文件系统。

文件系统通过标准的 NFS 协议和 CIFS 协议为客户提供文件存储服务,用于网络文件远程访问,用户通过管理控制台创建共享路径后,即可在多个云服务器上进行挂载,并通过标准的 POSIX 接口对文件系统进行访问。

2.SFS 的优势

与传统的文件共享存储相比,弹性文件服务具有以下优势:

（1）文件共享：同一区域跨多个可用区的云服务器可以访问同一文件系统，实现多台云服务器共同访问和分享文件。

（2）弹性扩展：弹性文件服务可以根据使用需求，在不中断应用的情况下，增加或者缩减文件系统的容量。一键式操作，轻松完成容量定制。

（3）高性能、高可靠性：性能随容量的增加而提升，同时保障数据的高持久度，满足业务的增长需求。

（4）无缝集成：弹性文件服务同时支持 NFS 和 CIFS 协议。通过标准协议访问数据，无缝适配主流应用程序进行数据读写。同时兼容 SMB2.0/2.1/3.0 版本，Windows 客户端可轻松访问共享空间。

（5）操作简单、成本低：操作界面简单易用，可轻松快捷地创建和管理文件系统。

3. SFS 的应用场景

（1）高性能计算：在仿真实验、生物制药、基因测序、图像处理、科学研究、气象预报等涉及高性能计算解决大型计算问题的行业，弹性文件系统为其计算能力、存储效率、网络带宽及时延提供重要保障。

（2）媒体处理：在此类场景中，众多工作站会参与到整个节目的制作流程中，它们可能使用不同的操作系统，需要基于高带宽、低时延的文件系统共享素材。

（3）文件共享：企业内部员工众多，而且需要共享和访问相同的文档和数据，这时可以通过文件服务创建文件系统来实现这种共享访问。

（4）内容管理和 Web 目录：文件服务可用于各种内容管理系统，为网站、主目录、在线发行、存档等各种应用提供共享文件存储。

（5）大数据和分析应用程序：文件系统能够提供高于 10 Gbps 的聚合带宽，可及时处理诸如卫星影像等超大数据文件。同时文件系统具备高可靠性，避免系统失效影响业务的连续性。

12.5 网络云服务

网络云服务主要有以下几种：虚拟私有云 VPC、弹性负载均衡 ELB、NAT 网关、弹性公网 IP、云专线 DC、虚拟专用网络 VPN、云连接 CC、云解析服务 DNS、VPC 终端节点等，如图 12-28 所示。

网络

虚拟私有云 VPC

弹性负载均衡 ELB

云专线 DC

虚拟专用网络 VPN

云解析服务 DNS

NAT 网关

弹性公网 IP

云连接 CC

VPC 终端节点

图 12-28　网络云服务的类别

12.5.1 虚拟私有云

虚拟私有云为云服务器、云容器、云数据库等资源构建隔离的、用户自主配置和管理的虚拟网络环境，提升用户云上资源的安全性，简化用户的网络部署。

可以在 VPC 中定义安全组、VPN、IP 地址段、带宽等网络特性。用户可以通过 VPC 方便地管理、配置内部网络，进行安全、快捷的网络变更。同时，用户可以自定义安全组内与组间弹性云服务器的访问规则，加强弹性云服务器的安全保护。

VPC 使用网络虚拟化技术,通过链路冗余、分布式网关集群、多 AZ 部署等多种技术,保障网络的安全、稳定、高可用。

1.VPC 的概念

(1) 子网:子网是用来管理弹性云服务器网络平面的一个网络,可以提供 IP 地址管理、DHCP 访问、DNS 服务,子网内的弹性云服务器的 IP 地址都属于该子网。默认情况下,同一个 VPC 的所有子网内的弹性云服务器均可以进行通信,不同 VPC 的弹性云服务器不能进行通信。

(2) 弹性公网 IP:弹性公网 IP 是基于互联网上的静态 IP 地址,将弹性 IP 地址和子网中关联的弹性云服务器绑定和解绑,可以实现 VPC 通过固定的公网 IP 地址与互联网互通。

(3) 带宽:带宽是指弹性云服务器通过弹性 IP 访问公网时使用的带宽。

(4) 安全组:安全组是一个逻辑上的分组,为同一个 VPC 内具有相同安全保护需求并相互信任的弹性云服务器提供访问策略。安全组创建后,用户可以在安全组中定义各种访问规则,当云服务器加入安全组后,即受到这些访问规则的保护。安全组的默认规则是在出方向上的数据报文全部放行,安全组内的云服务器无须添加规则即可互相访问。

(5) VPN:VPN 即虚拟专用网络,用于在远端用户和 VPC 之间建立一条安全加密的通信隧道,使远端用户通过 VPN 直接使用 VPC 中的业务资源。默认情况下,VPC 中的弹性云服务器无法与自己的数据中心或私有网络进行通信。如果需要将 VPC 中的弹性云服务器和数据中心或私有网络连通,可以启用 VPN 功能。

(6) 远端网关:隧道对端物理设备上的公网 IP,当前不同 IPSec VPN 的远端网关不能重复。

(7) 远端子网:通过隧道可达的目标网络地址,所有去往这个网络的 IP 包都会通过 IPSec VPN 隧道发送,可以配置多个远端子网。但是远端子网不能和 VPN 所在的 VPC 下的子网冲突。

2.VPC 产品架构

VPC 产品架构可以分为 VPC 的组成、VPC 安全、VPC 连接。每个 VPC 由一个私网网段、路由表和至少一个子网组成。

(1) 私网网段:用户在创建 VPC 时,需要指定 VPC 使用的私网网段。当前 VPC 支持的网段有 10.0.0.0/8~24、172.16.0.0/12~24 和 192.168.0.0/16~24。

(2) 路由表:在创建 VPC 时,系统会自动生成默认路由表,默认路由表的作用是保证了同一个 VPC 下的所有子网互通。当默认路由表中的路由策略无法满足应用(如未绑定弹性公网 IP 的云服务器需要访问外网)时,可以通过创建自定义路由表来解决。

(3) 子网:云资源(如云服务器、云数据库等)必须部署在子网内。所以,VPC 创建完成后,需要为 VPC 划分一个或多个子网,子网网段必须在私网网段内。

3.VPC 的优势

(1) 安全可靠:云上私有网络,租户之间 100% 隔离,VPC 能够支持跨 AZ 部署 ECS 实例。

(2) 灵活配置:网络规划自主管理,操作简单,轻松自定义网络部署。

(3) 高速访问:全动态 BGP 高速接入华为云,云上业务访问更流畅。

(4) 互联互通:华为云在安全隔离基础上,支持客户灵活配置 VPC 之间互联互通。

4. VPC 的应用场景

（1）通用性 Web 应用。

适用场景：博客、简单的网站等。

场景特点：像使用普通网络一样，在 VPC 中托管 Web 应用或网站，也可以创建一个子网，在子网中启动云服务器，为云服务器申请弹性公网 IP 来联通 Internet，对外提供 Web 服务。

（2）企业混合云。

适用场景：电子商务类网站。

场景特点：通过 VPN 在传统数据中心与 VPC 之间建立通信隧道，可轻松实现企业的混合云架构，从而方便地使用云端的云服务器、块存储等资源，如启动额外的 Web 服务器提升业务负载能力。

（3）高安全业务系统。

适用场景：高安全业务系统。

场景特点：可通过安全组来控制多层 Web 应用之间的访问控制策略。例如，可以创建一个 VPC，将 Web 服务器和数据库服务器划分到不同的安全组中。Web 服务器所在的子网实现互联网访问，而数据库服务器只能通过内网访问，保护数据库服务器的安全，满足高安全场景。

12.5.2 弹性负载均衡

弹性负载均衡（ELB）通过将访问流量自动分发到多台弹性云服务器，扩展应用系统对外的服务能力，实现更高水平的应用程序容错性能。

1. ELB 产品架构

弹性负载均衡器接受来自客户端的传入流量并将请求转发到一个或多个可用区中的后端服务器。

（1）监听器：可以向弹性负载均衡器添加一个或多个监听器。监听器使用配置的协议和端口检查来自客户端的连接请求，并根据定义的转发策略将请求转发到一个后端服务器组里的后端服务器。

（2）后端服务器组：每个后端服务器组使用指定的协议和端口号将请求转发到一个或多个后端服务器。

可以开启健康检查功能，对每个后端服务器组配置的运行状况进行检查。当后端某台服务器健康检查出现异常时，弹性负载均衡会自动将新的请求分发到其他健康检查正常的后端服务器上；而当该后端服务器恢复正常运行时，弹性负载均衡会将其自动恢复到弹性负载均衡服务中。

2. ELB 的优势

（1）高性能：集群支持最高 1 亿并发连接，满足用户的海量业务访问需求。

（2）高可用：采用集群化部署，支持多可用区的同城双活容灾，无缝实时切换。

（3）灵活扩展：根据应用流量自动完成分发，与弹性伸缩服务无缝集成，灵活扩展用户应用的对外服务能力。

（4）简单易用：快速部署 ELB，实时生效，支持多种协议、多种调度算法可选，用户可以高效地管理和调整分发策略。

3.ELB 的应用场景

（1）使用 ELB 为高访问量业务进行流量分发。

（2）使用 ELB 和 AS 为潮汐业务弹性分发流量。

（3）使用 ELB 消除单点故障。

（4）使用 ELB 跨可用区特性实现业务容灾部署。

4.ELB 的操作流程

（1）创建弹性负载均衡。

（2）查询弹性负载均衡。

（3）启用弹性负载均衡。

（4）停用弹性负载均衡。

（5）删除弹性负载均衡。

（6）调整带宽。

本章只列举了几种比较基础的云服务类型，还有大量的云服务应用在不同的场景，它们各有特点，并且云服务与云服务之间也存在着相互联系，需要我们一一去探索和使用。

12.6 云服务资源操作

12.6.1 弹性云服务器的创建与使用

1.弹性云服务器的创建

（1）打开控制台，进入"弹性云服务器"界面，单击"购买弹性云服务器"，如图 12-29 所示。

图 12-29 购买弹性云服务器

（2）选择计费模式（一般选择按需模式）、区域、CPU 架构和规格，如图 12-30 所示。

（3）选择镜像和磁盘类型。单击"下一步网络配置"，如图 12-31 所示。

（4）选择 VPC 网络、安全组、弹性公网 IP 和带宽。进入下一步，进行高级配置，如图 12-32 所示。

图 12-30　选择计费模式、区域、CPU 架构和规格

图 12-31　选择镜像和磁盘类型

图 12-32　选择 VPC 网络、安全组、弹性公网 IP 和带宽

（5）输入登录凭证。进入下一步，确认配置，如图12-33所示。

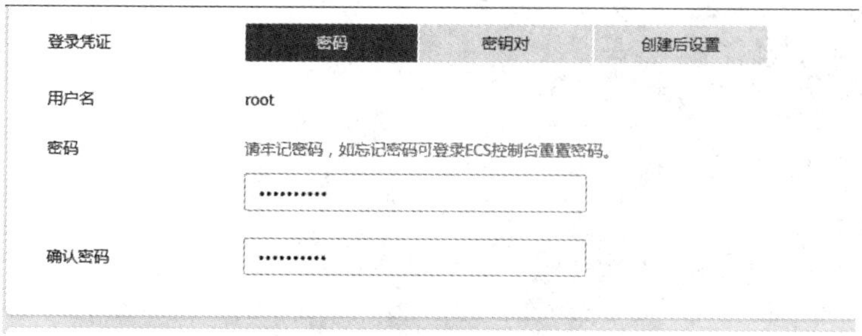

图12-33　输入登录凭证

（6）确认所有配置。单击"立即购买"，如图12-34所示。

图12-34　确认配置

（7）在ECS列表中会出现购买来的弹性云服务器，如图12-35所示。

图12-35　购买来的弹性云服务器

2.弹性云服务器的登录使用

（1）单击"远程登录"，进入ECS界面，如图12-36所示。

（2）在服务器操作界面可以进行服务的部署和安装。

（3）在ECS主机的"更多"下拉列表中，可以进行对应的操作，如图12-37所示。

图 12-36　ECS 界面

图 12-37　"更多"
下拉列表

12.6.2　云硬盘的创建与使用

1.云硬盘的创建

（1）从控制台进入"云硬盘"界面，单击"购买磁盘"，如图 12-38 所示。

图 12-38　购买磁盘

（2）选择计费模式、区域、可用区、磁盘规格、磁盘名称，如图 12-39 所示。需要注意的是，购买的云硬盘需要与 ECS 在同一个可用区。

（3）单击"立即购买"并提交。

（4）在磁盘列表会出现刚刚创建的磁盘，为"可用"状态，将其挂载至刚刚创建的 ECS 主机上，如图 12-40 和图 12-41 所示。

2.云硬盘的使用

（1）进入 ECS 主机，开始对新添加的磁盘进行分区。通过命令我们可以查看到新加入的磁盘，如图 12-42 所示。

（2）通过 Putty 工具，远程登录 ECS 主机，进行磁盘分区，分出一个大小为 30 G 的主分区，如图 12-43 所示。

（3）进行分区的格式化，格式化为 ext4 格式，如图 12-44 所示。

图 12-39 选择计费模式、区域、可用区、磁盘规格、磁盘名称

图 12-40 "可用"状态

图 12-41 挂载磁盘

图 12-42 新加入的磁盘

```
[root@ecs-4a39 ~]# fdisk /dev/vdb
Welcome to fdisk (util-linux 2.23.2).

Changes will remain in memory only, until you decide to write them.
Be careful before using the write command.


Command (m for help): n
Partition type:
   p   primary (0 primary, 0 extended, 4 free)
   e   extended
Select (default p):
Using default response p
Partition number (1-4, default 1):
First sector (2048-209715199, default 2048):
Using default value 2048
Last sector, +sectors or +size{K,M,G} (2048-209715199, default 209715199): +30G
Partition 1 of type Linux and of size 30 GiB is set

Command (m for help): w
The partition table has been altered!

Calling ioctl() to re-read partition table.
Syncing disks.
[root@ecs-4a39 ~]# partprobe
[root@ecs-4a39 ~]#
```

图 12-43　进行磁盘分区

```
[root@ecs-4a39 ~]# mkfs -t ext4 /dev/vdb1
mke2fs 1.42.9 (28-Dec-2013)
Filesystem label=
OS type: Linux
Block size=4096 (log=2)
Fragment size=4096 (log=2)
Stride=0 blocks, Stripe width=0 blocks
1966080 inodes, 7864320 blocks
393216 blocks (5.00%) reserved for the super user
First data block=0
Maximum filesystem blocks=2155872256
240 block groups
32768 blocks per group, 32768 fragments per group
8192 inodes per group
Superblock backups stored on blocks:
        32768, 98304, 163840, 229376, 294912, 819200, 884736, 1605632, 2654208,
        4096000

Allocating group tables: done
Writing inode tables: done
Creating journal (32768 blocks): done
Writing superblocks and filesystem accounting information: done

[root@ecs-4a39 ~]#
```

图 12-44　进行分区的格式化

（4）对/dev/vdb1进行一次性挂载，挂载到/mnt/data1，如图12-45所示。

```
[root@ecs-4a39 ~]# mkdir /mnt/data1
[root@ecs-4a39 ~]# mount /dev/vdb1 /mnt/data1/
[root@ecs-4a39 ~]#
```

图 12-45　进行一次性挂载

（5）查看挂载信息，如图12-46所示。

```
[root@ecs-4a39 ~]# df -hT
Filesystem      Type       Size  Used Avail Use% Mounted on
devtmpfs        devtmpfs   1.9G     0  1.9G   0% /dev
tmpfs           tmpfs      1.9G     0  1.9G   0% /dev/shm
tmpfs           tmpfs      1.9G  8.6M  1.9G   1% /run
tmpfs           tmpfs      1.9G     0  1.9G   0% /sys/fs/cgroup
/dev/vda1       ext4        40G  2.0G   36G   6% /
tmpfs           tmpfs      379M     0  379M   0% /run/user/0
/dev/vdb1       ext4        30G   45M   28G   1% /mnt/data1
[root@ecs-4a39 ~]#
```

图 12-46　查看挂载信息

（6）后续ECS就可以使用该云硬盘的空间，如果使用剩余磁盘空间，可以按照之前的方法进行挂载。

第13章 云原生

13.1 企业核心业务和云原生

1.企业核心业务架构演进

随着时代的发展,面对数字化时代复杂系统的不确定性,传统的IT应用架构创新慢、维护成本高、交付周期长以及开放性差,这些都阻碍了企业新业务的发展,企业应用架构在不断地演进,企业核心业务演进主要分成应用架构发展历程和集成架构发展历程两部分。

(1)企业应用架构发展历程。

企业应用架构的演进依次经历了单体应用架构、垂直架构、SOA 架构,最终发展至微服务架构。

传统应用从单体架构开始,后来为了具备一定的扩展和可靠性,引入了负载均衡,于是出现了垂直架构,接着是这些年十分火热的 SOA 架构,主要解决了应用系统之前集成和互通的问题。而微服务架构则是在 SOA 架构发展的基础上,进一步探讨如何去设计一个应用系统以使应用的开发、管理更加灵活高效。

(2)企业集成架构发展历程。

同样地,与企业应用架构的演进历程一一对应,企业集成架构的演进也依次经历了单体集成架构、网状架构、ESB 集成总线,最终发展至混合集成架构。

单体集成架构阶段,公司以业务部门为导向构建业务系统,孤立的组织、功能型团队、单一用途的应用,系统信息孤岛严重,数据难以流通。

伴随着企业应用通过 SOA 架构解耦,ESB 总线和"集成工厂"模式得到广泛运用,由统一的组织和团队负责集成实现和运维,但是集成团队不懂业务,难以为业务团队提供更佳的决策信息,企业业务边界被固化,集团与子公司间跨地域对接困难,子公司内部大量系统也面临集成整合。

未来企业的集成架构演进将会突破企业集成边界,实现集成应用 API、消息、设备、数据、跨云等多个场景的集成,为企业的一切应用、大数据、云服务、设备及合作伙伴构建连接。传统的由 IT 团队控制的"集成工厂"模式将转变为支持由业务线、子公司、应用程序开发团队和最终业务用户负责的自助集成模式,也就是我们所说的"统一混合集成平台"。

2.云原生

云原生基金会(Cloud Native Computing Foundation,CNCF)对云原生的定义是:云原生技术有利于各组织在公有云、私有云和混合云等新型动态环境中,构建和运行可弹性扩展的应用。

云原生的代表技术包括容器、服务网格、微服务、不可变基础设施和声明式 API。云原生图解如图 13-1 所示。

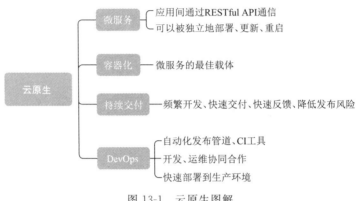

图 13-1　云原生图解

云原生基金会由 Google、华为等多家企业联合创建于 2015 年 7 月 21 日。

云原生基金会的调查显示,云原生已经成为业界主流的选择,项目使用和云原生基金会的参会人数快速增长。

云原生的快速发展得力于云原生的三大优势:更短的开发周期、更灵活的弹性策略、更好的可移植性。

13.2　微服务

1.微服务的概念

微服务这一概念出现于 2012 年,是因软件作者 Martin Fowler 而流行的,他承认并没有精确地定义出这一架构形式,虽然围绕业务能力、自动化部署、终端智能以及语言和数据的分散控制有一些常见的特性。

现在,对于微服务的定义有很多。微服务在维基百科上被定义为:一种软件开发技术——面向服务的体系结构(SOA)架构样式的一种变体,将应用程序构造为一组松散耦合的服务。在微服务体系结构中,服务是细粒度的,协议是轻量级的。

微服务架构是一种架构模式,它提倡将单一应用程序划分成一组小的服务,服务之间互相协调、互相配合,为用户提供最终价值。每个服务运行在其独立的进程中,服务与服务间采用轻量级的通信机制互相沟通(通常是基于 HTTP 协议的 Restful API)。每个服务都围绕具体业务进行构建,并且能够被独立地部署到生产环境、类生产环境等。所以说,微服务就是应用的各项核心功能,且这些服务均可独立运行。但是,微服务架构不只是应用核心功能间的这种松散耦合,它还涉及重组开发团队、如何进行服务间通信以应对不可避免的故障、满足未来的可扩展性并实现新的功能集成。

2.微服务的特点

微服务的基本思想在于考虑围绕业务领域组件来创建应用,这些应用可独立地进行开发、管理和加速。在分散的组件中使用微服务云架构和平台,使部署、管理和服务功能交付变得更加简单。

针对微服务的具体特点主要有自动弹性伸缩,升级、扩容终端业务,解耦,可以轻松地更新代码等。

3.微服务带来的挑战

微服务带来的挑战主要有以下几点:

(1)微服务架构复杂、依赖关系多:开发的服务数量增加,远程调用更慢且总存在失败风险。

(2)需处理分布式系统的一致性:各微服务都管理自己的数据,数据不再集中,保持一致性非常困难,意味着大家都要处理最终一致性。

(3)增加运维复杂性:无状态、调用链长,需要一个成熟的运维团队(机制)来管理大量需要频繁部署的服务。

4.微服务的常见模式

在微服务架构中,有许多常见且有用的设计,通信和集成模式可帮助解决一些更常见的挑战和机遇,包括以下内容:

(1)后端到后端(BFF)模式。

BFF模式是在用户体验和体验调用的资源之间插入一层。例如,在台式机上使用的应用与移动设备的屏幕大小、显示和性能限制不同。BFF模式允许开发人员使用该接口的最佳选项来为每个用户界面创建和支持一种后端类型,而不是尝试支持可与任何接口一起使用但可能会对前端性能产生负面影响的通用后端。

(2)实体和聚合模式。

实体是通过其身份区分的对象。例如,在电子商务站点上,可以通过产品名称、类型和价格来区分产品对象。聚合是一组应视为一个单位的相关实体的集合。因此,对于电子商务站点来说,订单将是买方订购的产品(实体)的聚合(集合)。这种模式用于以有意义的方式对数据进行分类。

(3)服务发现模式。

服务发现模式帮助应用程序和服务彼此查找。在微服务架构中,服务实例由于扩展、升级、服务故障甚至服务终止而动态变化。这种模式提供了发现机制来应对瞬变。负载均衡可以通过将运行状况检查和服务故障用作重新平衡流量的触发器来使用服务发现模式。

(4)适配器微服务模式。

我们以旅行到另一个国家时使用的插头适配器的方式来思考适配器模式。适配器模式的目的是帮助转换不兼容的类或对象之间的关系。依赖第三方API的应用程序可能需要使用适配器模式,以确保该应用程序和API可以通信。

(5)Strangler应用程序模式。

Strangler应用程序模式有助于管理将整体应用程序重构为微服务应用程序。

13.3 DevOps

1. DevOps 的相关概念

维基百科上关于 DevOps 的定义为：DevOps（Development 和 Operations 的组合词，图 13-2）是一种重视"软件开发人员（Dev）"和"IT 运维技术人员（Ops）"之间沟通合作的文化、运动或惯例。通过自动化"软件交付"和"架构变更"的流程，使得构建、测试、发布软件能够更加快捷、频繁和可靠。

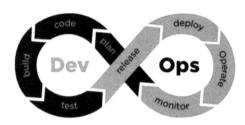

图 13-2　DevOps

传统的软件组织将开发、IT 运维和质量保障设为各自分离的部门，在这种环境下如何采用新的开发方法（例如敏捷软件开发），是一个重要的课题。按照从前的工作方式、开发和部署，不需要 IT 支持或者 QA 深入的跨部门的支持；而现在却需要极其紧密的多部门协作。而DevOps 考虑的还不止是软件部署，它是一套针对这几个部门间沟通与协作问题的流程和方法。

需要频繁交付的企业可能更需要对 DevOps 有一个大致的了解。Flickr 发展了自己的DevOps 能力，使之能够支撑业务部门"每天部署 10 次"的要求——如果一个组织要生产面向多种用户、具备多样功能的应用程序，其部署周期必然会很短。这种能力也被称为持续部署，并且经常与精益创业方法联系起来。2009 年起，相关的工作组、专业组织和博客快速涌现。

DevOps 的引入对产品交付、测试、功能开发和维护（包括曾经罕见但如今已屡见不鲜的"热补丁"）的影响意义深远。在缺乏 DevOps 能力的组织中，开发与运营之间存在着信息鸿沟，例如，运营人员要求更高的可靠性和安全性，开发人员则希望基础设施响应更快，而业务用户的需求则是更快地将更多的特性发布给最终用户使用。这种信息鸿沟就是最常出问题的地方。

以下几个方面的因素可能促使一个组织引入 DevOps：

（1）使用敏捷或其他软件开发过程与方法。

（2）业务负责人要求加快产品交付的速率。

（3）虚拟化和云计算基础设施（可能来自内部或外部供应商）日益普遍。

（4）数据中心自动化技术和配置管理工具的普及。

有一种观点认为，目前占主导地位的传统美国式管理风格（"斯隆模型 vs 丰田模型"）会导致"烟囱式自动化"，从而造成开发与运维之间的鸿沟，因此需要 DevOps 能力来克服由此引发的问题。

2. 华为 DevOps

基于业界挑战,华为云首发全生命周期应用平台,覆盖应用的全生命周期,帮助企业和行业进行数字化转型;全生命周期应用平台的组成为自左向右,4 个状态。

2016 年开始,华为云上陆续发布了应用开发平台 DevCloud、应用运行平台 ServiceStage、应用运维运营平台 AOM 等产品,之前这些都是独立的产品形态;从应用模型、业务场景、操作流程、API 层面进行了深度整合,贴合企业场景,增强场景化支撑能力和场景化体验;通过无缝整合 DevCloud、ServiceStage 及 ROMA 三大尖刀产品,围绕应用开发、应用托管、应用运维运营、应用集成,构建全生命周期应用平台。

企业进行数字化转型的核心举措其实是在以云的底座下,围绕应用的开发、运行、运维、集成以及运营模式、商业模式而进行的变革。

华为 DevOps 主打四大能力:

(1) 全流程 DevOps,真正实现了全流程 DevOps 平台。

(2) 全场景微服务能力。

(3) 业务上云平滑演进。

(4) 生命周期数据智能分析,应用的整个生命周期会产生非常多的数据,包括研发数据、业务数据、运维数据以及融合集成数据。

13.4 Serverless

Serverless 是一种新型的云计算代码开发及执行模式。在这种模式中,云平台负责管理微服务函数的启动、执行及删除,并自动配置调度函数执行所需的计算资源、网络资源、安全资源、HA 等。函数开发者只需专注于函数本身的逻辑开发,而无须考虑如何调度函数运行时所需的虚拟主机或容器,如何建立函数所需的网络通信等。云平台会监控函数执行的触发事件源。当事件发生时实时启动函数的执行。

函数开发者也不需要考虑或管理扩容。云平台会在并发事件情况下自动扩容、调度多个计算资源做并行函数执行。在并发事件结束时自动缩容。

Serverless 是指构建和运行不需要服务器管理的应用程序的概念,它描述了一种更细粒度的部署模型,应用程序捆绑一个或多个功能,上载至平台,然后执行、缩放和计费,以响应当前所需的确切需求。

虽然按需或“花多少用多少”模式的概念可追溯到 2006 年一个名为 Zimki 的平台,但“Serverless”一词的第一次使用是在 2012 年 Iron.io 的 IronWorker 产品,一个基于容器的分布式按需工作平台。从那以后,公有云和私有云都出现了更多的 Serverless 实现。首先是 BaaS 产品,例如 2011 年的 Parse 和 2012 年的 Firebase(分别由 Facebook 和谷歌收购)。2014 年 11 月,AWS 推出了 AWS Lambda。2016 年初,IBM、Google、Microsoft 在 Bluemix 上宣布推出 IBM OpenWhisk on Bluemix(现在是 IBM Cloud Function,其核心开源项目成为 Apache OpenWhisk)、Google Cloud Function 和 Microsoft Azure Function。华为 Function Stage 于 2017 年推出。还有许多开源 Serverless 框架。每个框架(公有和私有)都具有独特的语言运行时和服务集,用于处理事件和数据。

1．Serverless 的两种形态

（1）Function-as-a-Service（FaaS）。

FaaS 通常提供事件驱动计算。开发人员使用由事件或 HTTP 请求触发的功能来运行和管理应用程序代码。开发人员将代码的小型单元部署到 FaaS，这些代码根据需要作为离散动作执行，无须管理服务器或任何其他底层基础设施即可进行扩展。

（2）Backend-as-a-Service（BaaS）。

BaaS 是基于 API 的第三方服务，可替代应用程序中的核心功能子集。因为这些 API 是作为可以自动扩展和透明操作的服务而提供的，所以对于开发人员表现为 Serverless。

2．Serverless 主要用户场景的特点

（1）以短时间任务为主。

（2）大部分时间请求平缓，偶然有突发流量。

（3）基于事件驱动。

（4）无状态，无会话保持。

3．Serverless 典型应用场景

（1）电商。

（2）IoT 数据分析处理。

（3）多媒体数据存储时的实时处理。

（4）移动后端。

（5）持续集成管道。

4．Serverless 的缺点

Serverless 除了自身的特点及优势外，也存在一些缺点，主要分为固有缺点和实施缺陷。

（1）固有缺点。

① 供应商控制：采用外包策略，将某些系统的控制权交给第三方供应商。这种缺乏控制可能表现为系统停机、意外限制、成本变化、功能丧失、强制 API 升级。

② 租户问题：多租户解决方案可能引起安全和性能问题。

③ 优化问题：对于无服务器架构，没有机会针对主机性能优化服务器设计。

④ 供应商锁定：更换供应商将带来更多的工作。需要更新操作工具、更改代码甚至更改设计或架构（如果供应商实现行为存在差异）。

⑤ 安全问题：使用的每个 Serverless 供应商都会增加整个生态系统所包含的不同安全隐患的数量。

（2）实施缺陷。

① 自身 DoS 攻击：Serverless 服务的并发执行有一定的限制，可以在给定的时间运行这些函数。如果超出限制，可能会开始出现异常、排队或一般减速。

② 启动延迟：冷启动的启动延迟，特别是对于偶尔触发的需要访问 VPC 资源的 JVM 实现函数或功能。

③ 测试：集成测试 Serverless 应用程序很困难。在 BaaS 世界中，依赖外部提供的系统和云环境进行测试。

④ 监测和可观测性：取决于供应商提供的基本数据，需要开放的 API 和第三方服务的能力。

⑤ 忽略运营：Serverless 不是"无运营"。开始的时候很容易忽略运营，陷入一种错误的安全感。

⑥ 冷启动问题：Serverless 函数在请求到来时才运行，这个方式虽然减少了闲置资源，但也导致了另外一个问题，当函数一段时间没有执行的话，运行函数的实例都会被回收，那么下一次请求到来时，函数需要重新加载，尤其像 C♯ 等需要虚拟机的语言，启动的时间相对会长很多。

⑦ 强依赖云厂商：选定某个云厂商的服务后，构建 Serverless 应用所产生的代码或者配置等都和该厂商提供的云服务强相关，特殊情况下需要使用多云的场景时，会带来很多不必要的麻烦。另外 Serverless 一般也需要周边的其他服务一起来实现完整应用，增加了较多学习成本。

⑧ 不适合长时间不间断运行的应用：如果一个应用本身处于长时间不间断的运行状态，本身资源利用率就比较高，用 Serverless 可能会增加成本；另外因为冷启动的存在，当并发增加或减少时也会伴随着函数实例的新增和减少，某些业务的处理也会有一些额外的时间消耗，Serverless 更适合业务有明显波峰波谷的场景。

⑨ 定位问题难：用 Serverless 部署的线上应用出问题的情况目前只能通过查看函数日志的方式来定位，如果函数代码没有打印相关日志，定位问题会比较不方便，尤其是高频调用场景，不容易很快发现偶现的、概率低的错误。

⑩ 构建完整应用难：Serverless 应用粒度比较细，每个函数的代码可能会变得很简单，但从整个应用程序的角度来看是变复杂了。比如一个普通应用被拆解成了 10 多个函数，那么怎么去管理这 10 多个函数也会带来额外的成本。如何把整个应用拆分成一个个的函数也是一个难点，比如怎样选择合适的函数粒度让整体的性能达到最优，让管理这些服务的成本降到最低等。

13.5 中间件

1. 中间件的概念和价值

2010 年，全球中间件市场总量为 176 亿美元，其中 AS(18.4%)、ESB(12.3%)、BPMS(12.3%)等需求量最大；2015 年，市场空间达 250 亿美元，年均增长 7%。排名前五的厂商为：IBM(32.6%)、Oracle(17%)、Microsoft(5%)、Software AG(3.4%)、Tibco(2.8%)。中间件市场主要分布在北美(44%)、西欧(29%)、日本(10%)和亚太(9%)。

中间件(Middleware)，顾名思义，就是位于操作系统之上、应用软件之下的一种独立的系统软件或服务程序，以帮助用户灵活、高效地开发和集成复杂的应用软件。中间件的发展分为以下几个阶段：

(1) CS 架构阶段。

CS 架构阶段，互联网还未发展，大型复杂程序主要运行在局域网中。电信、银行、保险等行业业务复杂，涉及大量分式交易，急需引入中间件模块，把分布式通信、分布式事务处理从业务逻辑中分离出来。

（2）BS 架构阶段。

BS 架构阶段,互联网开始发展,传统 CS 架构应用纷纷转向 BS 架构,使用浏览器作为客户端。SUN 公司推出 J2EE 技术后,以 J2EE 技术为代表的 WebSphere、WebLogic、Jboss、Tomcat 应运而生。

（3）分布式、云化阶段。

分布式、云化阶段,互联网大规模发展,用户规模全球化。软件系统异常复杂,针对超大规模软件程序,中间件技术迅猛发展,典型代表如下:

（1）Redis/Memcached:Key-Value 式内存缓存产品。将用户经常访问的数据放入内存,数据访问速度相对数据库提升 10 倍以上。

（2）Kafka:异步消息队列。用于在多个软件模块之间高效传递海量消息,模块之间异步解耦。

（3）Apache Ignite:分布式内存关系数据库。

这个阶段的中间件具有如下明显特征:

每个中间件只解决某个特定场景,例如,缓存中间件只解决内存数据的快速读写,消息中间件解决海量消息的高速传输;开源化:大部分中间件都采用开源方式发布。

2.华为分布式缓存服务

分布式缓存服务（Distributed Cache Service,DCS）提供即开即用、安全可靠、弹性扩容、便捷管理的在线分布式缓存能力,兼容 Redis、Memcached,提供单机、主备、集群等丰富的实例类型,满足用户高并发及快速数据访问的业务诉求。分布式缓存功能简介见表 13-1。

表 13-1　分布式缓存功能简介

功　能	功能说明
高可用	支持双机热备,当主节点出现故障时,备节点秒级接管。主备和集群支持跨 AZ 部署,提供跨地域容灾能力
弹性能力	缓存实例支持一键在线扩容,完全不影响上层应用
缓存类型丰富	支持主流的缓存引擎 Redis 和 Memcached
数据高可靠性	Redis 和 Memcached 缓存实例支持数据持久化,支持数据备份恢复
安全防护	提供用户身份认证、VPC、安全组、审计日志等安全功能
应用监控丰富	30 余项监控指标,集成到华为云 CES 统一监控平台。业务指标统计:命令数、并发操作数、连接数、客户端数、拒绝连接数等;资源指标统计:CPU 和内存占用率、网络输入/输出流量统计等;关键内部指标统计:键和键过期个数、容量占用率、发布/订阅通道数、键空间命中率和错过率
自定义监控阈值和告警	基于各项监控提供指定阈值、告警,支持用户自定义,便于及时发现业务异常

3.分布式消息服务

分布式消息服务（Distributed Message Service,DMS）是华为基于高可用分布式集群技术的消息中间件服务,提供了可靠且可扩展的托管消息队列,用于收发消息和存储消息。支持 Kafka、ActiveMQ、RabbitMQ 等主流消息队列,见表 13-2。

表 13-2　主流消息队列

类 型	各自特点	应用场景	使用率
Kafka	LinkedIn 开源,高并发,数据可靠性高	互联网应用,大型系统	高
RabbitMQ	功能齐全,但集群不支持动态扩展	中型企业应用	高
ActiveMQ	功能齐全,消息可靠性不高	中小型企业应用	中
RocketMQ	阿里开源,功能齐全,高并发,数据可靠性高	互联网应用,阿里云产品	高
Restful API	各云服务厂商提供的接口不一致,应用需要根据接口规范改动	—	低

分布式消息服务功能见表 13-3。

表 13-3　分布式消息服务功能简介

功　能	功能说明
消息队列类型	支持普通队列、FIFO 队列、Kafka 队列、RabbitMQ 队列、ActiveMQ 队列
队列能力	自动弹性扩展,按实际使用量收费;将无法成功处理的消息加入死信队列,便于统一分析处理;队列共享和授权,支持租户间或租户内对不同用户的队列进行授权和共享
灵活队列类型	支持普通队列、FIFO 队列、Kafka 队列
多种协议支持	数据访问接口灵活,支持 Restful API、TCP SDK、兼容 Kafka 原生 SDK、RabbitMQ 原生 SDK,业务无缝迁移
消息增强功能	消息过滤、消息回溯、消息重投、广播消息等能力
亿级消息堆积	可弹性扩展队列数,支持千万级并发,支持企业级高性能应用
可靠消息存储	同步落盘,多副本冗余,集群化部署,确保数据和服务高可用

4.分布式数据库中间件

分布式数据库中间件(Distributed Database Middleware,DDM),专注于解决数据库分布式扩展问题,突破了传统数据库的容量和性能瓶颈,实现了海量数据高并发访问。

分布式数据库中间件有以下关键特性:

(1)业务不中断,自动完成水平拆分、平滑扩容。

(2)可承受 PB 级数据量、百万级并发量,10 倍于单机数据库连接数。

(3)集群高可用,秒级故障自动恢复。

(4)兼容 MySQL 协议,业务代码零改动,透明读写分离。

DDM 使用华为关系型数据库(RDS)作为存储引擎,具备自动部署、分库分表、弹性伸缩、高可用等全生命周期运维管控能力。

表 13-4　分布式数据库中间件功能简介

功　能	功能说明
平滑扩容	支持数据库存储平滑扩缩容,支持一键扩容,无容量上限。支持数据库集群,提供 PB 级存储能力

功　能	功能说明
读写分离	支持应用透明读写分离,应用无须修改代码,线性扩展数据库读性能。能够实时提升数据库处理能力,提高访问效率,轻松应对高并发的实时交易场景
数据导入	支持外部数据导入,帮助用户实现数据库平滑上云
数据导出	支持数据和表按照逻辑库/表导出
SQL 兼容	高度兼容 MySQL 协议和语法
客户端支持	兼容 MySQL 数据库登录协议,支持 Workbench、Navicat 等客户端
SQL 引擎	分布式 SQL 引擎,实现 SQL 分析、SQL 下发、SQL 路由、Merge 等功能
高可用	支持数据库集群服务,无服务单点
慢 SQL 排查	对 SQL 执行全方位监控,记录执行耗时长的 SQL,供用户分析与优化
自动水平拆分	支持自动化数据拆分,支持字符串、日期、数字的多种拆分方案
事务支持	支持分布式数据库事务,实现最终一致性事务支持
Hint 语法	提供 Hint,实现 SQL 强制走主库或备库
全局表	通过建立全局表,可以将数据更新不频繁的表在所有分片上各存储一份全量数据,加速分布式 JOIN 查询
全局序列	提供全局序列服务,实现分布式环境下唯一键、主键等数据的全局唯一性。DDM 支持分布式全局唯一且有序递增的数字序列。满足业务在使用分布式数据库下对主键或者唯一键以及特定场景的需求

DDM 适用于读多写少,数据表条数超过千万条的业务数据,如社交网站、好友关系数据、Message 数据、互联网用户信息数据等。

参 考 文 献

[1]　王隆杰. 华为云计算 HCNA 实验指南[M]. 北京：电子工业出版社，2016.

[2]　林康平，王磊. 云计算技术[M]. 北京：人民邮电出版社，2017.

[3]　陈国良，明仲. 云计算工程[M]. 北京：人民邮电出版社，2016.